四川出版发展公益基金会资助项目

汤波 ◎ 著

飞天

运载火箭与航天未来

西南交通大学出版社

·成 都·

写给爱好者的
运载火箭
总体技术概论

很早就认识汤波同志，这位热情的小伙子，谈起火箭技术总是语速很快、干货很多又简练有趣，令人印象深刻。他请我为《飞天——运载火箭与航天未来》一书作序时，我就欣然同意了。

运载火箭是什么？这是我从业 60 年来一直在思考的问题。

它是激动人心的。研制 CZ-3A 系列火箭的经历激动人心，当时我们为了每一个参数的来源和去向，夜以继日地计算、分析和试验，把它们搞得明明白白；火箭发射激动人心，60 年来我参加了很多次火箭发射任务，但直至今天，每次火箭发射时，听着火箭发动机的轰鸣，感受气流打到身上的振动，我仍然激动不已。

它是普遍联系的。航天科学博大精深，穷尽我的一生也只能说只触碰了其中的些许皮毛。但每每看到不同技术之间的联系，并找到新的联系，仍会在我的心中泛起阵阵涟漪。自人类将斯普尼亚克卫星送上太空，60 多年了，火箭技术一直在发展，这个行业历久弥新。我们研制 CZ-3A 火箭时，攻克了当时世界领先的氢氧发动机、POGO 抑制等技术。进入新世纪以来，新型推进剂、高压补燃发动机在我国新一代火箭中的使用，故障诊断和冗余技术在国内的推广应用，重复使用技术的成熟和发展，以及载人登月运载火箭的关键技术攻关……新技术如百花齐放、层出不穷。技术选择多，立足本国需求思考技术路线，见仁见智，只要有思考就会有乐趣，就会有收获。

近些年，世界商业航天发展如风起云涌，给技术发展带来了新的活力。我很开心，在耄耋之年，又可以看着年轻设计师们在更多更新的舞台上，为航天技术和中国的发展在努力拼搏。

中国航天取得成就的法宝是航天精神，航天精神中爱国是精髓。我是从牛背上走下来的火箭总设计师，爱国天经地义。新一代航天人也都是爱国的，因为大家平时讨论火箭技术时，比较对象也都是国外的火箭，我们惦记的都是将中国的火箭做到世界最好。我相信，在这种环境和氛围下成长起来的航天人，必然都是爱国的。

如今，我国正从航天大国向航天强国大步迈进的路上。60多年来，我们设计和制造好了一系列火箭，成为了有影响力的航天大国；当越来越多的人认识、了解、宣传并热爱这个行业，我们就一定能成为航天强国。做好火箭是硬实力，讲好火箭的故事则是软实力。汤波同志是火箭设计师科班出身，当他以科普的语言来讲解这些故事的时候，他讲出了他的激动人心、他心目中的普遍联系，以及他的爱国之情，他正在用不同的方式，为中国的航天强国建设贡献自己的力量。

中国工程院院士

CZ-3A 系列首任总设计师和总指挥

2023 年 4 月

自 2003 年杨利伟遨游太空，继之以北斗组网、嫦娥奔月、天问探火，中国航天取得了越来越辉煌的成就，极大地增强了国民的自豪感，也日益引起了大家的好奇心：航天是什么？火箭是什么？中国航天怎么样？作者希望能通过编写此书，从世界航天历史的浮沉中寻找中国的定位和将来。

多年以来，中国的航天科研人员夜以继日，完成了一项项艰苦卓绝的工作。由于航天分工的精细化，很多人对自己所在系统了如指掌，但往往对周围系统认识模糊，比如不清楚各分系统在火箭上有什么样的作用，各自处于什么样的地位，等等。作者希望通过此书，能揭示这些技术联系。

自 2015 年以来，我国商业航天业蓬勃发展，大家充满了对未来的期待，但在具体工作时又感受到了资源的极强约束。大家都在探讨：商业航天的前途在何方？中国的 SpaceX 什么时候能够出现？作者希望能通过编写此书，从国内外研究方向的差异角度，给出自己的答案。

本书从运载火箭历史上的具体案例入手，剖析其背后的运载火箭技术，关注点在技术产生的背景、技术与周边的联系、技术的产生和发展演化等，以总结历史经验和教训。

全书从火箭总体、专项技术和商业航天三个角度进行阐述，即火箭之魂、技术之源和商业之光，与广大火箭技术爱好者交流。

汤 波

2023 年 1 月

目 录
CONTENTS

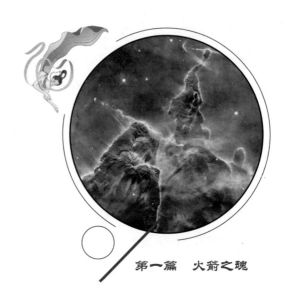

第一篇　火箭之魂

1　航天是高科技吗 / 002

2　系统工程与技术民主——中国航天的两大法宝 / 009

3　系统工程是什么 / 010

4　大火箭难在哪儿 / 016

5　提高运载火箭成功率的三大研制理念（一）——静态点火 / 029

6　提高运载火箭成功率的三大研制理念（二）——牵制释放 / 037

7　提高运载火箭成功率的三大研制理念（三）——动力冗余 / 044

8　航天与国家命运的结合——海射天顶号往事 / 050

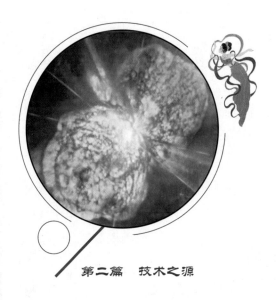

第二篇　技术之源

第三篇　商业之光

9　　总体设计 / 064

10　弹道设计 / 073

11　发动机和推进剂 / 121

12　液体火箭结构总体设计划代研究 / 154

13　铝合金有效能，不锈钢出效率 / 170

14　星舰的"HeaderTank"作用及技术源流分析 / 182

15　火箭怎么飞到目的地 / 194

16　人类盗取的天火——运载火箭穿越雷电 / 222

17　火箭的魅蓝——马赫盘 / 240

18　运载火箭的模态 / 253

19　难受的升空过程

　　　——载人火箭不可忽视的POGO振动 / 271

20　四两拨千斤——栅格翼 / 287

21　自然从来不飞跃——美国商业航天往事 / 311

22　新时代开启的新征程

　　　——猎鹰9回收箭体复飞成功 / 344

23　二向箔与降维攻击——猎鹰重型成功的

　　　技术逻辑链及对我们后续工作的启示 / 346

24　SpaceX成功靠什么？回收只能排第六 / 349

25　坚志而勇为，谓之刚——猎鹰重型首飞有感 / 360

26　中国商业航天路 / 363

27　新国企的底蕴和未来——参观某航天老厂有感 / 379

后记 / 383

参考文献 / 385

01

CHAPTER ONE

第一篇
火箭之魂
ROCKET SOUL

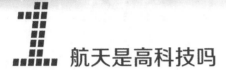

1 航天是高科技吗

航天是高科技吗？当然！在无人区打电话，在沙漠中认路，把宇航员送上月球，把飞行器送出太阳系，不是高科技是什么？

航天是高科技吗？那个谁，去统计一下20年来发动机出现的故障；那个谁，去查查这个原材料是哪个批次的；那个谁，组合一下偏差，打靶10万条……

日复一日的重复工作，以及公众眼中高大上的高科技，我们是活在现实世界，还是母体中？

1.1 什么是高科技

高科技是高+科+技，"高"指"更高、更快、更强"，是一种对极致的追求；"科"即科学，是采用科学的理论和科学的方法；"技"是技术，是将一项工作分解为一条条可以协调运转的工序。在理论的指导下，将复杂工作分解为一步步工序，最终实现对极致的追求，这就是高科技！

举例来说，芯片是高科技，指甲盖大的一片上要集成几十亿的晶体管，而且集成度还按摩尔定律往上增长，这是高；芯片需要半导体、光学等科学理论指导；芯片制造过程由金属溅镀、涂布光阻、蚀刻、光阻去除等5 000来道工序组成，构成了高科技的全部要素。

中国古代有很多惊艳的发明，也留下了《天工开物》《本草纲目》等书籍，但仍停留在经验总结阶段，缺乏完整的理论支撑。由于缺乏理论指导，持续提高存在一定的困难，因此这些惊艳的发明是高技，但不是高科技。

目前的新型电池，如碳纳米超级电容器，也不是高科技。它虽然充满了对高能量或高功率密度的追求，而且涉及材料的科学原理和性能研究，但距离形成完善可行的工序、高产能和高成品率，尚有一段路要走，因此是高科，还不是高科技。

另外，如电子表，在问世之初是当之无愧的高科技，现在已经不是了，因为随着时间流逝，它仍是问世之初的模样，失去了对"高"的追求，所以是科技而不是高科技。

1.2 航天高科技要素分析

那么航天是高科技吗？它的"高""科""技"体现在哪里？

1.2.1 三高

航天"高"在哪儿？高技术？高成本？高风险？这种说法比较虚。

技术上，航天的"高"可体现为高能量密度、高敏感性和高动态性。

图1.1对比了汽车发动机、飞机发动机和航天飞机主发动机（Space Shuttle Main Engine，SSME）每磅（1 lb=453.59 g）质量产生的马力大小，SSME达到了汽车的近2 000倍，即如果汽车发动机能量（功率）密度与SSME相同，其质量将只有100 g。

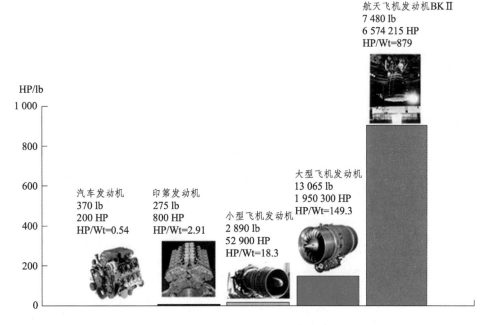

图1.1　汽车、飞机和火箭发动机功率密度比较

航天需要将能量集中，能量集中必然会发生等量的风险集中，同步等量的风险集中一定会导致危机爆发，这也注定航天的可靠性不可能是100%。

高能量密度是开源，航天还需要节流，即低的结构重量。在生活中，我们用的方式是留余量。1个人骑的摩托车，如果50个人站上去都没问题，这时根本不需要操心载荷。但航天不行，火箭自己将自己送上太空，余量太大飞不上去。1个人骑的车，绝不能坐2人，甚至这个人多穿件衣服都不行。

系统对性能要求越高，对于设计和性能参数不确定性的敏感度就越高。沿着图1.2的性能曲线，设计、验证和操作挑战性将随着性能需求的增加而非线性增长。

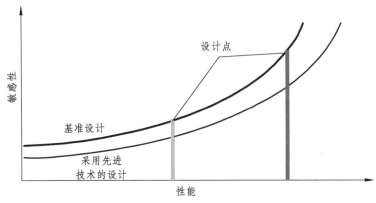

图1.2 敏感度与性能关系曲线

航天中，火箭的飞行在短短几分钟内就完成了（滑行段除外），控制系统以近百赫兹的速度调节着飞行的轨迹和姿态，飞行中出现的任何故障，均可能在毫秒时间内扩展并导致飞行失利。有多少次失利之后，大家总是扼腕："早知道这样干、那样干就好了"，但这一切均只能在自动程序下完成，根本没有可能进行人工干预。人的判断力、应急反应、对于复杂状况的掌控力……人的一切智慧，在面临火箭飞行的高动态性时，均无法实施。

1.2.2 三科

航天的"科"体现在科学的原理、科学的管理以及科学的流程。

数学和物理是航天的基础。齐奥尔科夫斯基定律奠定了飞行的基础，力学为结构设计划定了准绳，自动控制原理是控制参数设计的源头。如果不遵循大自然的方式，必将失败，大自然不会听我们的解释。

管理上，航天是典型的系统工程，总体设计部是钱学森留给中国航天的最大遗产。1978年，钱学森在《组织管理的技术——系统工程》一文中指出："总体设计部的实践，体现了一种科学方法，这种科学方法就是系统工程。"大系统要被分解划分成子系统，子系统设计完成后又重新集成为大系统，存在大量的交互和非线性过程。"总体设计部把系统作为它所从属的更大系统的组成部分进行研制；对每个分系统的技术要求都首先从实现整个系统技术协调的观点来考虑；对于分系统与分系统之间的矛盾、分系统与系统之间的矛盾，都首先从总体协调的需要来考虑。"

NASA（美国国家航空航天局）的飞行和地面系统工程流程如图1.3所示。

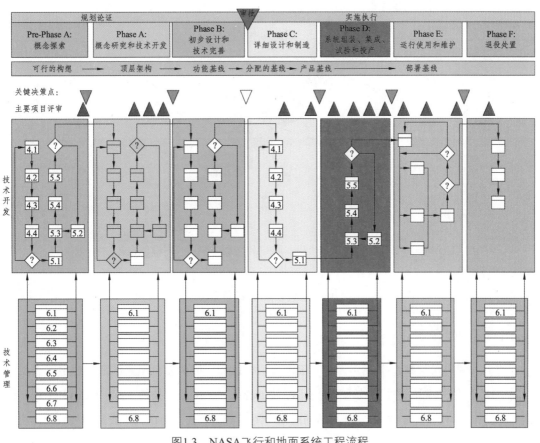

图1.3　NASA飞行和地面系统工程流程

除科学的原理、科学的管理外，还需要科学的流程。航天设计是一个类似剥洋葱的过程：开始于需求定义，首先定义架构和流程，然后是概念研制，初步设计、详细设计，通过各系统的组建完成验证和操作，如图1.4所示。系统工程研制需按研制流程办事，以需求为例，在设计活动开始之前，需求必须明确，如项目需求没有充分定义，成本、周期将大大超过预期。

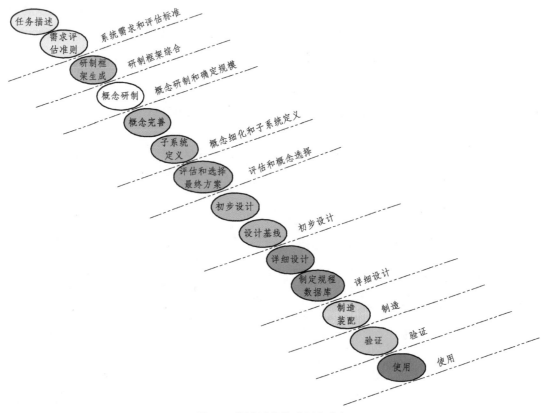

图1.4　设计过程的准则和表征

1.2.3　三 细

我们习惯将科学和技术连在一起，统称为"科技"，但两者有重要区别：科学解决理论问题，技术解决实际问题。"技术"由希腊文"techne"（工艺、技能）和"logos"（词、讲话）构成，意为工艺、技能；要把科学的成果应用到实际中去，是在相对成熟的领域做详细的工序分解，即前述剥出来的洋葱，重点解决的是"怎么做"的问题。它是产品从设计到最终集成，从原材料到包装的全过程。例如，芯片是公认的高科技，最终仍需落实到工艺路线、工艺流程、工艺步骤、工艺指标、操作要点、工艺控制等一个个具体步骤和方法，这就是技术。

做技术，尤其是航天技术，要有"三细"——工序分解细、工作开展细、数据记录细。

军民结合时，航天专业人才流动更为频繁，这种知识溢出可以让民营公司避开发展时的雷区。但航天产业的特点是一发火箭从开始设计到最终产出，环节太多，涉及"坑"太多，既需要少数顶尖技术人员的架构设计，更需要全产业链的支撑，要将工作切实地分解为一道道充分而且必要的工序。

作为典型系统工程，航天的特点是分系统众多，需要一道道集成，如图1.5所示。中间一环工作开展不细，如未被发现，一层层扩散，到最后要么造成失败，要么将大幅耽误项目进度，大幅提高项目成本。

航天还有一个特点，火箭和卫星上天后，无法对原产品状态进行回溯，在发现问题或潜在可靠性问题时，仅靠少量遥测数据根本无法进行全盘分析，因此更依赖于在地面时，就把数据记录完善。因此从这个角度，猎鹰9火箭的返回技术的重要性可能仍被低估，因为猎鹰9返回的不仅仅是火箭一子级，更是宝贵的、以往无法全盘获取的数据！利用这些数据，可以把火箭97%的可靠性提高1到2个百分点。

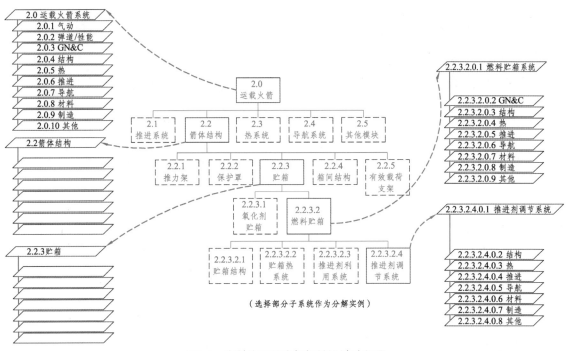

图1.5　典型的子系统与相关设计功能图

1.3 注重航天日常工作的高科技闭环

有"三高、三科、三细",那航天就是高科技吗?

为何很多人认为日常进行的工作不是高科技呢?因为日常中,有些人只看到了"技",而对"高科"没有太多的感触;或只感受到"高科",无法看到"技"的落地,"高科技"尚未走完一个闭环。

如同样的记录数据,属于典型的"技"的范畴,事无巨细地记录和比对,非常枯燥乏味,但如果能和现在的信息化、大数据手段结合起来,不仅可以实现工作效率提高,同时在结合过程中,可让员工接触、了解数字化、信息化这种"科学",接受新事物的刺激。

如新型材料的研究,属典型的"高科"范畴。如果能增加这些项目的支撑力度,员工可以亲手将之分解为一道道可行工序,实现"技"的落地,走完一个真实的闭环,他们就会有成就感。

航天系统很多硕士、博士等高学历人才,如果工作总是陷在"技"的范畴,的确有浪费之嫌;反之如果工作总是陷在对于"高科"论证的范畴,则难有成功的感受。

个人和组织都应该在日常工作中深深挖掘,致力于"高科技"闭环,让大家既有新事物的冲击体会,也有成就感获得感。让更多的人真正体会"高科技"给自己带来的新鲜和成功感受,激发大家更好地努力给社会带来进步,给人类带来光明。

2 系统工程与技术民主——中国航天的两大法宝

众所周知，钱学森给中国航天留下一套航天管理理念，总结起来就是两条：一是系统工程，二是技术民主。这两个法宝，陪着我们走过了"两弹一星"，走过了载人航天，走过了嫦娥工程，也走过了长征火箭400发。

读论语时突然发现，这两条孔老夫子早就阐述过了。

《论语·子路》定公问："一言而可以兴邦，有诸？"孔子对曰："言不可以若是，其几也。人之言曰：'为君难，为臣不易。'如知为君之难也，不几乎一言而兴邦乎？"曰："一言而丧邦，有诸？"孔子对曰："言不可以若是，其几也。人之言曰：'予无乐乎为君，唯其言而莫予违也。'如其善而莫之违也，不亦善乎？如不善而莫之违也，不几乎一言而丧邦乎？"

在航天人看来，以上大意是：鲁定公问孔子，有没有一句话，可以使国家兴旺。孔子说，没有这样的话，不过有类似的话可供参考，那就是"不管是总体，还是分系统，都不容易"。要达到整体和局部之间的关系协调和互相配合，前提就是做到理解彼此，也就是"不管是总体，还是分系统，都不容易"。

鲁定公又问了，有没有一句话，可以使国家灭亡。孔子说，没有这样的话，不过有类似的话可供参考，那就是"我做国君高兴的是我说什么话没有人敢反对"。孔子说，这样搞一言堂，离灭亡也就不远了。对于中国航天来说就是要搞技术民主。

怪不得当年赵普半部《论语》治天下。穿越千年，治国、造火箭，原来成功的道理都是相同的啊。

5 系统工程是什么

美国是当今世界一流的航天强国，表现在：

一是领域广、门类齐全。50年前，阿姆斯特朗和奥尔德林在月球上留下了人类的足迹；40年前，旅行者1号携带着人类的信息，目前已抵达了太阳系的边缘；30年前，哈勃望远镜跨越大气层驻留近地轨道，从此拨开乌云凝望星空。而这些，除了美国外，尚没有其他任何一个国家做到。如果说关于地球的知识由大航海时代的英国人普及，美国人则在向全世界普及着宇宙，并呼唤着大航天时代的荣光。

二是底蕴深厚，有战略备胎。我们惊叹于美国层出不穷的飞行器，以火箭为例，当大力神①卸下了穿越冰火的盔甲被封印，宇宙神②用双肩支起了苍天，当北欧的雷神加入三角洲③特种部队，不及防闯入了邻家的猎鹰④；但与之相比，我们更惊叹于太空梭⑤划过天际，奏响了行星组曲⑥。在今天，美国如想重返月球，大推力液体/固体火箭发动机、大直径贮箱等技术支撑一应俱全，技术上的底蕴比起我们要强太多太多。

三是性能指标超前，技术先进。最大的力士，却有着最精细的设计。50年前的土星5，其运载系数（运载能力与起飞重量之比）达到0.04以上，是世界最高水平（猎鹰重型所报指标更高一点，但未被最终证实）；梅林发动机推重比达到180，超出第二名NK-33 50%以上。

---

① 大力神（Titan）是希腊神话中的神明，美国以其命名液体战略导弹，后改造为"双子座"计划用于载人发射，2005年退役。

② 宇宙神（Atlas）是希腊神话中的擎天巨神，曾作为导弹发展开创了增压式贮箱先河，现宇宙神为联合发射联盟主力火箭之一。

③ 雷神（Thor）是北欧神话中的雷霆与力量之神，德尔塔（Delta）也是美三角洲特种部队的称呼，它在雷神中程导弹基础上发展而来，现德尔塔4为联合发射联盟主力火箭之一。

④ 猎鹰（Falcon）是商业航天公司SpaceX的主力火箭。

⑤ 太空梭（Space Shuttle），也称航天飞机，现代工程皇冠上的明珠，后因两次事故和高昂的维护成本，于2011年退役。

⑥ 土星5（Saturn V），美国载人登月火箭。霍尔斯特的行星组曲中，第五乐章《土星——老年使者》是组曲中最精彩的篇章之一，这里有对人生的思考，也有美好的回顾。正如土星5，是美苏争霸的产物，从预算上达到了美国航天上前无古人后无来者（至少现在看来）的顶峰。

四是全世界广泛合作。GPS为美国产品，但被全球几乎所有国家应用，既具有战略意义，同时又为该国赢得软实力的大幅提升。美国宇宙神5火箭使用了俄罗斯的RD-180发动机，在我们为自主可控所困扰的今天，展现的却是美国的战略布局和自信心，因为有德尔塔4的布局，不怕俄罗斯断供，同时美国也有足够的自信，认为俄罗斯不会或不敢断供。

美国航天为什么如此强大？笔者认为，美国航天的强大，主要是美国系统工程的强大。

3.1　什么是系统工程

系统工程是为了最好地实现系统的目的，对系统的组成要素、组织结构、信息流、控制机构等进行分析研究的科学方法。它运用各种组织管理技术，使系统整体与局部之间的关系协调和相互配合，实现总体的最优运行。

系统工程意味着什么？是项目管理（如人员管理、进度管理、成本管理、合同管理、质量管理、风险管理、沟通管理）？还是霍尔三维结构（如方案、初样、试样的时间维，需求分析、系统设计、综合优化的逻辑维，专业知识的知识维）？

说真的，没有切身体会时，看这些文字都是干巴巴的。

笔者简单地从两个维度讲解系统工程，一是空间维，二是时间维。系统工程方法即实现如下两个目标所采用的方法。

（1）空间上，需要的时候，需要的东西应该出现，即各场景在空间上有所属。

（2）时间上，为了达到空间上的目标开展的布局，即各要素在时间上有所依。

在这两个维度的牵引下，发轫于曼哈顿工程，沿着阿波罗时代走来，美国的系统工程一直走在人类前沿。

3.2　美国系统工程硕果累累

20世纪60年代，美国阿波罗登月计划成功运用系统工程方法，第一次把人类送到月球。从此，系统工程受到世界各国的高度重视，并获得迅速发展。

阿波罗工程在某种程度上代表了系统工程的巅峰。50年来，在科学领域再难遇到像阿波罗工程这样异常创新、异常复杂，同时进度异常紧张的工程，可参照的仅是软件行业。

曾几何时，软件产品质量不高，生产效率低下，导致了"软件危机"。自1970年，软件开发进入软件工程阶段，形成了各种软件开发的技术手段和管理手段，包括用分阶段的生命周期计划严格管理，坚持进行阶段评审，实行严格的产品控制，采用现代程序设计方法，结果应能清楚地审查等原理，无一不与航天系统工程方法相对应。

美国代表了当今计算机软件行业的最高水平，输出了涵盖操作系统、数据库软件、程序开发软件、科学建模和计算软件、办公应用软件等超大型、基础和应用类软件产品。

以操作系统为例，操作系统内核分为多个模块，模块的划分与协调要考虑有效性、效率、可扩展性、可维护性，系统异常复杂。Windows Vista操作系统代码达到5000万行，以平均每人每天开发200行代码计算，需要700个人持续工作1年。商业周刊曾经对Vista的开发费用进行过估算，预计费用超过200亿美元。这个数额与阿波罗工程耗费的255亿美元从数字上相当（未考虑不同年代换算）。如此复杂软件的成功开发，靠的是软件工程方法，也就是落地于软件行业的系统工程方法。

3.3 系统工程最根本的是预测性，没有思考力就总是在干急活

系统工程，意味着对所属的各个环节进行面面俱到的研究，任何环节的缺失，最后的系统都无法运行。为了达到空间上有所属，必须提前布局。没有思考力，就总是在干急活，如载人登月竞赛时的苏联。

阿波罗飞船和土星5火箭最终将阿姆斯特朗和奥尔德林送上了月球表面，但这远不是阿波罗计划的全部。美国人从系统工程的角度，对概念和需求进行了相关的提炼，为登月飞行布局了4项体系的辅助计划，为载人登月工程铺平了道路。

徘徊者号探测器计划（1961—1965年）：主要目的是研究整个月球的外观，测量月球附近的辐射和星际等离子体等，评估月球环境对载人飞船着陆任务的影响，以便为阿波罗登月做准备。

勘测者号探测器计划（1966—1968年）：主要任务是进行月面软着陆试验，探测月球并为"阿波罗"号飞船载人登月选择着陆点。

月球轨道环行器计划（1966—1967年）：主要任务是在绕月轨道飞行时拍摄月球正面和背面的详细地形照片，绘制0.5 m直径的火山口或其他细微部分的月面图，并为阿波罗号载人登月飞船选择着陆点。

双子星座号飞船计划（1965—1966年）：主要目的是试验轨道机动、交会对接能力及让航天员在轨出舱，为"阿波罗"号飞船载人登月飞行做技术准备。

3.4 遇到困难时下定决心往前走，没有执行力就无法取得最后的胜利

在新兴技术面前，预料到所有事情是难以达到的理想状态，甚至可以说，不出问题是不可能的。在遇到问题时，一般有两种选择，一种是直面问题冲过去，一种是换个方案从头来。普遍现象是，先直面问题，感觉实在冲不过去时再选第二选项；在耗费大量时间后，发现又碰到了问题，仍然冲不过去，这时回过头来尝试原来的方案，如此反复循环。

也许工程和科学或管理不同，工程上只要原理可行，就没有解决不了的问题；更多时候需要的是下定决心，咬定青山不放松。这意味着需要强大的执行力，没有执行力，就无法取得最后的胜利。

双子座计划采用了美国空军正在研发的大力神2导弹，但1962年3月导弹首飞时，出现了$10 \sim 13$ Hz，30 s左右的振动，振幅达到2.5 g，超过了NASA载人0.25 g的要求。经过20多发飞行试验，几乎每发都在改，终于在1963年10月，将振幅降到0.11 g。

今天，大家都说SpaceX快速迭代是对系统工程的颠覆，或者再创新。在笔者看来，它还是原来的那个系统工程，只是因为有着超强的执行力，以及将设计、生产环节闭环到SpaceX公司内，大幅降低了协调成本，技术迭代速度大为加快，从而在很短时间内就完成了本该数年的工作。

3.5 系统工程需要艰苦卓绝的付出，浮躁的时代孕育不出精品

现代科技的复杂程度日益增高，在具备强大功能的同时，脆弱性和敏感性也随之增加。运载火箭可将数百吨的载荷送上太空，却可能因为一个螺丝钉而跌落地面；运载火箭可将人类送上月球，却可能因为缺少一个数据而充满风险。自然从来不飞跃，浮躁的时代孕育不出精品，跟跑和并跑也无法修成真正的系统工程。

美国为探讨减少火箭发动机维修而开展了一系列发动机工况监控技术方面的研究工作，因为各种准则的制定是一个相当慎重的问题。在这方面洛克达因公司付出了卓绝的努力，它

从交付的7种（MA-3、MA-5、RS-27、F-1、H-1、J-2和SSME）共2 500台进行过1 000次试验的发动机中统计出85 000次故障，对这些故障记录进行评定、筛选、归类，将其缩减到1 771次故障，最终归结为螺栓松动、冷却剂管道裂纹、接头泄漏、高温气体集合器导管破裂、高扭力、涡轮叶片裂纹、软管故障、电插头松动、轴承损坏、管子断裂、涡轮泵面密封泄漏、润滑压力异常、活门未能工作、活门内部泄漏、调节器偏差、液压控制装置有杂质等，共16种故障模式。通过对这些模式进行分析，提出了现有或需要研制的8种监控手段，在大量工作的基础上完成了研究。

3.6 系统工程是认识事物的普遍规律，做好布局的布局

系统工程不但要善于做规划，也善于做组织构架。美国航天的成功，多半要归功于NASA的组织架构。目前，NASA包括1个总部、10个中心，形成总部管规划，中心管基础（其中5个中心）的纺锤形组织结构。在研发具体火箭时，总部规划后，向各大军工企业竞标研制，研制中可使用各大中心积累的基础技术。这种组织架构兼顾了基础研究的持续性和产品研制的多样性。SpaceX正是这种组织架构的受益者，它的崛起就建立在NASA强大基础研究的支持下。而在管理层面，后航天飞机时代NASA的经费预算已无法支撑更大规模的航天活动，NASA适时地引入了商业航天力量，这种力量不仅对NASA的1总部10中心体系无冲击，反而可以加强这种体系。

做好布局的布局也意味着要随时警醒，走出舒适区。美国1994年规划发展一次性运载火箭（EELV）时，具体要求是从2003年开始研制，EELV要为美国政府发射有效载荷，全面替代原有的大力神2/4、宇宙神2/3、德尔塔2/3等一次性运载火箭，EELV预期服役到2020年。多年来EELV的宇宙神5和德尔塔4火箭发射成功率为100%，技术状态至今仍不落后，但ULA仍在按预定计划研制新型火神火箭。难道就不怕新火箭首飞失败吗？笔者的认识是，不能因为怕就落在舒适区，20年正好是一代人，一代人必须有一代人的火箭。人对于不是自己搞的东西，一是不会太熟悉，会造成人才断层，影响后续的发展；二是对于习惯的事物，慢慢会陷入僵化，没有改进的驱动力和欲望。一片升平中，往往已经暗藏了衰败的隐因。

3.7 系统工程中要永远摆放好人的位置，系统工程的成功取决于人的创造力、判断力和执行力

人才是获取成功的法宝，尊重每个人，每个人才会愿意发挥他的创造力、判断力和执行力。

每个人的想法千差万别，人多了，难免观点相悖。系统工程要求技术民主、决策集中，而不是正好相反。在土星5研制过程中，冯·布劳恩实行"团队工作""脏手工程""自觉责任"，即大家一起完成工作，每个人都要全面了解自己负责领域的各种职责，并且在必要时愿意参加到第一线工作中，这里不存在"我的工作"和"你的工作"，只有"我们的工作"。它赋予了人们参与专业领域之外或其他部门工作的权利，带来了技术的交融。但这种刻意模糊的管理界限可能带来混乱，冯·布劳恩履行了决策集中的职责，他会及时，并且高度一致地回应每个管理者的工作报告，并反馈给全部管理人员。这种方法最终极大地促进了各部门之间的平行交流与互帮互助，有效避免了事不关己高高挂起的情况，后来这一模式被立为典范，并且在美国登月工程中发挥了至关重要的作用。

4 大火箭难在哪儿

我们常听到如下说法：

新火箭不知不觉就研制成功了，更大的火箭也难不到哪儿去。

火箭发动机是真的难，有了发动机后研制火箭难不到哪儿去。

美国 50 年前就登月了，现在技术进步了，登月只是钱的问题。

土星 5 是美国 50 年前的技术，现在研制的火箭一定比它先进。

SpaceX 一个私营公司的火箭都上天了，研制火箭哪有那么难。

真是这样吗？

4.1 新火箭不知不觉就研制成功了，更大的火箭也难不到哪儿去

古希腊数学家芝诺提出了一个悖论：阿喀琉斯（希腊神话中的英雄）和乌龟赛跑，乌龟跑得慢，起点设在阿喀琉斯前面。开跑后，阿喀琉斯追到原来乌龟的地方，乌龟爬了一段；他再追到这个地方，乌龟又前进了一段。因此，阿喀琉斯永远追不上乌龟（图4.1）。

从经验上判断这一论断明显有问题。科学上，阿喀琉斯追上乌龟时，的确可分为无穷段（不考虑量子效应），但跑完无穷段所需的时间累加却是有限的，因此阿喀琉斯可以在有限的时间内追上乌龟。

图4.1 芝诺悖论

这就是量变引起质变。

同样的，火箭变大了，新的问题开始出现，并可能引起质变。

4.1.1　设计上

把火箭上所有的零部件都拆下来，然后将所有零件的尺寸均放大一倍，再组装，这样能做出一台更大的火箭吗？答案是不能。因为世界是三维的。

小说《镜花缘》中大人国的人看起来会和我们相像吗？不一定。

以骨骼为例。骨骼承受强度与其截面积有关，人的身高增为原来的2倍，则骨骼截面积增加到4倍，而人的体重增加到8倍，大人国腿部骨骼受力将是我们的2倍，所以他们要么骨头比我们粗一点（对应结构加强），要么骨骼强度比我们大两倍（对应材料升级），结果就是比我们容易骨折（对应可靠性降低）。

人是恒温动物，人向环境散发的热量是通过身体内脂肪燃烧补充的，而脂肪燃烧量和补充食物的重量成正比。假设大人国人的身高是我们的2倍，则胃同样放大后为原来的8倍，但体表散热面积为我们的4倍。因此换算后，他们估计每天吃饭顿数可以比我们少（对应发动机喷管的再生冷却流量不需要等比例放大发动机那么大）。

因此，火箭的大型化不是简单地将零件放大。高强度材料技术和工艺的研制是必不可少的。但这还远远不够，还需考虑振动问题。

美国塔科马海峡大桥（图4.2）在1940年6月底建成后不久，就被发现在微风的吹拂下会出现晃动甚至扭曲变形的情况，最终该桥倒塌。

图4.2　塔科马海峡大桥

当系统增大时，系统基频变低，产生耦合共振的可能性变大。发动机更容易出现燃烧不稳定、火箭更容易出现纵向耦合振动、火箭姿态控制更为困难。

土星5火箭的F-1发动机在7年的测试中，其燃烧不稳定性逐渐暴露出来，并可能导致灾难性事故。攻克这个技术难题的工作最初进展十分缓慢，因为这种故障的发生是不可预知的。最终，工程师们想出了解决办法，他们将少量的爆轰炸药放到燃烧室中，并在发动机运转时引爆炸药，以此测试燃烧室在压力变化时做何反应。设计师随后测试了几种不同的燃料喷射器，并得到了最佳匹配方案。这个问题从1959年一直拖到1961年才算告一段落。

关于纵向耦合振动（POGO），箭体存在沿火箭飞行方向的振动，振动挤压贮箱内推进剂到发动机，火焰一伸一缩产生推力脉动，适当条件下这个脉动与箭体振动耦合，产生不稳定现象。火箭越大，结构低频越密集，管路低频也越密集，出现耦合的可能性也越大。土星5火箭飞行中有两次著名的POGO振动现象[1]。AS-501飞行表现完美，AS-502起飞时存在900磅重量变化（仅占起飞重量6 000 000磅的1.5‰），任务在一级飞行即将结束时，出现了显著的POGO振动；阿波罗13二级工作到120 s时，发生了巨大的POGO振动，由于发动机泵压力急剧增大，机架处振动达到了34 g，可能机架都变形了，最终导致中心发动机关机。

关于姿态控制，姿态控制系统要控制火箭飞行，同时还要不能让箭体振动起来。对于小火箭，模态频率都在10/20 Hz以上，控制软件设计时直接用低通滤波器截断即可，根本无须操心。当火箭变大了，低频越来越密集，对模态的考虑就要更为精细和完备，问题也就更为复杂了。麦道公司的德尔塔3火箭首飞时1 min内火箭就出现了振荡性滚转并在72 s自毁[2]。原因是火箭中虽考虑了56个滚转模态，但忽略了一个4 Hz的滚转模态。根据以往经验，所有重要的滚转模态在起飞中都会出现，但这个模态在起飞时不重要，是飞行到40～50 s后才开始起重要作用的。

4.1.2　制造和试验上

制造和试验上，仍受物理定律影响。

制造涉及误差。制造两个部段，误差和尺度成正比，但要把部段对接上，对接螺栓才不认部段尺度有多大，只知道如果不是熟悉的公差，螺栓就罢工。要让螺栓能对接，必须将公差控制到原来的值，这就意味着制造大火箭要比小火箭时更为严格，对工装要求更高。

火箭是一项追求极限的产品，贮箱、结构件均为薄壁结构，它必须抵挡自身重力的作用。厚度与尺度成正比，但重量与尺度平方成正比。火箭越大，重力下的变形也就越大，控制

---

[1] BLAIR J C, RYAN R S, SCHULTZENHOFER L A. Lessons Learned in Engineering[M]. Supplement. 2011.

[2] https://boeing.mediaroom.com/1998-10-15-Boeing-Changes-Delta-Ⅲ-Control-Software.

起来就更为困难。

在制造上，如分段制造，要努力控制偏差，确保匹配，就可以对接。做试验就没那么容易了。将部段分成两段后，静力学上，分段处的载荷是什么？边界条件是什么？怎么模拟？动力学上，原来做的结果，最后怎么总成？

静力学上，若试验能力有限，一根杆只能分为两段试验。杆仅承受压力时很容易，两段都采用这个压力加载，看看两端能否承受即可。如果杆又存在压力又存在弯矩时，问题就复杂一点，但也还是可以分析和试验的。

超静定结构呢？如图4.3所示的桁架，撤去一根杆，系统仍然能够承力，但系统受力改变了，载荷和变形的协调关系有关。对于真实结构，这个协调关系是很难测量和计算的。试验时，也是只能做多组工况，尽量覆盖各种偏差。

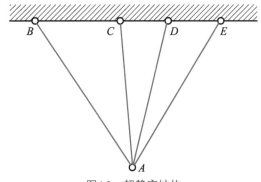

图4.3 超静定结构

动力学更为复杂。还是一根杆的模态试验（振动频率和振型），如果分为两段，分别得到了两段杆的前几阶模态，在合成时存在如下问题：

（1）从分段杆的模态，怎么合成得到整根杆的模态？

（2）从分段杆的模态偏差，怎么合成得到整根杆的偏差？

模态有无穷阶，整段的前几阶重要模态，也许在分段中表现不出来。譬如两段连接处特别软，直接影响了全段行为，但分段试验时，采用自由模态试验无法采集这个局部行为。边界怎么模拟才是真实的？需要进行大量自由模态试验，以及固定界面静力试验等一系列试验才能模拟。

所以，不做大型试验，改为一系列的小型试验，的确节省了工装，但界面暴露在外，界面条件严重依赖结构特征，需要开展一系列试验来模拟、确定界面行为。除试验数量多了外，试验难度不是更小，而是更大了。

尽管取得了一次次研制成功，但并未覆盖所有细节，也正是经历了一次次成功，我们更深谙成功依赖于太多细节的把控，对大火箭更充满敬畏。因为它的细节不是与过去相当，而是更多了。就像我们总感叹，要是科罗廖夫没去世，苏联的N-1没准真的能成，因为他具备这种把控能力。

4.2 火箭发动机是真的难，有了发动机后研制火箭难不到哪儿去

公元前133年，汉武帝准备诱骗匈奴军臣单于至马邑，并派二十余万大军埋伏拟一举全歼匈奴主力。诱骗和出兵计划都进行得很顺利。但匈奴大军在行进的途中发现"有牲畜而无人放牧"的异常现象，引起了怀疑，最终导致马邑之谋前功尽弃。

行百里者半九十。不仅是战争，只要是实业，一个细节失误，满盘皆输的案例比比皆是。运载火箭研制是大的实业，发动机固然最难，但其余的也不容易。

前文简单分析了大火箭的困难，里面的例子不全是发动机，难的地方很多。电子号火箭完美地阐释了这点。

电子号火箭的发动机很早就已经试车成功，并在飞行中表现出了极高的成熟性和可靠性，但电子号火箭的几次飞行却一波三折。

2017年5月，电子号首飞时因地面遥测问题触发靶场安全系统而未能实现入轨。2018年11月11日，电子号进行了第三次发射，这次发射原定于4月20日进行，但因火箭在射前加注合练时，发动机推进剂泵的电机控制器出现技术问题而推迟。6月23日的发射尝试，又因在倒计时过程中地面跟踪天线出现问题而取消。6月27日的尝试则因倒计时过程中再度出现电机控制器问题而泡汤。

几次故障，分别与遥测、电机控制器、地面跟踪天线有关，没有一个是与发动机自身，如泵、推力室等有关的。

2018年，联盟号载人飞行失利，原因在于D助推器未能正常分离，头部撞击了芯一级燃料箱区域，使贮箱丧失密封性，进而导致火箭失稳。助推器未正常分离的原因是，分离接触传感器顶杆形变（弯曲6°45'）致使D助推器氧箱侧推喷管盖未打开。传感器顶杆形变是火箭在拜科努尔发射场组装时产生的，这仍和发动机无关。

再如，阿里安5火箭首飞失利，故障分析表明，阿里安5火箭继承了阿里安4火箭的惯性基准系统，但它真实飞行时的水平速度的积累是阿里安4火箭的5倍，在64位浮点运算值和16位带符号整数之间转换时产生溢出，软件崩溃并指令发动机摆动过猛，造成火箭解体爆炸。阿里安5研制中没有对继承的惯性参考系统或整个飞行控制系统进行充分分析和测试，如果采用阿里安5飞行轨迹数据本可以检测到这个潜在的故障。

发动机虽然难，但地面可试车测试，与之相比，运载火箭有几个系统，存在如下特征：地面难以测试或无法测试，它们难在天上。这也产生了火箭研制中最重要的词——测试覆盖性。地面怎么覆盖天上？这是火箭人难以绕过的困境，是终身与之拼搏的拦路虎。为此发展出很多方法，如发动机抽检试车、校验试车、各种振动试验、噪声试验、热环境试验、电磁兼容试验，等等。当然还有它们的各种各样组合，没有条件创造条件也要试验，耗资巨大，虽可以说卓有成效，但在有些方面还差强人意。

近些年，猎鹰火箭逐渐展示出一种革命性的方式：点火中验证。猎鹰用三种方式做到了点火中验证。

方式一：地面静态点火。与发动机单机批抽检试车的旁证，以及发动机单机的校验试车相比，地面静态点火考核的系统更多，考核更为充分，而且耗资可控，因为发射台是现成的，火箭是现成的，都不需要额外配套。地面静态点火需要什么条件呢？一是设计上，启动、关机不能是一次性的，否则就只能做批抽检试车；其次是推进剂需无毒、无污染、不结焦，否则后续无法处理；三是发动机故障检测系统必须足够强大，因为与发射台爆炸相比，也许还不如炸在天上。得益于梅林发动机，猎鹰火箭完全具备这三个条件。

方式二：真实飞行中验证。静态点火时毕竟卡在试车台，姿控、制导系统考核不到，振动也无法传递到机架上方，还是不够完美，除非直接在飞行中验证。猎鹰重型首飞就是场最大的飞行中验证试验。那么飞行中验证试验需要什么条件呢？以下方式都可以：一是飞行搭载试验，如验证新的惯性器件，可通过搭载取得遥测数据并改进，最终取代原惯性器件；二是作为扩展任务，即主任务完成后的再进行进一步试验，譬如猎鹰9号的反推返回，就是在主任务完成后开展的，前几次均未获成功，但这样的失败是可以承受的，以此换来宝贵的试验数据。试想，如果不是扩展任务而是正式任务，失败4次，换哪家公司都早干不下去了。

方法三：返回后验证。航天有一个特点，火箭和卫星上天后，已经无法对原产品状态进行回溯，在发现问题或潜在可靠性问题时，仅靠少量遥测数据根本无法对问题做全盘的分析，因此更依赖在地面时，就把数据记录完善。从这个角度来看，猎鹰9号火箭的返回技术的重要性可能仍被低估，因为猎鹰9号返回的不仅仅是火箭一子级，更是宝贵的、以往无法全盘获取的数据！

古人在发动大战前，极其强调将领要考虑周全，做到算无遗策。同样，火箭研制时，尤其是首飞前，除发动机外，存在太多细节，也极其强调设计师队伍考虑周全，做到算无遗策。这就是航天总体设计部存在的意义之一吧。

4.3 美国50年前就登月了，现在技术进步了，登月只是钱的问题

肯尼迪："我们选择在这个十年飞向月球，并不是因为它们容易，而是因为它们很难！"

1957年，苏联第一颗人造地球卫星发射时，时任美国参议院多数派领袖的林登·约翰逊写道：这时不知何故，不知是什么新的方法使天空看上去简直不同了。我还记得当认识到别国也有可能在技术上超越我们伟大的国家而产生优势所产生的深刻震动。

肯尼迪回答约翰逊：炫目的太空成就越来越被人们认为是领导世界的主要标志。例如载人登月探险，它不仅是具有宣传价值的成就，而且本质上它还是一种目标——我们是否能第一个获得此成就。我们有可能成为第一。

1962年肯尼迪说这句话时，正是冷战的高峰期。如何在军事科技上领先敌人成了悬在两国领导人头顶的一把巨剑。

世界上有两件事情最难：一是把自己的思想装进别人的脑袋，二是把别人的钱装进自己的口袋。载人登月，则同时集中了这两件最难的事情。

先看预算（表4.1和图4.4），1962年9月肯尼迪在莱斯大学发表"我们选择登月"的讲话后，登月10年间，NASA占联邦预算飙升，一度上升到了4.41%，达60亿美元（换算为2020年币值为470亿美元），阿波罗飞行器和土星运载火箭总共花费了1 100亿美元（换算为2020年币值）。

表4.1　NASA年度预算[①]

年度	预算/百万美元	政府预算占比/%	换算为2020币值/百万美元	年度	预算/百万美元	政府预算占比/%	换算为2020币值/百万美元
1958	89	0.10	798	1984	7 055	0.83	17 574
1959	145	0.20	1 287	1985	7 251	0.77	17 448
1960	401	0.50	3 508	1986	7 403	0.75	17 478
1961	744	0.90	6 443	1987	7 591	0.76	17 292
1962	1 257	1.18	10 754	1988	9 092	0.85	19 895
1963	2 552	2.29	21 573	1989	11 036	0.96	23 041
1964	4 171	3.52	34 805	1990	12 429	0.99	24 621
1965	5 092	4.31	41 817	1991	13 878	1.05	26 369
1966	5 933	4.41	47 324	1992	13 961	1.01	25 747
1967	5 425	3.45	42 106	1993	14 305	1.01	25 628
1968	4 722	2.65	35 142	1994	13 695	0.94	23 912
1969	4 251	2.31	30 000	1995	13 378	0.88	22 721
1970	3 752	1.92	25 004	1996	13 881	0.89	22 905
1971	3 382	1.61	21 612	1997	14 360	0.90	23 150
1972	3 423	1.48	21 178	1998	14 194	0.86	22 537
1973	3 312	1.35	19 308	1999	13 636	0.80	21 184
1974	3 255	1.21	17 081	2000	13 428	0.75	20 180
1975	3 269	0.98	15 722	2001	14 095	0.76	20 601
1976	3 671	0.99	16 696	2002	14 405	0.72	20 727
1977	4 002	0.98	17 091	2003	14 610	0.68	20 554
1978	4 164	0.91	16 522	2004	15 152	0.66	20 761
1979	4 380	0.87	15 618	2005	15 602	0.63	20 674
1980	4 959	0.84	15 576	2006	15 125	0.57	19 417
1981	5 537	0.82	15 762	2007	15 861	0.58	19 796
1982	6 155	0.83	16 506	2008	17 833	0.60	21 435
1983	6 853	0.85	17 807	2009	17 782	0.57	21 450

①　https://wikimili.com/en/Budget_of_NASA.

续表

年度	预算/百万美元	政府预算 占比/%	换算为2020币值/百万美元	年度	预算/百万美元	政府预算 占比/%	换算为2020币 值/百万美元
2010	18 724	0.52	22 221	2016	19 300	0.50	20 812
2011	18 448	0.51	21 223	2017	19 508	0.47	20 596
2012	17 770	0.50	20 031	2018	20 736	0.50	21 371
2013	16 865	0.49	18 737	2019	21 500	0.47	21 763
2014	17 647	0.50	19 292	2020	22 559	0.48	22 559
2015	18 010	0.49	19 664				

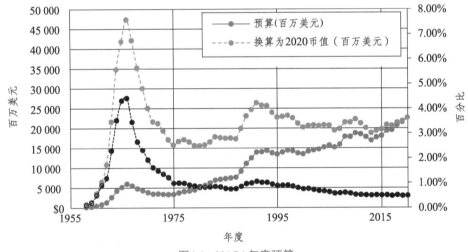

图4.4　NASA年度预算

因此，首先肯定是钱的问题。政府给力，花得起钱。但那也只能花一时，而难以持续。如同样是重型运载火箭发动机，美国的F-1已经没有了，但苏联的NK-33保留下来了，RD-170也保留下来了；同样是重型运载火箭，美国的土星5已经没有了，苏联能源号火箭也没有了，但作为能源号助推器的天顶号火箭却保留下来了。因此，从经济性考虑，即使是大型火箭，也需要考虑拆分后设计复用性，F-1和土星5的大火箭时代已经一去不复返了。

除了钱外，更重要的是人和，是把自己的思想装进别人的脑袋，这需要天时地利。

面对20世纪60年代末登月的目标，迟疑已经来不及了，整个美国的工业机器都为之转了起来，整个美国的创造力都为之迸发出来。波音、道格拉斯、IBM，这些世界级的企业都为之全力以赴。后来，美国航天科学家回忆，那是一个用半张便条就能办事的时代，只需说"我这事是为登月办的"就够了。

这也是为什么，从1961年决策，到1969年真实登月，只花了不到9年时间。而同样是美国，从2004年小布什重返月球，然后奥巴马登陆火星，再到特朗普的月球以远，这15年来NASA预算加起来已超2000亿美元以上，但美国人至今还在围着地球打转。

原因太多了，决策登月时，NASA刚成立，充满了活力，比今天的SpaceX活力只多不少。美国军方曾搁置了F-1发动机研制，1958年NASA成立后，他们需要这样的发动机！洛克达因一些工程师们提到这段往事："NASA的人找到了我们，说是很中意我们的发动机。我在想，天哪，美国空军抛弃了我们两次，这次又轮到新成立的NASA了吧。不过，他们的人看起来很真诚，而且仿佛不太关心地球上的事情，对洲际导弹的项目也不感兴趣。我们觉得他们应该是要把我们的发动机用在地球之外的事情上。这让我们感到很兴奋。"

那时候，大家对技术是真的热爱，估计也没有那么多利益纠葛，所以北美航空公司在土星5火箭上创新无极限。北美洛克达因的伊泽尔回忆：我们度过了多少不眠之夜。咖啡是开动我们的燃料，我们聚集在一个大房间里，原来有办公室的家伙现在趴在地上帮助写建议书，从早晨七点开始一直干到半夜。大家有的计算，有的在绘图板上画设计图，有的在方格纸上起草文件然后送交打字员打印。总得有一段时间写，一段时间校阅，互相批评对方的工作，然后重写。

那时候，由于冷战，由于美苏争霸，什么事情说干就干了，没有那么多纠结。道格拉斯公司的道伦巴歇尔说：我们对付失败的方法是不接受它，我们会简单地说，我们总比机器灵光；我们最终会把它发射上去，使其运转。我们会将火箭重新竖到发射架上，如果需要在一周内花80小时，我们会这样做。伊泽尔说：我昨天刚炸毁一个试车台，结果第二天就收到了晋升的通知。

因为，这是人类航天的黄金时代；因为，这是时不我待的时代。所以，美国50年前就登月了，现在虽然技术进步了，但登月也不仅仅只是钱的问题，它需要我们甚至全社会有共同的目标，并充分认识它的复杂性，矢志不移，方得始终。

4.4　土星5是美国50年前的技术，现在研制的火箭一定比它先进

蒋勋曾经说过：我想大家都有一个共识，就是整个中国文学史上，诗的高峰绝对在唐代……唐诗的形式已经完美到了极致，所以唐代是诗的盛世。唐代不仅在美术史上是一个花季，在文学史上也是一个花季……换一个角度来看，那个时代在语言和文字方面给诗人们提供的条件实在是太好了。

同样的，运载火箭上，虽然电气手段日新月异，但火箭中最为基本的设计、动力、结构等手段，在土星5首飞的50年来，尚未取得全面突破。土星5、航天飞机、RD-170，就是这些技术美到的极致。

总体设计上，火箭至今还是采用的"冯·布劳恩构架"，无论是运载能力、载荷计算，如果不考虑研制单位越来越多，各单位各自留大小不等余量外，总体而言如今并没有与50年前有太多不同。

在发动机上，发动机推进剂不过是液氧/液氢、液氧/煤油等，循环方式也不过是燃气发生器、膨胀、补燃等，SSME和RD-170已代表了此领域的巅峰，现在再设计，也很难超出这个水平。

在结构材料上，土星5采用LD10铝合金，现在的火箭采用的铝铜系2219，强度不会高于LD10。而铝锂系的2195/2198等，也是美国航天飞机时代的产品，应用了将近40年，即使如此，我们也尚未大规模应用。

在基础没有突破之前，在当今的总体设计、推进剂、铝合金的组合下，土星5、航天飞机、RD-170，就是"汉语中的唐诗"。那时可真是运载火箭研制的黄金时代，仿佛是一种历史的宿命，那么多经典火箭就像是彼此有约定一样同时诞生。

这个时代已经有苗头了。

（1）在总体设计上，设计手段越来越先进，可以通过强大的软件，改原先基于偏差的设计为基于打靶的设计，暴露和消除不必要的余量。

（2）"电子号"火箭新颖的电泵循环，虽然当前性能有限、前途有限，但已经展示了一种全新的设计范式，且不说还有如火如荼研制的RBCC等新型动力系统。

（3）在材料上，以"电子号"为代表，复合材料壳段和贮箱的应用已初见曙光。

尽管唐朝已经过去了1300余年，至今汉字还是那个汉字，尽管我们每次高兴了也作诗，

但诗的顶峰，仍然停留在7世纪的那个盛唐。火箭是要进步，但肯定不是基于回光返照的低级技术，而是要开拓新的基础技术。蒋勋说，今天的"Internet"可能还是新的语言，要将它变成文学，还需要一段时间……那些累积了很长时间，跟我们的身体、呼吸已经有了共识与默契的语言和文字才叫作文学……今天语言的混乱、琢磨、实验都是在为一个大时代的到来做准备，你准备好了吗？

4.5 SpaceX一个私营公司的火箭都上天了，研制火箭哪有那么难

乔家大院的孙茂才，由穷酸到落魄至乞丐，后投奔乔家，为乔家的生意立下汗马功劳，享有一定地位。因私欲被赶出乔家后，孙茂才又想投奔对手钱家，钱家对孙茂才说：不是你成就了乔家的生意，而是乔家的生意成就了你！最终孙茂才再次陷入落魄。

千万不要把平台当成能力，SpaceX之所以诞生在美国，至少它有两个特点，是其他国家短时间内无法复制的。

一是美国的分包商机制，人才流通机制无碍。而在中国，火箭领域顶级人才很少，只有极少数几个在新一代运载火箭研制过程中冲杀过来的第一线员工（而且大多数集中在总体设计部，这里不是说分系统没有人才，而是分系统相对而言很难有大把机会见识、经受、解决和体验火箭各项事务间的广泛联系，人才更需要历练）。对此广大商业航天公司应有清晰认识，但毋庸置疑地说，笔者有幸认识的、所尊敬的、公认为优秀的几个人，几乎均未被挖走过。

二是美国二战和冷战时期形成的过剩产能，需寻求释放渠道。美国军工评论家甘斯勒1995年在《国防转轨》一书中称：在第二次世界大战期间，美军工企业开足马力，为盟国生产了296 000架飞机、1 201艘舰船、65 546艘登陆艇和86 333辆坦克。后又经美苏军备竞赛驱动，在长达40余年的冷战时期，美国军工基础实际上始终处于战时状态。它是一个庞大复杂的体系，国防部每年都要为之耗资上千亿美元，以维持每年大约1 500万个独立合同项目，平均每天约4万多项。就像《红楼梦》中刘姥姥一进大观园时对凤姐说的：您老拔根寒毛比我们的腰还粗呢。

成功虽然终会到来，但未必会那么容易！

有限责任公司、现代金融体系等的建立，使得个人可以撬动巨量资源，也成就了一批浪潮之巅的个人和公司，如比尔·盖茨、拉里佩奇、扎克伯格、乔布斯等，但他们的产品均有相

同的特点，即批产容易、产量巨大、受众极广。而运载火箭，则是属于截然不同的领域，产品质量控制极为困难，受众也极其狭小，仅能小批量生产，从来也没有展现过成为浪潮之巅的潜质。SpaceX即使取得了发射成功，财报看起来也十分不理想。2015年，SpaceX的收入预计为18亿美元，运营利润5 500万美元，但一出爆炸事故，就损失2.6亿美元，前几年赚的还不够这次赔。这也是为什么，埃隆·马斯克一力主推卫星互联网，并因不满开发和测试进度，曾一口气炒掉至少7名高管。

所以，创业难，守成更难！研制火箭难，运营火箭难上加难！

5 提高运载火箭成功率的三大研制理念（一）——静态点火

提高运载火箭成功率要做什么样的试验？这是一个大问题。

历史统计表明，火箭飞行故障大多来自推进系统，火箭研制中最难开展试验的又正是推进系统。推进系统需要开展什么样的试验？

5.1 推进系统试验及静态点火

NASA主要的大发动机试验基地，斯坦尼斯航天中心（即后文中出现的密西西比试验站，1974年6月14日更名为美国国家空间技术实验室，1988年5月20日更名为NASA斯坦尼斯航天中心）将发动机的试验划分为不同的阶段，总结出典型的试验流程如图5.1所示。

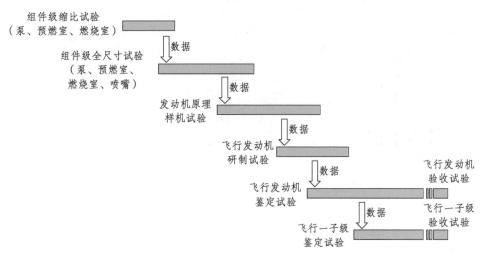

图5.1　发动机典型试验

这张图一共有6条绿线，前5条绿线分别代表发动机组件级缩比试验、组件级全尺寸试验、发动机原理样机试验、飞行发动机研制试验和飞行发动机鉴定试验，这些都属于发动机试验内容。第5条绿线从中间被打断了，断点左侧表示发动机单位开展试验，右侧表示火箭总体单位开展试验。如发动机抽检或标定试车位于绿线左侧，发动机交付后，火箭总体单位会进行接收测试，如外观检查、电测，甚至拆解检查等。第6条绿线为子级鉴定试验，这已不仅仅是发动机或推进系统单机试验，而是属于全箭级别试验了。如猎鹰9火箭发射前发动机需经历3次点火：

（1）第1次是在得克萨斯州的麦格雷戈试验场进行发动机全程试车。

（2）第2次是发动机装配到箭体后，仍在麦格雷戈试验场（图5.2），进行整个一子级的全程点火。

（3）第3次是在发射台上，进行一子级射前的短时点火。

第1次点火对应第5条绿线，后2次点火均对应第6条绿线。

图5.2 猎鹰9火箭在麦格雷戈试验场静态点火

对于上述子级试验，国内有时将试验场进行的上述子级试验称为动力系统试车，发射场进行的称为静态点火或系留点火。尽管有人一定要这样区分，但它们不存在本质的技术区别。

此外，并联构型存在芯级、助推器分开的点火试验，以及并联构型下点火试验两种，如猎鹰重型在发射场3×9=27台发动机全部点火。

火箭的研制和验证涉及许多学科的交互作用，如静态和动态载荷及其分布、结构分析和设计、结构动力学、声学、空气动力学、流体力学、流体动力学、机械设计、热分析和设计、水力学、推进系统设计、材料科学（性能、腐蚀、断裂力学、裂纹扩展、生命周期等）、电力和配电、电力控制、计算机和软件。

这么多学科知识及其交互影响，是否能全盘被设计人员所掌控？管理上是否能找到学科与学科交叉之间可能丢失的地带？甚至产品生产质量能否彻底受控？对上述这些进行检验的方法只有试验。

最接近真实飞行状态的全面验证就是静态点火。基本上，所有与高温（燃烧）、低温（推进剂）、强振动（发动机振动）耦合的验证，只能通过静态点火予以验证。相对其他研制试验，静态点火提供了唯一真正的端对端检验。

5.2 静态点火简史

静态点火并不是新鲜事，冯·布劳恩在研制V-2导弹时就可能进行过静态点火试验。1946年3月15日，一发V-2导弹在美国白沙试验站进行了静态点火。正如标志性的尾翼一样，静态点火或许也是冯·布劳恩的专利。他主持研制的导弹/运载火箭均进行了大量静态点火试验，如红石、木星、土星1/1B以及土星5（表5.1）。

表5.1　不同类型导弹/运载火箭静态点火次数

型号	时间	飞行次数	静态点火次数	点火类型
红石	1953.08—1961.07	75	57	全程
雷神	1957.01—1964.09	179	14	全程
木星	1957.03—1961.05	39	31	全程
宇宙神	1957.06—1964.09	223	38	短程
大力神1	1959.08—1963.05	55	38	短程
大力神2	1962.03—1964.11	39	12	短程
大力神-双子座	1964.04—1966.11	14	0	无

续表

型号	时间	飞行次数	静态点火次数	点火类型
大力神3	1964.09—1967.12	23	2	短程
土星1/1B	1961.11—1968.10	15	15	全程
土星5	1965.04—1970.10	13	一级37、二级33、三级21	几乎全程

注：土星5为笔者统计自文献[3]，真实次数可能更多，其余来自文献[2]。

其中，最为壮观的非土星5静态点火莫属。土星5三个子级，除采用试验件状态进行静态点火试验外，所有飞行产品（阿波罗17的三子级除外）均进行过静态点火试验。

以一子级为例，全系统试验件在马歇尔中心进行了15次静态点火试验（3次单机和12次5机）后，移至密西西比试验台后（图5.3）进行了2次5机静态点火试验（图5.4），其中第一次15 s，第二次60 s，最后试验件又返回马歇尔中心，再进行了3次静态点火试验。

图5.3　土星5二子级被吊装到
　　密西西比试验站A2台

图5.4　土星5一子级在密西西比试验站B2台静态点火

土星5的13次飞行任务中，除了阿波罗4号任务第一次为40 s短程点火外，其他所有试验均为125 s长程点火。用于验证发动机推力、比冲、发动机环形歧管温度、燃料泵平衡气蚀压力以及热交换器性能，验证子级推力矢量控制、增压、电源、控制压力、吹除、飞行测量、靶场安全、推进剂加注、顺序和POGO抑制系统是否在规定界限内执行。点火后进行检查以便确定点火未对子级产生不利影响，检查使用约105个试验和操作程序。

以一子级为例，在这些试验中发现了很多问题，并为最终解决这些问题提高可靠性提供了实践证据，这些记录也旁证了土星5取得巨大成功的必然性。

（1）1966年11月15日进行的阿波罗8一子级静态点火试车后，检测发现氦气瓶易受应力腐蚀裂纹影响。

（2）1967年8月25日阿波罗10一子级静态点火后，发现2分机涡轮进气道传感器断裂并进入发动机喉道中。

（3）1968年12月18日阿波罗13一子级静态点火后，4分机检测到泄漏现象，飞行箭最终更换了此台发动机。

（4）1969年4月16日阿波罗15一子级静态点火后，1分机的万向架过滤器歧管单向阀中发现了泄漏，飞行箭最终更换了此台发动机。

（5）1969年6月26日阿波罗16一子级静态点火后，装运盘防尘罩由于操作失误没有被移除，高压液压管路与万向架过滤器歧管之间的连接处发生泄漏，3分机过早关机。试验后，3、5分机严重损坏进行了更换，1、2、4分机受到轻微损坏进行了整修，整修整整花了一年时间，在1970年6月25日进行了补充静态点火试验。

斯坦尼斯航天中心，曾经委托罗克韦尔国际（源自北美航空公司，1996年航空航天业务出售给了波音公司）进行了此研究（文献[2]），得出了如下结论：

（1）推进系统试验可防止某些灾难性的飞行事故。

（2）推进、结构和电气系统间复杂交互，精确分析很困难。推进系统测试可为"基本模型"提供必要的测试数据，从而增强系统分析方法作用。

（3）对推进系统专家的调研都认为推进系统试验"必不可少"。

（4）推进系统试验可以在除飞行外最合适的环境中确定硬件完整性和功能性能，试验还可用来确定组件研发和鉴定使用的环境。

（5）推进系统试验集成了火箭和地面硬件，所有系统的加注过程、安全和点火过程。

（6）推进系统试验提供了一种方法，确定发动机/子级设计余量，研制流程和时间表，并证实发动机研制的外推准则。

（7）推进系统试验可降低灾难性故障、任务失败、火箭硬件受损和发射装置损坏的潜在风险。

（8）推进系统试验可大幅降低发射推迟的潜在风险。

（9）新设计火箭或引入先进技术，以及一个或多个主要系统重新设计时，需开展推进系统试验，通常进行全程点火以满足系统试验要求。

（10）在载人和可重复使用的航天计划中，推进系统试验的"经济收益"要比不载人的一次使用的计划高，因为其灾难性后果要严重得多。

（11）通过推进系统试验阻止哪怕一次失利，对于整个型号而言都是极具效益的。对于某些型号，可在不失利的情况下取得经济效益。对于无人、一次性使用子级，失效费效比在1~5或更高，这取决于载荷、地面设备及其他因素。

（12）列入推进系统试验决策的因素包括可能丧失生命、成本、进度、当前设计水平、设计历史、设计继承性、试验场能力、设计单位威信，以及一旦失败所导致的国家航天政策改变。

（13）能满足所需型号试验和验证要求的方法包括单独的试验箭、使用飞行硬件和程序的正常或改进飞行。每一个研发计划必须确定必要的试验需求、寻求最能满足这种要求的一种方法或几种方法的组合。

（14）建议新的子级，包括与以往设计不同的子级、采用先进技术、新设计、新硬件、新材料重新设计的子级，需进行推进系统试验，项目经理应评估并建立满足宇航员安全要求的计划；与现有设计相似，不采用新技术的子级，需进行推进系统研发和验证试验，项目经理应评估并建立能满足要求的计划。

5.3　静态点火的意义

火箭能否成功，是个技术问题，采用什么的方式来确保成功，则是个管理问题。技术问题管理解决。

增加一项静态点火试验，是在以往工作上的加码吗？不是。

就静态点火而言，除技术上提供更真实全面的验证环境外，还存在微妙的心理因素。运载火箭各单机的安装和测试项目繁多，但均是例行公事，永远不要指望人不犯错误。国内外各种航天事故和失利，已充分证明，即使采用表格化管理，采用一检二检制度，采取严格的质量检验，仍不时有错误漏网而出。为揭示潜在问题，一种手段是复查，通过对历史过程、数据的回溯和比较，力求能从蛛丝马迹中发现不正常之处。但不正常总是少而又少，在海量重复性的正常数据中查找不正常，不亚于大海捞针，这需要极强的精神和意志才能开展。因为人对于重复性的事情总是会产生疲倦感，继而发展为消极怠工、效率低下，效率低下漏掉问题后又带来各种名目的复查，从而变成恶性循环。静态点火的引入，可能弱化这个恶性循环。一方面，管理者放心了，对技术状态放心了，因为经过了集成验证，对产品状态也放心了，因为基本上参加静态点火的产品都是准备上天或与上天同批次的产品；另一方面，员工收心了，开展能直接看到效果的工作，员工多半不会抵触，他们会真心实意地围绕这项工作花时间、想办法，以保证试验成功。一项管理者认为有价值、员工认为有意义的工作，架设了管理者和员工之间的一个桥梁，让双方能找到结合点，这可能是静态点火在技术价值之外，提供的管理意义。

5.4 静态点火带来的问题及解决

进行静态点火试验，就能解决推进系统可靠性问题了？当然不可能，这不符合哲学的逻辑。

反者道之动，正如金庸在《神雕侠侣》中说，情花之毒，百步之内，必有解药。反之，解药的百步之内也有让它失效的药物。

一种方法，在解决一个问题的同时，也必然带来新的问题。静态点火对于保证成功有莫大益处，但美国在操作上百次后，同样产生了疲倦感而无法持久。

即使是冷战期间实施的阿波罗计划，最终也难逃进度和经费的限制。在完成阿波罗16三子级静态点火后，考虑到经费和成本，最后三个三子级不再开展静态点火试验，其中一发执行了阿波罗17载人任务，这也是土星5唯一一件执行发射任务但从未经历过静态点火试验的飞行产品。

除成本外，进行静态点火时还存在人为失误导致试验设施破坏和人员受伤的可能，这也是质疑静态点火的一个原因。

1966年5月28日，土星5二子级试验件在密西西比试验站的A-2试验台上爆炸而损毁。原因是第二班工作人员试图利用气态氦进行贮箱增压时，但却不知道前一班的工作人员已经断开了贮箱的压力传感器和开关，增压26 s后，空的液氢箱超压爆炸，这次爆炸造成6位北美航空公司的工作人员受伤、试验件被毁、A-2试验台受损，经济损失达100万美元。

1967年1月20日，拟用于阿波罗8的三子级在萨克拉门托热试车台爆炸，原因是位于发动机上的8个氦气瓶中使用了错误的焊缝填充材料（纯钛而不是钛合金），焊缝强度被削弱，降低了焊件承受重复循环压力的能力，1个气瓶破裂后使推进剂加注管路破裂，液氢与液氧推进剂混合并点燃发生爆炸，BetaⅢ试验台以及周围的支撑建筑被碎片严重损坏（图5.5）。

图5.5　Beta Ⅲ试验台爆炸后场景

以上事故，虽然可以解释为提前暴露了飞行中的问题，但确实也有操作失误，而我们普遍认为，在发射场任务中这种操作失误会急剧下降。

因此，多年后的EELV计划中，德尔塔4火箭只在研制时进行了通用芯级的静态点火，交付时只进行约3 min的发动机交付试车而不再进行静态点火。波音公司给出的原因为：阿波罗计划的发射任务都是载人任务，因此每次发射之前都要对所有子级进行点火试车。但是对于非载人任务而言，通常不会进行整级的点火试验。所以，未来不再计划对一子级进行点火试车。研制过程中的通用芯级试验将是德尔塔4执行的唯一一次子级静态点火试验，用于验证火箭的设计。

进入21世纪后，重拾阿波罗时代情怀的是SpaceX公司，每发猎鹰9号芯级都会进行2次静态点火。这也是我们为SpaceX和埃隆·马斯克所倾倒的原因，因为他们展现的是阿波罗时代的那种大气磅礴。这种磅礴背后，可能有其深刻的技术和非技术原因，譬如重复使用静态点火收益高，以及商业火箭公司责权利的高度一致性。这种高度的责权利一致性只可能出现在创业初期，创业容易守业难。在后土星5时代，有没有什么办法可以解决这个问题呢？

有办法！管理问题技术解决，这就是牵制释放。

6 提高运载火箭成功率的三大研制理念（二）
——牵制释放

6.1 牵制释放简史

牵制释放技术是出于什么考虑和什么契机引入的呢？

我们都知道，发动机在启动、关机的非稳定工作段出问题的可能性较大，在发射台上检测后释放，可以避免这种故障模式发生。多台发动机中一台未点火将可能造成灾难性的事故，检测所有发动机都工作正常后释放，可以避免这种故障模式发生。

这些原因都对，哪个是最原初的原因？经过了大量文献查找，笔者大致勾勒出一个梗概：

在NASA SP-4201 *This New Ocean: A History of Project Mercury*，出现了几处关于牵制释放的侧面描述：

在MA-4（Mercury-Atlas）中宇宙神火箭的牵制释放时间是3 s，以确保燃烧室稳定燃烧，从MA-5开始这个时间减少到2 s。在执行MA-8任务时，宇宙神助推器113-D是水星计划中第一个取消2 s牵制释放点火的型号……与之前的任务相比，此次任务喷注器增加了隔板，发动机采用自燃点火剂（15%三乙基铝+85%三乙基硼）代替烟火点火，它们使得燃烧更平滑，起飞更安全。

在NASA SP-194 *Liquid Propellant Rocket Combustion Instability*中有关于燃烧不稳定的描述：宇宙神助推器的喷注器曾经进行了大量试验，并在其首次飞行之前对推力室和发动机系统进行了大量试验和鉴定。推力室显示出稳定燃烧，不稳定的发生率约为1%。尽管不稳定工作的概率很低，但两个宇宙神飞行器相继在发射台上发生自发性的不稳定性，从而导致发射完全失效。

这是笔者能找到的最早记录。原来关于牵制释放技术的原初动力，我们所设想的故障容忍能力是一厢情愿的，真正的原因是给系统打补丁。不是我要做，而是我只能这么做！

回过头来再看，这种逻辑才是真正符合人性的。

设想一下，一个型号在论证要不要采用牵制释放技术时，支持的人自然可以抛出克服启动故障、一台发动机不点火下保障安全，等等好处。

但不支持的人理由也很正当，损失运载能力还是小事，如果牵制了无法释放怎么办？假如从4个方向牵住了火箭，但最后3个解锁了，1个没有成功解锁，火箭会倒。不支持方不仅是说不放心，还可以举案例，如1959年8月14日进行大力神B-5飞行试验时，牵制释放机构的爆炸螺栓在设计时间之前，由于发动机点火引起的冲击和振动峰值下出现故障而过早起爆，导弹升空，但控制系统尚未收到起飞信号，仍处于非起飞状态，导弹在升高1.2～1.6 m后紧急关机，然后坠落在发射台爆炸。这次如果不采用牵制释放，就不会出现失败了。

这时候，面对各自的潜在风险（没有量化的潜在风险）和巨大的决策责任，决策者会怎么选？

多半会选择习惯！

启动故障、未点火是大家内心潜在接受的习惯，但牵制释放故障不是。如果因为启动、未点火出现问题，别人会说工作不细、运气不好，但如果真的因为牵制释放出故障，那得到的评价多半会是好大喜功、好高骛远。

这种非技术的心理考量，营造了阻挡技术类型多样化或技术进步的怪圈。怎么打破怪圈？有三种办法。

第一种是纯技术方法：量化。如果可以计算出启动故障、未点火故障等的概率，以及牵制释放出故障的概率，并取得认可，则此时技术的取舍就非常简单了。

量化计算有先验的，抽象出重要因素，提炼出关键模型，通过敏感因素分析，得到对系统的量化认知。但在面对系统工程问题时，这种方法会显得比较虚弱。在工程上，很多时候采用的都是后验的、统计的方法。

这里形成了一个悖论，新技术没有机会上，就没有机会进行后验统计。这也是在航天这个领域，采纳新技术极为缓慢的原因。

第二种方法是等待。总有那么些契机，可从其他地方找到筹码，影响技术的走向。譬如宇宙神1%的不稳定燃烧概率，成为当时采用牵制释放技术的主要原因。因此牵制释放技术得以应用，并经过多次考核，让大家觉得，这项技术也没有想象中那么危险，从而变成了习惯。

契机的到来是随机的，可类比守株待兔，因此这种方法比较盲目和被动。

第三种方法是主动创造契机。在一个体系孕育成熟，到可能产生锁死倾向时，有意识地创造一系列新的、小的体系。新的、小的体系会存在各种各样问题，它们也会想尽一切办法去解决这些问题，在这个解决过程中，新技术就会层出不穷，并反哺原体系；同时，新机构管理层级简单，存在较大的个人意志空间，在推行某些新技术、新理念时阻力更小，起到为旧体系试错的作用。当然，在这个过程中，肯定也会有一些选择了正确的技术路径、团结了更多的人才并有着更好运气的小体系会脱颖而出、发展壮大，最终变成一个大体系，然后又开始新一轮的循环。

有很多新技术，如交叉输送、如牵制释放、如垂直起降。在以往的文献中，交叉输送更愿意探讨推进剂气液分离插头设计，牵制释放更愿意分析风险比较和牵制释放装置，垂直起降都在讨论发动机推力调节和凸优化算法。

诚然，这些技术实现都非常重要，但使它们得以生根发芽的土壤和关于技术取舍契机的分析也很重要。交叉输送的能力区间在哪里，以及哪项好处最吸引人？牵制释放拿出什么新筹码才可以从正反面观点对立中脱颖而出？垂直起降的管理问题在哪儿和怎么破解？总之，不管由于何种原因或契机，牵制释放技术就这么出现了，并延续至今。

后面的故事就耳熟能详了，世界航天史上开发了多种类型的牵制释放机构，部分见表6.1。

表6.1　国外牵制释放机构的类型[7]

火箭名称	起飞质量/t	起飞推力/kN	推重比	第一级发动机			牵制释放机构			
				名称	燃烧剂	氧化剂	数量	类型	承载/MN	最大牵制力/MN
宇宙神1	163.9	1 954	1.22	3×MA-5	煤油	液氧	2	J		3.7
兰光	95.5	1 216	1.3	2×RZ.2	煤油	液氧	4	J		2.79
土星1	508	6 668	1.34	8×H-1	煤油	液氧	8	J	1.44	8.8
土星5	2928	34 049	1.18	5×F-1	煤油	液氧	4	J	53.4	26.8
阿里安1	207	2 404	1.18	4×Viking-5	RP-1	液氧	4	J		3.68
SS-6	303	6 374	2.1	RD-108+4×RD-107	煤油	液氧	4	J		

续表

火箭名称	起飞质量/t	起飞推力/kN	推重比	第一级发动机			牵制释放机构			
				名称	燃烧剂	氧化剂	数量	类型	承载/MN	最大牵制力/MN
大力神1	99.8	1 336	1.34	2×LR-3	煤油	液氧	6	B		
大力神2	185	1 910		2×LR-87	偏二甲肼	四氧化二氮	6	B		
航天飞机	2041	31 000	1.55	3×SSME+2固	液氧	液氢	8	B	52	19

注：类型分为J和B，J指牵制释放机构，一个典型的机构式牵制释放就是土星5，B是指爆炸螺栓。图6.1所示为航天飞机牵制释放使用的爆炸螺栓。

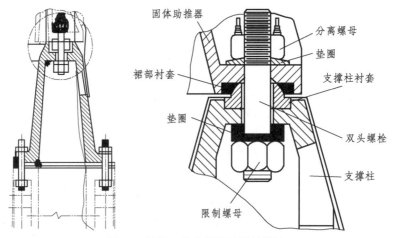

图6.1 航天飞机牵制释放爆炸螺栓

6.2 牵制释放装置设计

《宇宙神火箭的牵制发射稳定器》综述了宇宙神2火箭牵制释放装置设计中的考虑点。宇宙神2有两个牵制释放装置，每个装置有个稳定系统，设计指标见表6.2。

表6.2　牵制释放机构稳定系统设计要求

参　　数	值
总的额定预加载荷/N	472 615
每边上的标准预加载荷/N	231 307
风载换算载荷/（N·m）	5.4×10^5
允许运载火箭倾斜度/（°）	±0.2
推力增大时运载火箭上升速度/（m/s）	0.152 4
起飞时运载火箭上升速度/（m/s）	0.279 4
紧急关机时火箭下降速度/（m/s）	0.215 9
响应频率/Hz	4

发射时，对牵制释放机构有影响的状态是推力增大、起飞和紧急关机。

在推力增大但尚未发出释放指令时，由于牵制释放机构存在弯曲变形，火箭稍稍有些上升，稳定系统必须随着火箭上升，持续施加预加载荷，同时保持火箭处于平衡状态。

当牵制释放机构收到释放指令时，随着火箭上升离开发射台，稳定系统不是立刻解锁，而是随火箭上升并逐渐减少预加载荷，以减小冲击。

当发射失败紧急关机时，本来向上运动的火箭突然向下运动，稳定系统也要随着火箭向下运动，两者紧密配合，不能砸坏火箭，也不能被火箭砸坏，它的表现要像个弹簧，但又要有适当的阻尼，不然火箭就可能在机构上弹个不停。同时，施加在火箭上的预加载荷不能放松，以避免被风吹倒。火箭掉下来或被风吹也有频率，稳定系统的响应频率要比这个频率快，即火箭左右摇摆时要尽快扶住它。

看起来已经很复杂了，但真正的工程问题就更加考验人。

一是装置在太阳照射和发动机燃气流冲刷下会被加热，使得内部液压油升温膨胀。由于两套牵制释放机构位于发射台两侧，一个被光照，一个处在火箭影子里，两个装置温差可达37.8℃，这个温差产生的压力足以将火箭顶歪。当火箭起飞时，2 600℃的燃气冲刷到牵制释放机构，也够其喝一壶了。解决的办法是增加防热涂层。

二是紧急关机时，火箭落下来，牵制释放机构里面的气体会被强烈压缩，表现出较大的刚度。就像开车过限速块，如果开得快冲过去，充满气的轮胎根本就不顶事，底盘还是会被砸一下。后来的解决方法是拿根管子将机构里的气体连到一个大气瓶组，就好像小汽车装了个巨型轮胎，不一定美观，但实用。

三是起飞和紧急关机时的矛盾设计。起飞时希望稳定装置液压油无碍流动，从而装置跟着箭体缓慢释放，但紧急关机时，为避免液压系统过大增压，又希望能限制油流量。这时一个精心选择参数的孔板和单向阀发挥了作用。

四是制造问题。组装好的活塞缸有227 kg，补偿器909 kg，给加工、安装等带来了很大困难，需要一系列工装去解决。

这也难怪，有不少火箭采用爆炸螺栓。冲击载荷可能大点，但好在简单粗暴。如果精细点，可以在释放前发动机低工况工作，释放后调节为满工况，这样，对爆炸螺栓载荷的要求，以及对箭体冲击都可以变小，降低设计难度。文献[7]的附录给出了两者比较，见表6.3。

表6.3　两种牵制释放机构方案比较

项目	爆炸螺栓型	机构型
响应速度	高	低
同步释放误差	小	大
缓释放控制功能	较好	好
爆炸器承受的牵制力	大	—
与测力系统协调	易	较难
垂直度调整装置协调	易	较难
与发射台协调	易	较难
对火箭设计特殊需要	较少	较多
结构质量	较小	较大
系统复杂化程度	较简单	复杂
系统可靠性预测值	高	中等
研究难度	中等	难
研究费用	较高	高
技术先进性	较好	中等
综合评价	较好	一般

6.3 牵制释放的新理解

　　静态点火的实施是一个费钱费神的工作，天天操作，总有疲倦的一天，将渐有鸡肋之感。这时候是否取消，只差一个技术的契机。牵制释放就是契机，牵制释放可以视为一种蜕变的静态点火！与全套的静态点火相比，牵制释放存在考核时间短、判读时间短、判读不全面的缺点，但它有与发射任务高度集成的突出优点，也就是利用发射的机会，顺带把简配版的静态点火给干了。既有牵制释放，何必总来静态点火？笔者认为，总有一天，SpaceX会取消猎鹰9火箭的静态点火。也许有一天，中国也会采用牵制释放技术，或许是因为一次发射台上未点火成功，也或许是因为我们真的把它视为简配版的静态点火。在这里，牵制释放部分地履行了静态点火职能，它得以成立的前提是故障检测判读的自动化。关于这一点，我们将在下节探讨。

7 提高运载火箭成功率的三大研制理念（三）——动力冗余

7.1 动力冗余概述

2020年3月18日，SpaceX在卡纳维拉尔角采用猎鹰9火箭发射了星链第6组共60颗卫星。火箭在接近一级关机时，一台发动机发生异常提前关机（图7.1），但火箭最终还是成功地将卫星送入了预定轨道（火箭一级回收失败）。

图7.1　猎鹰9号发射第6批星链，发动机2'21"异常关机

纵观猎鹰9火箭的历史，这种发动机故障下关机的能力多次拯救了火箭。

2010年6月4日，猎鹰9第一次飞行试验，火箭进入发射窗口后，由于发动机参数超差，在点火前1 s终止了发射，在历时4 h的发射窗口即将结束时才抓住了第二次发射机会成功点火升空。

2010年12月8日，猎鹰9第二次飞行试验，经历了一次发动机异常，原因是一台发动机的燃料-氧化剂混合比错误，富氧燃烧环境导致燃气发生器内温度升高，并最终引发关机。

2012年5月19日，猎鹰9第三次飞行试验，当倒计时到0 s时，全部9台发动机点火。但第5号发动机突然出现"燃烧室压力升高"，计算机瞬时命令全部9台发动机停止产生推力，此时距发射只差0.5 s，火箭并未离开发射台。后调查表明，一个涡轮泵阀引起5号发动机的压力尖峰。

2012年10月8日，猎鹰9火箭发射龙飞船的过程中，飞行大约79 s后，一级1号发动机压力骤降，控制系统关闭发动机（图7.2），并计算了新的上升轨迹，指挥箭上其他8台发动机多工作近30 s，最终将龙飞船准确送入轨道。由于故障耗费了更多推进剂，剩余推进剂不足，无法确保二次点火成功率。为保证龙飞船安全，未实施二级发动机二次点火，没能把搭载的OG2卫星送入预定轨道，2天后卫星坠入大气层烧毁。

图7.2　2012年10月8日猎鹰9火箭在线关机

猎鹰9的前三次异常关机属于牵制释放范畴，2012年10月8日的发射则是在飞行中起了作用。

1968年4月4日，阿波罗6号任务时，由于液氢燃料波纹管设计缺陷，土星5二级5台J-2发动机中的1台开始颤动，控制系统关闭了此发动机。当它熄火时，另一个发动机也迅速关闭了（这台发动机其实并无故障，而是由一个戏剧性的接线错误导致的错误关闭），导致其他3台发动机产生的推力不对称地作用于箭体。但最终土星5火箭的控制系统仍稳定了箭体，并延长发动机工作时间保证了三级火箭的正常入轨。

1985年7月29日，挑战者号升空后3分30秒，主发动机（图7.3）系统的一个温度传感器探测到1号主发动机超温93℃，安全系统计算机关闭了这台故障发动机，并完成了飞行。

休泽尔在《液体火箭发动机现代工程设计》中描述：运载器在其中一台发动机不工作时完成任务的能力（简称停机能力）……停机往往带来某些性能的损失，但这种损失将随着发动机数目的增加而降低……停机能

图7.3　航天飞机主发动机

力对于完成任务的可靠性有着重要的影响，组合发动机故障概率可以减少一半以上。 当我们假设最低要求为16台发动机可靠工作，考虑单台发动机的可靠性取为0.99～0.999，得到16台、17台和18台发动机可靠性，如表7.1和图7.4所示。

表7.1　发动机并联可靠性

单台可靠性	4台无冗余	8台无冗余	16台无冗余	17台冗余1台	18台冗余2台
0.990	0.960 6	0.922 7	0.851 5	0.987 7	0.999 3
0.995	0.980 1	0.960 7	0.922 9	0.996 8	0.999 9
0.996	0.984 1	0.968 4	0.937 9	0.997 9	1.000 0
0.997	0.988 1	0.976 3	0.953 1	0.998 8	1.000 0
0.999	0.996 0	0.992 0	0.984 1	0.999 9	1.000 0

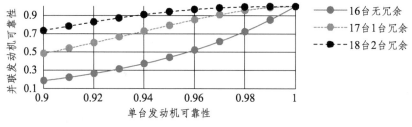

图7.4　具备停机能力后的可靠性

　　量化结果极其诱人，可靠性甚至比单台发动机还要高。当然，停机后可能带来运载能力损失，发动机台数越少，损失越大，火箭经济性越差。但在载人火箭上，第一要义并不是经济性，而是可靠性和安全性。美国载人运载器包括土星5一二级和航天飞机，尽管只有5台或3台发动机，仍具备停机能力。

　　对于多台发动机，具备停机能力可大幅提高火箭可靠性水平；对于少数台发动机，具备停机能力，将大大减小火箭失败的可能性，对于载人运载火箭意义尤其重大。

7.2　动力冗余技术对设计的需求

　　在国内，给"停机能力"取了一个更为形象的名字——"动力冗余"。

　　冗余是提高飞行可靠性的有效方法，可以将冗余分为元器件冗余、单机冗余、系统内冗余、系统间冗余四个层面。动力冗余是典型的系统间冗余，动力系统出现故障，通过控制系统予以吸收和补救。

没有动力冗余时，发动机故障扩展是一个典型的开环系统；采用动力冗余技术后，故障检测、控制重构和执行三个环节组成了一个闭环系统。

与开环系统仅仅涉及执行相比，闭环系统多了故障检测和控制重构两个环节，也引入了更多设计因素。一是工况的复杂性，造成设计和仿真工况的大幅增加，即设计升维了；二是测量系统的技术定位，即测量参数是否可信的问题。

第一个问题是工况的复杂性。在编程中，对于函数会返回一个数字编码，作为错误类型的标识码。一般采用0作为成功标识，而其他数值代表错误标识。成功只有一种情况，用0就够了，而错误的可能性千变万化，需要采用更多的数字。

对于故障的识别，依赖于对动力系统单位的总体牵引和大量经费支持。

美国是最早开展故障诊断技术研究的国家，应用在飞机自动驾驶、人造卫星、航天飞机、核反应堆等各个尖端部门，处于世界领先地位。20世纪70年代初，美国在火箭发动机监控方面做了很多工作，如宇宙神（Atlas）和大力神（Titan）等火箭的发动机的一些关键参数设置了上下限监控。80年代后期，NASA MSFC/洛克达因研制了用于SSME地面试车过程监控的"异常与故障检测系统"（SAFD）。后来，洛克达因公司研制了更为实用的火箭发动机健康管理系统（HMSRE）。在研究过程中，洛克达因公司曾针对7种型号发动机（MA-3、MA-5、RS-27、F-1、H-1、J-2、SSME）研制过程中的故障进行统计，从交付的2 500台进行过1 000次试验的发动机中统计出85 000次故障，对故障记录进行评定、筛选、归类，缩减到1 771次故障，并归结为16种故障模式，并附以故障传播图表示，用于发动机的故障分析和预测。

对于故障的重构，依赖于各单位间设计模型和软件工具的有效集成。

在设计时，成功只有一种工况，设计和仿真时只需要考虑一种工况，即使存在多个单位，即使仿真工具不太好用，尚可以牺牲效率为代价，完成设计和仿真。但采用动力冗余后，由于飞行中故障可能发生在任意时刻，故障类型和量级也多种多样，设计和仿真数量从一种变成了成百上千种，必须依赖于准商业化的通用仿真工具。而且由于系统间冗余涉及较多单位，为了多工况仿真可以进行，要实现交换模型的研制模式，代替简单的交换数据和文件的模式。

第二个问题是测量系统的技术定位。在以往的飞行中，测量系统仅用于获取信息，可靠性要求远远低于控制系统，重视程度也远远低于控制系统。在很多时候，它所表现的可靠性也远远低于控制系统，在进行发动机参数检测时，所有关于转速、燃烧室压力的数据或多或少是不被信任的。处理这种方法有两种思路：自顶而下，自底而上。

自顶而下是用控制系统信息辅助判断（甚至抛弃发动机参数直接判断），如发动机参数异常时，同时观察箭体过载、姿态等是否存在异常。如果存在，则表明发动机的确出现了问题，而不是传感器错误。这种方式看起来很保险，但实际上，发动机故障的扩展，富燃循环发动机一般在500 ms级，而富氧循环发动机一般在50 ms级，采信发动机参数还有可能提前进行判断，真正等到箭体有反应时，发动机早已出现不可挽回的故障（这种现象在某些型号上已经观察到了）。

另一种思路是从基础做起，为什么不能直接用发动机的测量参数？猎鹰9火箭就是这样用的，针对2020年3月18日的发动机在线关机，埃隆·马斯克表示，导致这台发动机失效的原因是有"少量"的异丙醇（清洁液）被困在传感器的死角，并在飞行中被点燃。作为一款在无菌环境中常用的清洁消毒剂，其似乎有些意外地被留在了发动机流体系统压力阀传感器的外壳中，然后在发动机点火时燃烧了起来。尽管此事可能不足以损坏发动机，但传感器还是认为热量超过了材料可承受的极限，从而触发了保护性停机。SpaceX在后续的发动机清洁后再次仔细地检查，以避免发生类似的意外。

有人说，我们正是要规避这种测量错误模式的产生。但现实是，测量错误的概率远远小于正确实施动力冗余的概率。因为测量系统不可信只是目前研制模式下的结果，并不是必然。自底而上的思路是，从基础做起，从源头上提高测量系统可靠性（如采用元器件和单机冗余）。基础筑牢了，数据积累多了，自底而上的路自然就通了，只有在缺乏数据的情况下，才会选择看起来保险，其实未必管用的自顶而下的方法。

7.3 三大理念的共通之处

至此，运载火箭三大研制理念（静态点火、牵制释放、动力冗余）已建立，笔者将它们编排在一起（见表7.2），除了对这三项技术的向往之外，还因为它们之间有一个隐形的联系：故障检测技术。静态点火是试车后的人工故障检测，牵制释放是发射过程中的在线故障检测，动力冗余是飞行中的在线故障检测和决策。检测都是为了行动服务，静态点火通过人工判断产品是否正常以决策是否更换产品，牵制释放用于在线判断产品是否正常以决策是否紧急关机更换产品，动力冗余用于在线判断产品是否正常以决策是否在线关机并通过控制重构吸收故障。

表7.2 三项技术的区别和联系

三项技术	故障检测	处理时机	处理方法
静态点火	人工事后	发射前	更换产品
牵制释放	在线实时	发射中，起飞前	更换产品
动力冗余	在线实时	起飞后	故障吸收

火箭研制，是一项系统工程，在过去，我们聚焦于"A执行"环节，从无到有实现了载人航天、嫦娥登月、北斗工程，而引入"OODA"——博伊德循环（Observation观察、Orientation判断、Decision决策、Action执行）的闭环环节后，是从系统到体系的跨越，实现的将是质量、效益和效率的大幅提高。

系统工程运行的60年，让我们步入了航天大国，而这之后必将是体系的运行，它承载的是我们从航天大国迈入航天强国的航天梦。

8 航天与国家命运的结合——海射天顶号往事

2019年6月5日12时06分，我国在黄海海域使用长征十一号运载火箭（CZ-11 WEY号）成功完成"一箭七星"海上发射技术试验，这是我国首次在海上进行航天发射，填补了我国运载火箭海上发射的空白，为我国快速进入太空提供了新的发射方式。而在30年前，曾出现了一款海上发射平台——海射天顶号。

8.1 天顶号的故乡——南方设计局

在多瑙河和伏尔加河的中间，第聂伯河从俄罗斯瓦尔代丘陵的沼泽地上流出，从北向南，注入黑海。从基辅流出后，河水突然有了120°大转向。18世纪，叶卡捷琳娜二世下令在这个转向处的两岸建城，是为叶卡捷琳诺斯拉夫，1926年改名为第聂伯罗彼得罗夫斯克（图8.1）。

图8.1 第聂伯河

米哈伊尔·库兹米奇·杨格尔，科罗廖夫的助手，1954年4月远走乌克兰，在第聂伯罗彼得罗夫斯克建立了第586特殊设计局，即后来名动天下的南方设计局。

杨格尔很快给出了首件作品：R-12中程导弹，北约代号SS-4。R-12为苏联战略火箭军成立后装备的第一种导弹。

R-12一炮而红后，杨格尔及其团队再接再厉，推出了R-14（SS-5）、R-16（SS-7）、R-36（SS-9）导弹。

1971年杨格尔过世，享年60岁。这位老人遍尝人间酸甜苦辣，但始终不变的是他对技术的坚持。在研究工作之初，他为坚持自己的方案同许多著名学者及设计师发生过争执，如R-36M的冷发射方案，大家都认为该方案是无稽之谈，不可能成功，但杨格尔最终还是成功地实现了自己的方案。事后反对派的代表设计师鲁加克说："我不明白，扬格尔怎么那样不可思议，这个具有超常力量和智慧的人，为坚持科学真理竟然引起心肌梗塞，过早离开人世。"

8.2 天顶号的诞生——21世纪的火箭

杨格尔过世后，他的学生乌特金接手，进入了20世纪70年代，带领南方设计局达到了巅峰，既诞生了魔鬼的盾与剑，也孕育了天使的羽与翼。其间研制的R-36M（SS-18）导弹，被北约称为"撒旦"，至今仍是投掷能力等多个纪录的保持者；诞生的天顶号（Zenit）运载火箭，是20世纪苏联开发的最新最先进的火箭之一，被誉为21世纪的火箭。

N-1火箭失败后，苏联开始了新火箭的方案论证。这次，苏联重复吸取了N-1火箭的教训，推出了史上最大推力发动机RD-170，以及能源火箭（图8.2）。

1976年，苏联政府正式批准南方设计局研制天顶号火箭，"天顶号"运载火箭开发主要目的有两个：一是作为"能源号"的液体燃料捆绑式助推器，二是加装第二级后作为独立的运载火箭使用。

天顶2火箭（图8.3）于1985年在拜科努尔完成首飞，并在能源号火箭的两次发射中，作为助推器，圆满完成了工作。

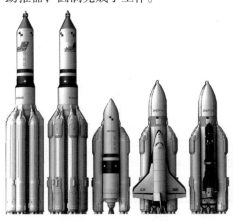

图8.2 能源火箭家族

图8.3 天顶2火箭

天顶号火箭拥有许多优点。459 t的起飞质量，13.9 t的运载能力，0.03的运载系数，这些数据放在今天都居于各中型火箭前列。而且天顶号的发射工序实现了完全无人化：火箭可以被机械装置自动装载到发射台并连上必需的地面控制管线（图8.4），其后在发射准备、点火或因发射任务取消而需从发射台上撤下火箭时，都不需要手动操作，从而大大减少了因发射事故导致人员伤亡的可能性。此外，天顶号的发射台不包含会在发射时被烧毁的设备，因此在一次发射完成5 h之后，就可以再次进行发射。这些特性，使得南方设计局对天顶号极其自信。

图8.4　发射台上的天顶2火箭

8.3 另一种选择——在海上建一座发射场

海上发射不是新事。

1960年，美国北极星-1潜射弹道导弹发射成功，成为美国第一代潜射弹道导弹。它既可以在水面发射，也可以由潜艇水下发射，是世界上第一个实施的海射导弹（火箭和导弹技术相通）。

1963年左右，美国海军舰艇局率先开展了一项关于海上发射场的最早研究。在一艘1.77万吨的船上，能够携带3个太空发射器（图8.5）。火箭竖立在船尾边缘，垂直升空，将卫星送入地球静止轨道。当船开到地球的赤道地区，与在卡纳维拉尔角的任务相比，进入地球静止轨道将更节能、更便宜。

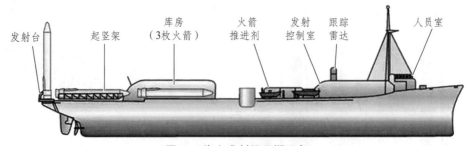

图8.5　海上发射场早期研究

1966年，意大利在印度洋中建立的圣马科发射场投入使用，最初用于美国"侦察兵"火箭发射。

钱学森在《星际航行概论》第十四章"星际航行进一步发展的几个问题"中提到了运载火箭的海面发射。随着运载火箭重量和体积增大，运输、塔架防护、落区等问题更加复杂，采用水面和海面发射可解决大部分这些问题。他也指出了海面发射的缺点：火箭泡在海水里存在密封和腐蚀的问题；液氧遇海水结冰的问题；检查和测试的问题；发射时瞄准调平的问题；发射时燃气排放的问题。

钱学森认为："从现有资料看，海面发射巨型运载火箭优点还是较多的，是一个将来发展的方向，到那时候辽阔的海面就成为通向星际空间的港口。"在书中这种海射没有发射平台，是直接泡在水里的（图8.6）。

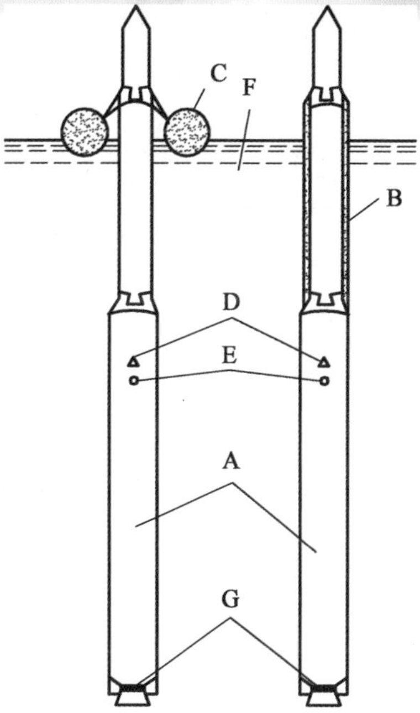

A—火箭本体；B—浮套；C—浮圈；D—浮力中心；E—重心；F—水；G—底塞。

图8.6　水面发射时用的漂浮装置

20世纪60年代，苏联开展旋风号火箭（R-36导弹弹改箭）自动化发射程序研究，也提出了该系统的海基版本。天顶号先进的自动化发射功能也引起了人们对海射的兴趣。1977年，苏联批准了海上部署天顶号的可行性研究。

1979年，南方设计局发布了一个名为"Plavucher"或"Floating"的报告。该文件评估了浮动发射场的可能区域以及天顶号的有效载荷能力。它还考虑了海上可能的工作流程，并估计了支持此类行动所需的最少人数。还对制导、跟踪和飞行控制问题进行了评估。

今天我们分析天顶号如果采用海射技术的好处如下：

（1）运载能力提高。将平台开到赤道附近，发射同步轨道卫星时无须改变轨道倾角，同时可更好地利用地球自转速度，提升运载能力。对比天顶-3SLB的拜科努尔版本和天顶-3SL的海射版本，可将GTO能力由3.75 t提升到6.16 t（两者轨道倾角和高度不同，详细未分析），突破了4.5～6 t的有效载荷区间。而当时市场上，宇宙神3B达到4.5 t，德尔塔3只能达到3.81 t，大力神4A为4.5 t，除了CZ-3B火箭5.5 t，H2A204的5.7 t，大力神4B加上半人马座为5.77 t，以及阿里安5的6.9 t外，笔者分析，4.5～6 t简直是为海射天顶定制的黄金区间，尤其对于波音公司而言，具有极大的吸引力。天顶号执行的任务大多数也处在这个黄金区间（表8.1）。

表8.1 海射天顶前几次发射任务

序号	发射日期	载荷	载荷质量/t
1	1999.03.28	DemoSat	4.500
2	1999.10.10	DirecTV 1R	3.446
3	2000.03.12	ICO 1	2.750
4	2000.07.28	PAS 9	3.659
5	2000.10.21	Thuraya 1	5.108
6	2001.03.18	XM 2（Rock）	4.450
7	2001.05.08	XM 1（Roll）	4.682
8	2002.06.15	Galaxy 3C	4.850
9	2003.06.10	Thuraya 2	5.250
10	2003.08.08	Telstar 13（EchoStar 9）	4.737
11	2003.10.01	Galaxy 13（Horizons 1）	4.090
12	2004.01.11	Telstar 14（Estrela do Sul）	4.694
13	2004.05.04	DirecTV 7S	5.483
14	2004.06.29	Telstar 18（APStar 5）	4.640
15	2005.03.01	XM-3	4.703

大幅提高火箭发射安全性。火箭残骸落区都是海洋，安全性有很好的保障。

当然，采用海射也需要突破一些关键技术，而这些关键技术在《星际航行概论》中几乎都已经描述过了，如密封和腐蚀的问题；检查和测试问题；发射时瞄准调平的问题；发射时燃气排放的问题；海面大风问题等。

8.4 海射天顶号——夹缝中的曙光

随着1991年苏联解体，加上与哈萨克斯坦的紧张关系，俄罗斯担心失去其在拜科努尔的发射场。突然间，包括空中和海上发射等解决方案都受到了重视。

1991年12月18日，能源公司开始对海基发射台进行初步研究，研究对象是民用船队的各种大型船舶。1991年11月至1992年3月，能源公司研究了天顶号、能源号等适应海上发射台的可能性。

尽管方案很多，但由于经济状况极差，俄罗斯政府几乎没有机会找到开发这些项目所需的资金。

1993年3月，能源公司与波音公司建立了联系，提出了成立一个海射国际合资企业的想法。能源公司的官员还发现了位于维堡造船厂的奥德赛石油钻井平台，将其作为海射平台的潜在候选。为了推广这个概念，能源公司出版了一本小册子，宣传从海上发射能源-M火箭的可能性。

1993年11月25日，在芬兰的图尔库市，能源公司、波音公司和挪威的克瓦纳造船公司签署了一份开发海基综合设施的协议。波音公司承诺将负责该项目的组织和营销，而克瓦内尔造船公司提供海上平台。

在评估了最适合在平台上飞行的潜在飞行器之后，天顶号火箭最终获得了无可争议的冠军。由于其无毒推进剂和高度自动化的发射前处理，它被认为最适合海洋发射平台。因此，1994年2月，南方设计局加入了该公司。

与对火箭的共识不同，发射平台的选择导致了一场重大的争论，威胁着合资企业的存在，这是第一次，但不是最后一次。当俄国人和挪威人投票赞成改造石油钻井平台时，波音公司则主张建造一艘超级油轮。最终，要求在俄罗斯港口内安装所有火箭相关硬件的条件给钻井平台提供了优势。

1994年5月，在拜科努尔，波音公司、能源公司、南方设计局、克瓦纳造船公司签署了成立海上发射合资公司的协议备忘录。1994年11月，在挪威奥斯陆市举行的一次会议上，所有合作伙伴就综合设施的基本概念达成一致，并签署了另一份合作协议。

1995年4月，在发布了用于海上发射综合设施（图8.7）的天顶-3SL火箭的概念设计后，海上发射合资公司于1995年5月5日在华盛顿州西雅图市正式成立。其中，波音公司出资40%，提供系统整合与总体优化和卫星平台技术；能源公司出资25%，提供天顶号火箭上面级；南方设计局出资15%，提供火箭一二级；挪威克瓦纳造船公司出资20%，提供发射平台。

图8.7　奥德赛平台和指挥船

形势看起来很好，一个型号就这样被盘活了。要创新有创新，奥德赛到处跑很拉风；要技术有技术，4.5～6 t的黄金区间；要市场有市场，波音就有自己的卫星要发射。

1999年3月28日，海射公司进行了第一次发射。

然而，好景不长，当时的优点，最后无一例外变成了缺点。再加上海射天顶自身较低的成功率，使项目跌入了深渊。

8.5　技术问题——船箭协调的技术困难以及失败的打击

1998年6月12日，指挥船离开俄罗斯圣彼得堡，前往位于加利福尼亚长滩的永久性基地，它运载着前两枚海上运载火箭。6月20日或22日，奥德赛平台紧随其后启航。指挥船可以通过大西洋和巴拿马运河到达美国西海岸，而奥德赛号则必须通过苏伊士运河、印度洋和太平洋环球航行。

在旅途中，指挥船的一条水管爆裂，将水喷到天顶号的Block DM上面级，需要进行额外的测试。当船接近巴拿马运河时，人们发现海上发射没有将煤油列入美国的许可证，这些煤油是用来进行火箭推进系统测试的。结果，17 t煤油不得不卸在油轮上。

与此同时，奥德赛平台在前往美国的途中经历了自己的"冒险"。在比斯开湾的一场风暴中，平台机库中的一台起重机倒塌在火箭起竖器上。1998年7月16日至26日，俄罗斯工程师在直布罗陀港检查了损坏情况。在新加坡又进行了一次维修。最终需要50万美元和4个月来更换和修理损坏的硬件，终于在1998年10月4日到达了它在加利福尼亚的母港。

一如希腊神话中奥德修斯的海上历险，奥德赛平台名副其实。奥德修斯的漂流还能换个美满的结局，奥德赛平台经受了飓风，扛过了巨人的鱼叉，最后还是倒在了魔女喀耳刻的海岛上，在海岛上喀耳刻把他的一些同伴变成了猪[①]。

在火箭发射领域，先进、使用维护便利都是0，只有成功才是这些0前面的1。尽管先进，尽管使用维护便利，但海射天顶火箭的成功率并不高。

2000年3月12日，海射天顶号火箭因软件错误，二级火箭阀门未能成功关闭，在飞行7 min后控制失效，任务失败。

2004年6月29日，由于电气故障，发动机二次工作提前54 s切断，卫星靠自己的推进剂进入轨道，任务部分成功。

2007年1月30日，由于涡轮泵吸入异物，RD-171发动机在起飞时发生故障，爆炸造成奥德赛发射平台受损。

2013年2月1日，发动机推力矢量控制液压泵故障，RD-171M发动机在飞行23 s紧急关机，飞行失利。

直至今天，海射天顶号共发射了36次，失败3次，部分失败1次，成功率88.9%。其最后一次发射的时间为2014年5月26日。

8.6 经济问题——任务数量不够导致无法盈利

在海射公司开始运营后不久，其主要投资者发现整个公司的预计成本被严重低估（20世纪90年代末，海上发射项目的价格估计为9.5亿美元）。为了控制成本，波音公司试图巩固其在海射公司的权力，但遭到了俄罗斯和乌克兰的抵制。项目的高成本也促使俄罗斯向世界银行寻求贷款，在1997年的一些争论之后，世界银行确实做出了积极的反应，提供了大约1亿美元的资金。

[①] 《奥德赛》第10卷，奥德修斯一行人来到埃埃亚岛，岛上女神喀耳刻在招待奥德修斯的同伴们时往食物中加入魔药，将他们全部变作了猪。这里指天顶号发射屡遭失败影响了型号的发展。

运营成本上，据估计海射公司每年至少需要进行4次发射才能实现收支平衡，从发射记录（表8.2）看，仅2006年和2008年超过了此数目，为5次。

表8.2　海射天顶号火箭发射记录

序号	型号	日期	是否成功	载荷
1	Zenit-3SL	1999.03.28	是	DemoSat
2	Zenit-3SL	1999.10.10	是	DirecTV 1R
3	Zenit-3SL	2000.03.12	否	ICO F1
4	Zenit-3SL	2000.07.28	是	PAS 9
5	Zenit-3SL	2000.10.21	是	Thuraya 1
6	Zenit-3SL	2001.03.18	是	XM 2
7	Zenit-3SL	2001.05.08	是	XM 1
8	Zenit-3SL	2002.06.15	是	Galaxy 3C
9	Zenit-3SL	2003.06.10	是	Thuraya 2
10	Zenit-3SL	2003.08.08	是	EchoStar 9（Telstar 13）
11	Zenit-3SL	2003.10.01	是	Galaxy 13（Horizons 1）
12	Zenit-3SL	2004.01.11	是	Telstar 14（Estrela do Sul 1）
13	Zenit-3SL	2004.05.04	是	DirecTV 7S
14	Zenit-3SL	2004.06.29	部分成功	Telstar 18（APStar 5）
15	Zenit-3SL	2005.03.01	是	XM 3
16	Zenit-3SL	2005.04.26	是	Spaceway 1
17	Zenit-3SL	2005.06.23	是	Intelsat Americas 8
18	Zenit-3SL	2005.11.08	是	Inmarsat-4 F2
19	Zenit-3SL	2006.02.15	是	EchoStar 10
20	Zenit-3SL	2006.04.12	是	JCSat 9
21	Zenit-3SL	2006.06.18	是	Galaxy 16
22	Zenit-3SL	2006.08.22	是	Koreast 5
23	Zenit-3SL	2006.10.30	是	XM 4
24	Zenit-3SL	2007.01.30	否	NSS 8
25	Zenit-3SL	2008.01.15	是	Thuraya 3

序号	型号	日期	是否成功	载荷
26	Zenit-3SL	2008.03.19	是	DirecTV 11
27	Zenit-3SL	2008.05.21	是	Galaxy 18
28	Zenit-3SL	2008.07.16	是	EchoStar 11
29	Zenit-3SL	2008.09.24	是	Galaxy 19
30	Zenit-3SL	2009.04.20	是	SICRAL 16
31	Zenit-3SL	2011.09.24	是	Atlantic Bird 7
32	Zenit-3SL	2012.06.01	是	Intelsat 19
33	Zenit-3SL	2012.08.19	是	Intelsat 21
34	Zenit-3SL	2012.12.03	是	Eutelsat 70B
35	Zenit-3SL	2013.02.01	否	Intelsat 27
36	Zenit-3SL	2014.05.26	是	Eutelsat 3B

由于2007年1月的事故以及客户流失，海射公司于2009年6月22日申请破产保护。该公司上市资产达5亿美元，负债超过10亿美元。在官方新闻稿中，海上发射公司表示，在进行重组的同时，将继续运作。

随后，海射公司花费几年时间重组，并将所有权置于俄罗斯的能源公司和瑞士伯尔尼的新总部下。2008年，海洋平台的任务重新开始，但在10次成功发射后，2013年2月1日，一枚天顶号在升空后不久坠入海洋。据称能源公司的领导层要求俄罗斯政府接管陷入困境的海上发射计划，据*Izvestiya daily*报道，2013年1月15日，甚至在重大事故发生之前，能源公司的负责人就此事向时任俄罗斯副总理罗戈津提出了邀请，但俄罗斯政府并未做出回应。

当时，据报道，海上发射公司欠债权人5.3亿美元，尽管能源公司将这个数字定为3亿美元。根据*Nezavisimaya Gazeta*报道，2011年海上发射损失约1亿美元。

2012年12月，能源公司试图从俄罗斯联邦储蓄银行获得2亿美元的信贷，但没有成功。

8.7 政治困境——国际航天合作的死结

1998年7月27日，波音公司代表承认200多起违反技术转让程序，美国暂停了技术援助协议TAA，此协议允许波音公司参与该项目开发阶段的工作。世界银行也暂停了其部分项目的资金。

在支付了1 000万美元的罚款，以及几乎所有在长滩的海上发射行动延迟3个月后，各方签署了一份修订协议，解除了对未来工作的限制。1998年10月21日恢复正常经营。

1990年后，中国长征系列火箭进入国际发射市场。1998年，美国政府修改了国际武器贸易条例（International Trafficin Arms Regulations，ITAR），禁止进出口一些特定国家（包括中国）生产的与防卫有关的物品和服务。

2014年3月，克里米亚危机后，俄罗斯和乌克兰交恶，俄罗斯与乌克兰航天工业的商业联系完全中断。天顶号70%零件来源于俄罗斯，包括一级的RD-170发动机。俄罗斯全力扶持本国安加拉型号研制，不仅是海射型，连天顶号火箭自身，已经画上了一个问号。

8.8　利益平衡——波音公司的退出和海射公司的两次重组

1996年波音公司和麦克唐纳·道格拉斯公司合并后，接管了麦道的德尔塔系列火箭，其中德尔塔4火箭通过型谱化设计，GTO能力已涵盖4～13 t。合并后，波音发现海射天顶已成鸡肋，时常面对政府的刁难可以忍，赔钱进领域也许还能忍忍，但抢自己的生意是无论如何不能忍的。

2010年，海射公司破产重组后，能源公司股份达到95%，波音公司仅占3%，挪威克瓦纳造船公司占2%。

2016年9月，俄罗斯S7 Space公司成为海射公司的所有者，拥有包括指挥船、奥德赛、地面设备和海射公司商标在内的知识产权。

俄罗斯和乌克兰官员研究了一种在政治上可行的方法，以恢复天顶号火箭的生产。2017年4月，南方制造厂收到了S7的合同，生产12枚天顶号火箭，第一笔款项已经到账。然而，业内人士表示，生产的快速启动仍面临严重障碍。到目前为止，由于缺乏莫斯科的许可，必要硬件和材料无法交付，而乌克兰已不具备自行生产能力。

从长远来看，S7设想翻新海上发射平台，以承载在俄罗斯开发的新一代中型发射器，如安加拉或新研制一款，并取代乌克兰建造的天顶号。

8.9 海射天顶号的叹息与对比——海射CZ-11首飞成功，我们的征途是星辰大海

2019年6月5日12时06分，跨过黑海、里海和乌拉尔山脉，在中国黄海海域，中国首个海射品牌CZ-11 WEY发射成功（图8.8和图8.9），完成"一箭七星"海上发射技术试验。这是我国首次在海上进行航天发射，为我国快速进入太空提供了新的方式。

图8.8　CZ-11 WEY发射平台

图8.9　CZ-11 WEY发射

我们庆祝，因为自豪。我们终于走出了陆地，走向了大洋。每次看到火箭发射，现场没有一个人不被震撼。这里有一种力！惊天动地的伟力！我们是带着这种伟力走出黄海的，将来肯定能走向各大洋，走遍全世界。

如今，天顶号前途未卜，南方设计局濒临倒闭，第聂伯河仍在静静地流淌，但两岸早已物是人非。而我们正激情洋溢，我们的征途是星辰大海，因为复兴中的中华是我们的永久性基地。

02

CHAPTER TWO

第二篇

技术之源

THE SOURCE OF TECHNOLOGY

 **总体设计**

一款火箭怎么从无到有？怎么得到火箭初始的直径、起飞规模？

火箭设计可以从理论推导来，可以从现有继承来，也可以从历史统计参考来。

笔者从《世界航天运载器大全》上收集了 177 种火箭的基本参数，主要包括起飞质量、起飞推力、火箭长度、LEO 运载能力等。通过对数据的分析统计，给出了运载能力与起飞质量、起飞质量与火箭等效直径、运载能力与等效直径的统计关系。

9.1　总体设计是什么？

总体设计是什么？有人说：啥都不是，就是攒大报告的。总体总体，总干体力活。有人说：了不起，总体设计，总设计师的摇篮。总体设计，一个专业，两极分化的观点，的确是一个分裂的专业：它对人的要求可以很低，低到是个人就能干。他只是个传声筒，或者放大，或者缩小，拿鸡毛当令箭的放大，或漏掉最重要的事情，让人无可奈何，干工作时只能绕过他，好像的确也能绕过他；它对人的要求也能很高，做一个好总体设计师是无止境的。一个好总体，从容自然，有他在，事情干起来没有那么难，以至于你都感觉不到他的存在，只有当你遇到挫折时才会无比地想念他。

总体设计是由总体设计师定义的，首先取决于他怎么看待总体设计。

总体设计是一种生生不息的生命能量，所以他器宇轩昂，内心强大。

他知道成事不易，所有人极致的努力才能换成些许的微光，所以更愿意去尊重人、成全人。

他知道从没有完美的组织、没有完美的方案，所以不会自怨自艾，他只是遇到事情时总在想办法。

他知道能承受多大的赞誉，就能承受多大的质疑，所以不以物喜不以己悲，宠辱不惊。

他也深刻知道自己职责所在，因为80%的项目问题最终都锁定在方案选择上，所以深知敬畏，而不会迁怒于人。

总体设计是一种深深的生命体验，所以他阅尽世事，极具审美。

他经历过事物从无到有的过程，切身体会过其中的曲折、人生百态和柳暗花明，所以不会过分乐观，也不会过分悲观。

他知道事情的关键所在和发展趋势，因此从容分解，及时闭环，让大家感受到事情总在进步；他还知道自己和团队的边界所在，从而积极扩大自己边界，又适时呼吁资源，从未偏废。

他了解其他人或型号是怎么干的，他知道世界上曾经有过伦勃朗、贝多芬、但丁和拿破仑，因此从不闭门造车、自吹自擂。

他确实懂技术、懂技术规律，能从不同的方案中，找到各种各样的联系，欣赏到让自己愉悦的美。

总体设计是一种深刻的生命感悟，所以他实事求是，知行合一。

他知道总体设计有三重境界，因此从设计的原理可行，到追求系统的简单可靠，以及对质量体系的领悟。

他知道系统工程是95%的沟通和5%的设计，因此不断提高专业技能，以与所有人无缝沟通。

他知道大自然并不阅读我们的论文，如果我们不遵循他的方式，他就会让我们失败。知道答案在数据里，而不是看到什么就想当然。

他还领悟到，人人都是总体，事事都有总体，即火箭有总体设计，火箭发动机也有总体设计，发动机中阀门还存在总体设计。

人活一辈子，就是修炼一辈子。一个好的总体设计师从不可能是与生俱来的，一个没有证明过自己的人，很难拥有强大的内心。这种生生不息的生命能量、深深的生命体验、深刻的生命感悟，是组织以高远的生命取向培养出来的，是组织用一件件事情历练出来的。他用文化和案例阐释：成事是总体的修养，担当是总体的品格，布局是总体的任务，逻辑是总体的武器，敏锐是总体的能力，闭环是总体的方法。有幸进入过这样的组织，是一个人一辈子的福气。

9.2 等效直径定义

火箭构型种类繁多，除各子级直径相同的光杆构型可以直接给出全箭直径外，其他如直径不同的光杆构型，以及并联构型无法采用单一的直径描述。为方便叙述定义了一种全箭等效直径，即与原火箭各子级等总体积、各芯级等总长的等效圆柱直径。

其中总体积是指所有子级体积（子级长度与截面积之积）之和，它包括所有芯级和助推器；芯级总长是指所有芯级长度之和，因此不包括并联的助推器，也不包括整流罩。为简化，土星1、质子号、东方号等构型与其他火箭存在较大差异的不进行计算和纳入统计。

以CZ-3B为例，根据《世界航天运载器大全》资料，其助推器长度16.09 m，直径2.25 m，芯一级长度24.76 m，直径3.35 m，芯二级长度12.92 m，直径3.35 m，芯三级长度12.38 m，直径3 m，因此全箭等效直径为

$$D = \sqrt{\frac{4 \times 16.09 \times 2.25^2 + 24.76 \times 3.35^2 + 12.29 \times 3.35^2 + 12.38 \times 3^2}{24.76 + 12.29 + 12.38}} = 4.1451(m)$$

9.3 运载效率（运载能力与起飞规模之比）统计关系

统计LEO运载能力与起飞规模之比，即运载效率，有如下结论：

（1）运载火箭运载效率线性拟合度较高，平均运载效率为0.033 8（图9.1）。

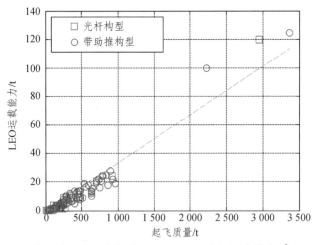

图9.1 运载能力与起飞规模关系（$m=0.0338M$，拟合优度$R^2=0.92$）

注：m为LEO运载能力；M为起飞质量。

（2）如仅计入100~1 000 t起飞质量的中型运载火箭，平均运载效率为0.025（图9.2）。

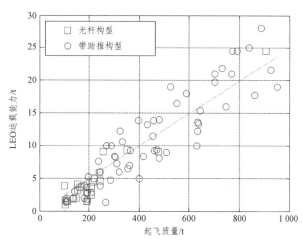

图9.2　运载能力与起飞规模关系（仅计入100~1 000 t的火箭，$m=0.025M$，拟合优度$R^2=0.85$）

（3）并联构型中运载效率最大的为能源号，2 200 t起飞质量，LEO运载能力100 t，运载效率达到0.045 5。

（4）串联构型中运载效率最大的为土星5，2 946 t起飞质量，LEO运载能力120 t，运载效率达到0.040 7。

（5）1 000 t以内的火箭，运载效率最大的为美国德尔塔4M＋（4,2），运载效率达到0.037 8。

（6）H2A、宇宙神5542、德尔塔4M、安加拉A5、猎鹰重型、长征5等火箭运载效率均排在前列（图9.3）。

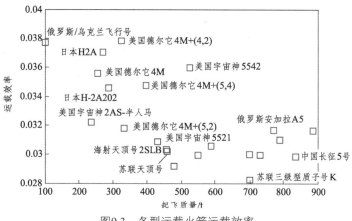

图9.3　各型运载火箭运载效率

9.4 等效长细比（长度与等效直径之比）统计关系

统计火箭总长度与等效直径之比，即等效长细比（注意此处直径为等效直径，非芯级直径），有如下结论：

（1）运载火箭等效长细比存在较大散布，拟合度不高，平均长细比为11.36（图9.4）。

（2）等效长细比最大的为美国侦察兵B，达到25.38。

（3）等效长细比最小的为能源号以及CZ-5B，分别为5.9和6.8。

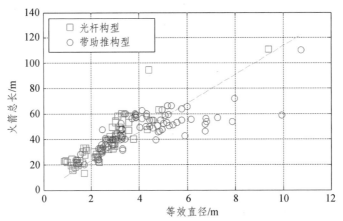

图9.4 火箭总长与等效直径关系（$L=11.36D$，拟合优度$R^2=0.46$）

9.5 起飞质量与等效直径统计关系

统计起飞质量与等效直径关系，有如下结论：

起飞质量与等效直径的平方成正比关系，平均系数23.1，即$M=23.1D^2$（图9.5），经比较平方比立方关系拟合度高。

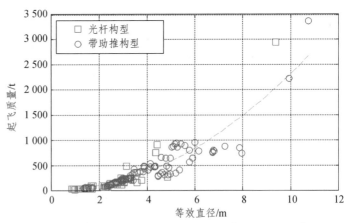

图9.5 起飞质量与等效直径关系（$M=23.1D^2$，拟合优度$R^2=0.85$）

9.6 运载能力与等效直径统计关系

统计运载能力与等效直径关系，有如下结论：运载能力与等效直径的立方成正比关系，平均系数0.1，即$m=0.1D^3$（图9.6）。

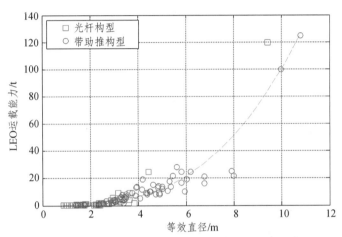

图9.6 运载能力与等效直径关系（$m=0.1D^3$，拟合优度$R^2=0.89$）

9.7 统计结论

采用上述统计公式进行初步估算，如某光杆火箭直径由3.35 m增加到3.8 m，则从统计关系上看，火箭起飞规模可由260 t增加到330 t，LEO运载能力可由3.8 t增加到5.5 t，起飞规模增大1.3倍，运载能力增加1.5倍。

通过对177种火箭的直径、长度、规模、起飞质量、运载能力进行统计，得到以下统计结论：

（1）LEO运载能力与起飞规模成正比关系，$m=0.033\,8M$，即运载效率平均值为0.033 8。

（2）总长度与等效直径相关度不高，两者比值（等效长细比）均值为11.36。

（3）起飞质量与等效直径平方成正比关系，$M=23.1D^2$。

（4）运载能力与等效直径立方成正比关系，$m=0.1D^3$。

9.8 表征火箭性能的密度比冲公式

进行固体发动机、氢氧发动机和液氧煤油发动机（三种发动机的使用场合见表9.1）比较时，三方总是各执一词：氢氧发动机说比冲最大，性能最好；固体发动机说密度比冲最大，火箭性能好；液氧煤油发动机说，密度大性能也高，综合性能最优。从应用上看，三种发动机无论在下面级、上面级均有大量使用。采用什么指标更合理呢？

表9.1　常规、氢氧、液氧煤油发动机使用场合

发动机	一级、助推应用	二级应用	上面级应用
固体	航天飞机	金牛座	宇宙神 SLV-3A-博纳 2上面级
液氧煤油	天顶号、宇宙神5、猎鹰9	宇宙神5、猎鹰9	天顶号、质子号K上面级DM3
氢氧	德尔塔4、H-2	德尔塔4、H-2	半人马

飞行器的本质是将有效载荷加速到所需的速度。不考虑引力及大气阻力影响，速度与比冲关系为齐奥尔科夫斯基公式 $v = \text{Isp} \cdot \ln(M_0/M_1)$，式中 v 是速度增量，Isp是发动机比冲，M_0 是火箭初始质量，M_1 是消耗推进剂后的剩余质量。速度增量不只与发动机比冲有关，还与飞行前后质量比有关。

推进剂密度越低，火箭装载推进剂的结构质量越大，飞行后剩余的末质量越大，使得 M_0/M_1 的比值变小，从而影响最终的速度增量。因此速度增量内隐含了推进剂密度，单纯采用推进剂比冲作为火箭性能指标标志并不完全。

对于每款火箭，均可找到系数 a、γ，将齐奥尔科夫斯基公式末速度写成 $v = \text{Isp} \cdot a \cdot \rho^{\gamma}$。此处将 ρ 定义为氧化剂和燃料综合密度，一般常规推进剂综合密度取 $1\,200\ \text{kg/m}^3$，液氧煤油取 $1\,000\ \text{kg/m}^3$，液氢液氧取 $300\ \text{kg/m}^3$，固体推进剂取 $1\,600\ \text{kg/m}^3$。对于系数 a、γ 可取如下组合：

（1）如固定 γ，则对于每款火箭，均存在：

① 对于 $\gamma=0$，$v = \text{Isp} \cdot a$，即常用的比冲公式；

② 对于 $\gamma=1$，$v = \rho\text{Isp} \cdot a$，即常用的密度比冲公式。

（2）如固定 $a=1$，则对于每款火箭，均存在 $\gamma=\ln\varepsilon/\ln\rho$（令 $\varepsilon=a\rho^{\gamma}$），此时 $v = \text{Isp} \cdot \rho^{\gamma}$，此公

式既考虑了发动机比冲，又考虑了推进剂密度，笔者称之为综合密度比冲公式。

图9.7所示为典型火箭结构效率和速度增量，从图中可以看出：

（1）平均结构效率，常规≈液氧煤油>氢氧>固体。但如果固体助推或氢氧贮箱结构实现水平高，甚至可以接近液氧煤油水平（如宇宙神5助推固体达到2.4已接近液氧煤油平均值）。

（2）平均速度增量，氢氧>液氧煤油>常规>固体。即使液体贮箱结构实现水平不高，能达到的速度增量均大于固体推进剂。

（3）可以拟合出三种性能表征公式（见后），考虑其与真实速度增量的偏差，综合密度比冲≈比冲≫密度比冲，比冲和综合密度比冲可以作为大多数火箭性能的良好近似，使用密度比冲不合理。

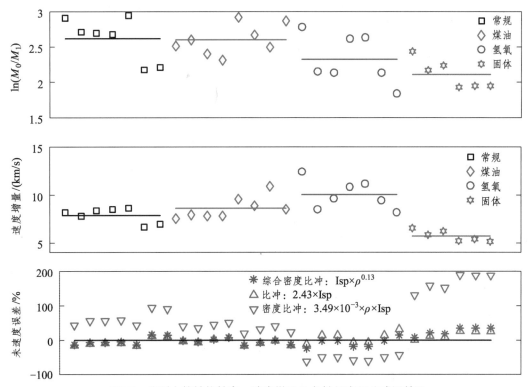

图9.7　典型火箭结构效率、速度增量及各性能表征公式误差图

综合密度比冲还可用于比冲无法使用的环节，如氢氧发动机最佳混合比约为4，此时理论比冲约为4 112 m/s，但在使用时为提高运载能力，会将混合比提高到6，此时理论比冲约为

4 068 m/s。即混合比提高后，比冲反而降低。此现象无法单纯从比冲角度解释，但考虑综合密度比冲组合公式，考虑到混合比为4时推进剂综合密度为289 kg/m³，混合比为6时综合密度为373 kg/m³，混合比提高后，尽管比冲降低，但火箭推进达到的速度增量却从8.6 km/s 增至8.8 km/s，从而达到全局优化。

又如液氧甲烷火箭，与液氧煤油火箭相比，虽然其真空比冲由3 508.18 m/s提升到3 614.49 m/s，但推进剂综合密度由1 037 kg/m³降低到823 kg/m³，由综合密度比冲换算速度增量，由8 653 m/s 降低到8 651 m/s，即由于甲烷密度降低，提升10 s比冲并未产生更多的速度增量。

拟合得到的各型火箭的比冲、密度比冲及综合密度比冲公式如下：

（1）比冲公式：$v = 2.43 \times \mathrm{Isp}$。

（2）密度比冲公式：$v = 3.49 \times 10^{-3} \times \rho \times \mathrm{Isp}$。

（3）综合密度比冲公式：$v = \mathrm{Isp} \times \rho^{0.13}$。

10 弹道设计

10.1 太阳同步轨道（一）

10.1.1 地球是太阳的行星——哥白尼和日心说

天似穹庐，布满繁星，日复一日，那是恒星，是来自奥林匹斯山或者凌霄宝殿的神祇们留下的痕迹。在北半球的冬季，猎户正在挥舞着他的大棒，他的金腰带光荣地闪耀着；到了春天，美丽的女仆卡利斯托带领着她的星群北斗七星爬上了中天，曾经宙斯把她变成了熊以摆脱她讨厌的女主人赫拉；夏天的星空很绚烂（图10.1），银河从东方的地平线出现，夏季大三角围绕着银河，这里有高傲飞翔的天鹅，她是宙斯为了去幽会情人勒达时的化妆，还有王母娘娘的孙女织女，她的祖母恨铁不成钢，将她和穷小子牛郎生生分

图10.1 夏季星空

开。在中国的故事里，近在咫尺的天鹅并没有出手相助，帮助他们相会的是来自中国本土的喜鹊；秋天是星座沉寂的季节，但在这里，口无遮拦的埃塞俄比亚王后卡西俄帕亚，给她的女儿安德罗米达招来了很多麻烦。

还有7个天体在恒星间运动着，它们分别是太阳、月亮、水星、金星、火星、木星和土星。它们都在黄道附近运动，画出特殊的环圈，既有非均匀运动的，还有逆行的。

最早试图解释星空运动观测规律的是人类科学的启蒙者——古希腊人。天体永恒的循环运动，是最完美的典范。在理念世界里，匀速圆周运动是完美的运动。在公元2世纪，古希腊

天文学家托勒密采用大圆（本轮）套小圆（均轮）成功地解释了天体穿越天空的非均匀运动和逆行，还相当精确地计算出了行星穿越天空的轨迹（图10.2）。托勒密将地球置于大圆中心的地心说与宗教结合，一直延续到中世纪。实际上，在托勒密之前，都曾有学者提出地球在空间运动，而且绕本身的轴旋转的见解。但这些思想家都没有提出精密的计算方法，无法满足天文学的实际需要。

人类的理性之光从未磨灭，只有真实数据，才能让设想变成科学。

托勒密体系的成功依赖数据，攻破托勒密体系的仍然是数据。随着新的观测数据的积累，托勒密理论预示的数据偏差越来越突出。一个本轮不够，需要采用多个本轮来描述。当本轮越加越多时，终有一天，人们索性把它扔掉了。

16世纪，波兰天文学家哥白尼（1473—1543）提出了地球和行星都围绕太阳运动的理论（图10.3）。这是人们认识天体运动的起点。

图10.2　托勒密宇宙

图10.3　太阳系模型

为了计算月亮、太阳和五大行星运动，托勒密体系必须引进77个圆；哥白尼体系仅仅通过改变中心天体，就将圆减少到34个。圆个数虽然少了，但数据仍不能完全符合，而且哥白尼还被指出有一个逻辑的"硬伤"：如果以太阳为中心，月球不可能围绕运动着的地球运动，而不落在它后面。

当1610年，伽利略在天文学史上第一次将望远镜指向天空，不可思议的现象出现了：木星有4颗围绕它运行的天体。不久后开普勒将它们命名为"卫星"（图10.4）。当木星的"月亮"系出现在人们面前，所有的质疑、争论都不攻自破。

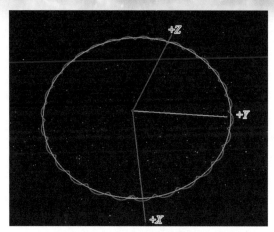

图10.4　卫星围绕行星运动

　　伽利略将目光投向远方，以木星为印证，破解了关于地球认知的逻辑硬伤。

　　至此哥白尼体系已势不可挡，并经过开普勒为天空立法、牛顿一锤定音，成为今天的共识。

10.1.2　勒让德多项式——从笛卡儿开启的时代说起

　　1619年11月10日，笛卡儿做了三个梦（图10.5）。在第一个梦中，笛卡儿被邪恶的风从他在教堂或学院的安全居所吹到风力无法摇撼的场所；在第二个梦中，他发现自己正用不带迷信的科学眼光，观察着凶猛的风暴，他注意到一旦看出风暴是怎么回事，它就不能伤害他了；在第三个梦中，他在朗诵奥索尼厄斯的诗句，首句为：

　　　　Quodvitae sectabor iter?

　　　　我将遵循什么样的生活道路？

　　笛卡儿似乎没有明确告诉任何人这把魔钥匙是什么，但人们通常认为这就是解析几何，更一般地说，就是运用数学来探索自然现象。今天的数学物理就是这方面高度发展的例子。

图10.5　笛卡儿的梦

解析几何的基础是笛卡儿提出的坐标系，譬如屋顶的蜘蛛的位置P，可以用x，y，z三个空间坐标来描述（图10.6）。

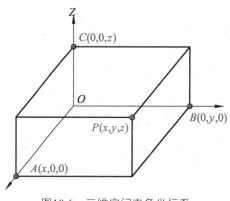

图10.6　三维空间直角坐标系

可以将三根空间坐标轴写成$i=(1,0,0)$，$j=(0,1,0)$，$k=(0,0,1)$，位置$P=(x, y, z)$可表述为$P=xi+yj+zk$。

再定义一种"$<x,y>$"或"$x \cdot y$"的内积操作：将括号内数值分别相乘，然后求和。将上式每项分别作用"$\cdot i$"，得到$P \cdot i=(xi+yj+zk) \cdot i=x(i \cdot i)+y(j \cdot i)+z(k \cdot i)=x$，这里$i \cdot i=j \cdot j=k \cdot k=1$，$i \cdot j=j \cdot k=k \cdot i=0$。内积为0，就是我们常说的垂直。

因此，$x=P \cdot i$，我们又称之为投影。由于我们生活在笛卡儿坐标系中(不考虑相对论)，根据生活体验，很容易想象什么是垂直，什么是投影，并很容易地找到任何一个点的坐标：只要将这个点分别在三个坐标轴上投影即可。

以此类推，可以将三维空间概念拓展到N维线性空间，并用N个向量组$x_1=(1,0, 0,\cdots)$，$x_2=(0, 1, 0,\cdots)$，$x_3=(0, 0, 1,\cdots)$，$\cdots$，$x_n=(0, \cdots, 1)$作为它的空间的轴。

我们又称$x_1 \sim x_n$轴为N维空间的"标准正交基"，这5个字有3个含义：

（1）基，又称基底，即基础的意思，即它们组成了空间的基础。空间中的任何一个量都可以通过"基"的组合得到，就像三维空间中，三组基向量可以表达任何空间坐标。

（2）正交，即基向量两两垂直，从而可以通过投影得到基的系数。如果不满足正交性，系数就不那么容易得到了。如三维空间中，如果没有正交性，P在i向量上的投影就不一定等于x。

（3）标准，即基向量自身与自身的内积为1，称为单位向量。

N维空间的标准正交基不止一个，而有无穷多个。如$(1, 0)$和$(0, 1)$是二维空间一组标准正交基，从坐标轴角度看，将它稍微旋转一下，就得到新的坐标轴，如$(0.6, 0.8)$，$(-0.8, 0.6)$，还是标准正交基（图10.7）。

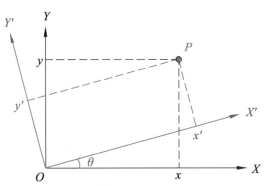

图10.7 坐标系旋转成为新的标准正交基

对于函数，仍然可以借鉴线性空间的概念。

对于任一函数，都可以将它视为一个个离散的点，记录下每个离散点的值。这样就可以借鉴N维空间概念，形成（$x_1, x_2, x_3, \cdots, x_n$）的序列，当$n$足够大时，序列就是这个函数的一个较好近似，当$n$趋向于无穷大时，序列就可以表征这个函数。

但采用这种方法形成的近似值不连续，存在大量间断。还有一种方法是用函数来表示函数。维尔斯特拉斯证明了在区间$a \leqslant x \leqslant b$中的连续函数可以用多项式一致逼近，即任何一个函数都可以用多项式展开：

$$f(x) = a_0 + a_1 x + a_2 x^2 + a_3 x^3 + \cdots + a_n x^n$$

这个式子还可以解读为多项式插值，函数都可以用多项式来插值。$\{1, x, x^2, \cdots, x^n\}$构成了函数空间（确切地说是希尔伯特空间，这里用了一个能通俗理解但并不正确的名称）的一组基底。由于函数是无穷维的，内积由原N维向量空间的乘积和变成了乘积积分。显然，多项式函数内积不等于0，自身内积（范数）不等于1，即多项式基函数不标准不正交。

一组最常用到的标准正交基是傅里叶级数，将多项式基底中的x替换为$e^{\pm ix}$，得到函数系$\{1, e^{\pm ix}, e^{\pm 2ix}, \cdots\}$，容易证实它是一组标准正交基。利用欧拉公式，又可以得到标准正交函数系$\{\sin mx, \cos mx\}$。这个函数系就构成常用的傅里叶级数，即可用标准三角函数系来拟合任一函数（图10.8）。

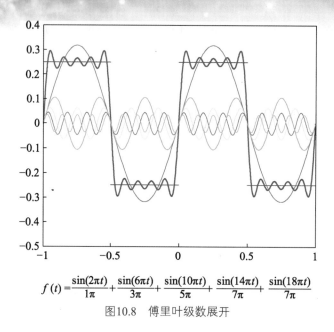

$$f(t) = \frac{\sin(2\pi t)}{1\pi} + \frac{\sin(6\pi t)}{3\pi} + \frac{\sin(10\pi t)}{5\pi} + \frac{\sin(14\pi t)}{7\pi} + \frac{\sin(18\pi t)}{7\pi}$$

图10.8　傅里叶级数展开

为获取标准正交基，除了上述x替换为$e^{\pm ix}$这种像灵光一现的方法外，还有一套标准的笨方法——通过反复投影获取。如图10.9所示，**a**和**b**基底不垂直（不正交），但可将**b**向**a**上投影得到**p**，再连接两个箭头（即从**b**中减去**p**）就得到了基底**B**，此时**a**就和**B**正交，最后将所有基底归一化就能得到标准正交基。这个过程叫作施密特正交化。

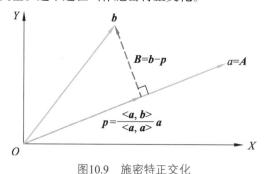

图10.9　施密特正交化

如二维空间的一组非正交基(2,0)和(2,3)，可以将第二组基减去在第一组上投影部分，再将两者归一化分别得到(1,0)和(0,1)，从而得到标准正交基。

我们可以采用上述标准方法处理$\{1, x, x^2, \cdots, x^n\}$（假设区间为$-1 \leqslant x \leqslant 1$），如第二组正交基为

$$x - \frac{\int_{-1}^{1} x \cdot 1 \mathrm{d}x}{\int_{-1}^{1} 1 \cdot 1 \mathrm{d}x} \cdot 1 = x$$

为了避免出现更多公式，直接编写程序，就可以得到一组正交基（未归一化）：

$$\left[1, x, x^2 - \frac{1}{3}, x^3 - \frac{3}{5}x, x^4 - \frac{6}{7}x^2 + \frac{3}{35} \right]$$

这组标准正交基乘上系数后就是勒让德发现的多项式，一般写作

$$P_n(x) = \frac{1}{2^n n!} \cdot \frac{\mathrm{d}^n (x^2 - 1)^n}{\mathrm{d}x^n}$$

因此还可以在MATLAB中输入下述命令，看看勒让德多项式的样子：

n=3; syms x;expand(1/2^n/factorial(n)*diff((x^2-1)^n, x, n))

零到五阶勒让德多项式（正交化后）的图形如图10.10所示。

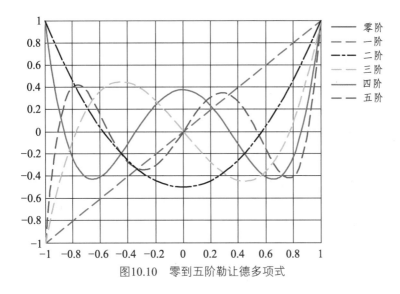

图10.10　零到五阶勒让德多项式

图形看起来并不美观，勒让德多项式的美观体现在正交性。图10.11展示了二阶和四阶勒让德多项式的正交性，两者的乘积在横坐标以上部分和以下部分面积相等。

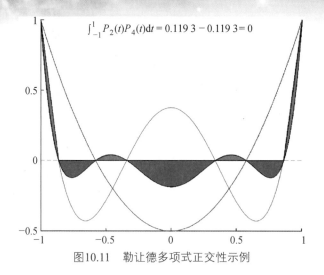

图10.11 勒让德多项式正交性示例

可以采用勒让德多项式，以及普通多项式对$\sin(2\pi t)+0.5 \times \sin(3\pi t)$函数进行插值如图10.12和表10.1所示。

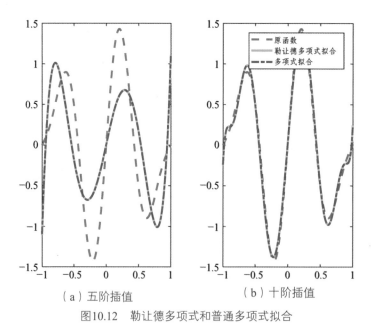

（a）五阶插值　　　　　　　　（b）十阶插值

图10.12 勒让德多项式和普通多项式拟合

表10.1 插值系数

多项式阶次	勒让德多项式插值	十阶插值系数	五阶插值系数
十阶	−0.000 0	0.000 0	
九阶	0.311 1	90.827 6	
八阶	0.000 0	−0.000 0	
七阶	−0.664 7	−241.197 6	
六阶	0.000 0	0.000 0	
五阶	0.770 8	227.786 6	14.188 2
四阶	−0.000 0	−0.000 0	0.000 0
三阶	−0.204 3	−87.160 1	−16.729 6
二阶	−0.000 0	0.000 0	−0.000 0
一阶	−0.259 9	9.982 6	3.637 2
零阶	−0.000 0	−0.000 0	−0.000 0

对两种插值进行简单的讨论：

多项式拟合： $a_0 + a_1 x + a_2 x^2 + a_3 x^3 + \cdots + a_n x^n = f(x)$

勒让德多项式拟合： $a_0 + a_1 P_1(x) + a_2 P_2(x) + a_3 P_3(x) + \cdots + a_n P_n(x) = f(x)$

函数拟合时，为求出插值系数，分别代入插值点后，将其写成一系列方程。但由于插值点多，插值阶次少，方程数目远大于系数数目，通常找不到满足方程的系数。

处理方法是承认方程左右可以不相等，但要使不等量的平方和最小，从而得到最小二乘意义上的拟合。这个拟合实质上是空间投影，操作上表现为插值点组成矩阵的伪逆与函数值向量的乘积（非常凑巧的是，最小二乘方法恰恰就是勒让德提出的，当不经意发现这些巧合时，会很有趣）。

当增加插值阶次（n增大）时，每个方程左侧都增加了项数，最终求出的系数均可能与前不同，即上表中五阶插值和十阶插值系数不同。

对于正交多项式，则没有这个顾虑，即使增加阶次，最后求解得到的低阶插值系数仍和之前一致。而且还有更简单的方法求解系数，考察前述勒让德多项式拟合方程，将方程分别向

$P_0(x) \sim P_n(x)$ 上投影。由于正交特性，每次都可以投影得到一个系数。增加阶次后，只需要再增加新阶次的投影获取系数即可。

我将遵循什么样的生活道路？投影如人生。有些人确切地知道自己要什么，因为他已经把他的需求正交化了，对于各种情况，可以明确快速地找到在自己需求上的投影，知道哪个权重大、哪个权重小，哪个重要、哪个不重要。正如笛卡儿，他选择了他的道路。

10.1.3 为天空立法——开普勒三定律

第谷是16世纪最伟大的"数据库"，他在丹麦国王赐予的小岛上建造了私人天文观测台（图10.13），积累了20年数据，将星表精度提高了一个数量级，达到肉眼分辨的极限。但他对这些数据很是苦恼，直到他读到开普勒的文章，发现了开普勒的大数据挖掘能力。1601年，第谷临终前把观测资料和手稿——他的毕生心血全部交给开普勒，希望开普勒能挖掘这些数据，尤其是火星轨道。他语重心长地对开普勒说："除了火星所给予你的麻烦之外，其他一切麻烦都没有了。火星我也要交托于你，它是够一个人麻烦的。"

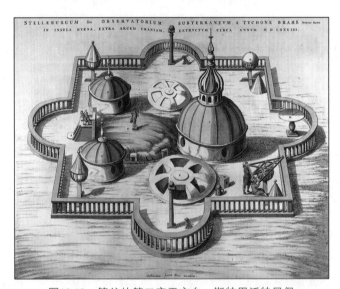

图10.13 第谷的第二座天文台：斯特恩沃特星堡

由于火星轨道偏心率较高（表10.2），就使傅里叶展开时使用阶次较多。无论是采用哥白尼、托勒密还是第谷使用的混合方法进行计算，结果都与高精度观测有误差。采用哥白尼体系相差8'，即0.133°。

表10.2　行星轨道倾角和偏心率

行星	轨道倾角/（°）	偏心率
水星	7	0.206
金星	3.4	0.007
地球	0	0.017
火星	1.9	0.093
木星	1.3	0.048
土星	2.5	0.055
天王星	0.8	0.051
海王星	1.8	0.006

开普勒说："我预备征服战神Mars（火星），把它俘虏到我的星表中来，我已为它准备了枷锁，但是我忽然感到胜利毫无把握……这个星空中狡黠的家伙，出乎意料地扯断我给它戴上的用方程连成的枷锁，从星表的囚笼中冲出来，逃往自由的宇宙空间去了。"

要驯服战神，靠的不仅仅是计算，还有观念和理念。当开普勒放弃了本轮和均轮，1609年得到了第一和第二定律（图10.14），并在1617年发现了第三定律：

（1）行星环绕太阳运行的轨道是椭圆，太阳在这椭圆的一个焦点上。

（2）连接太阳和行星的向径，在相等的时间间隔内扫过相等的面积。

（3）行星绕太阳运行的轨道周期的平方与它们轨道半长径的立方成正比（表10.3）。

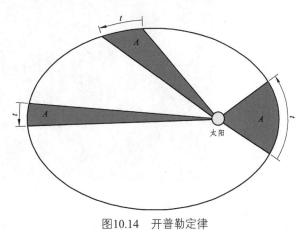

图10.14　开普勒定律

表10.3　六大行星的半长轴和轨道周期（摘自里亚波夫《天体力学浅谈》）

行星	半长轴a/天文单位	轨道周期T/年	a^3/天文单位^3	T^2/年^2
水星	0.387	0.241	0.058	0.058
金星	0.723	0.615	0.378	0.378
地球	1.000	1.000	1.000	1.000
火星	1.524	1.881	3.540	3.538
木星	5.203	11.862	140.8	140.7
土星	9.539	29.458	868.0	867.9

　　哥白尼突破地球中心的宗教桎梏，抛弃了天与地的本质差别，获得一个简单得多的体系，但它仍需用三十几个圆周来解释天体的表观运动。哥白尼知道几个圆合并起来就可以产生椭圆，但他从来没有用椭圆来描述过天体的轨道。正如开普勒所说，"哥白尼没有觉察到他唾手可得的财富"。开普勒却找到最简单的世界体系，只用7个椭圆就全部解决了。

　　正如改变观念和理念，就能得到更有生命力的技术，以及更简单的人生体系。

　　宇宙创造星球，400年前开普勒窥得星球运行奥秘，用"开普勒三大定律"为天空立法。又400年后，"开普勒"又踏上了新的征程（图10.15）。

图10.15　开普勒望远镜

　　2009年3月6日，世界上首个用于探测太阳系外类地行星的"开普勒"号太空望远镜在美国发射升空。它被用来寻找恒星亮度上微弱的周期性变暗——这是恒星周围有行星围绕的迹象。

2018年10月30日，美国航天局宣布，开普勒太空望远镜耗尽燃料并正式退役，它在太空工作了9年多，发现了2 662颗系外行星，其中许多行星有可能孕育着生命。

10.1.4　引力势在球面上的舞蹈——当勒让德遇到勒让德

开普勒发现三大定律70年后，牛顿在《自然哲学的数学原理》（1687）里，用他发现的万有引力定律，证明了"开普勒三大定律"。

万有引力定律：任何质点之间都按平方反比定律把物体拉向自己。牛顿还证明了均匀球引力等价于质点。

牛顿的万有引力定律是作为笛卡儿"以太漩涡说"的对立面而提出的。笛卡儿认为，宇宙中以太围绕聚集体形成漩涡运动，漩涡压力使周围物体趋向中心，表现为引力现象（图10.16）。

图10.16　笛卡儿的旋涡状宇宙

在力学方面，法国人追随了笛卡儿的传统，17世纪后半叶最著名的数学家——惠更斯、莱布尼茨、约翰·伯努利都反对引力的观念及其应用。直至将近半世纪之后大陆国家才开始继承牛顿的工作。

在数学方面，牛顿的很多证明灵感来自他自己发明的微积分，但牛顿将其转换为几何描述以方便当时人阅读，这种几何方法对于特殊的物体和特殊位置上的被吸引质量才有效。

而将牛顿成果发扬光大的，正是从笛卡儿开启，经莱布尼茨、欧拉、拉格朗日、拉普拉斯等一位位大师发扬光大的代数分析方法。

欧拉写出了牛顿第二定律的微分形式：

$$f_x = m\frac{\mathrm{d}^2 x}{\mathrm{d}t^2}, \ f_y = m\frac{\mathrm{d}^2 y}{\mathrm{d}t^2}, \ f_z = m\frac{\mathrm{d}^2 z}{\mathrm{d}t^2}$$

于是，用微分形式将万有引力写成3个方程：

$$f_x = -GMm\frac{x}{r^3}, \ f_y = -GMm\frac{y}{r^3}, \ f_z = -GMm\frac{z}{r^3}$$

其中，$r = \sqrt{x^2 + y^2 + z^2}$ 表示质点间的距离。

欧拉于1752年在研究流体力学问题时就发现，对于某类问题，存在一个标量函数S，使得S在x、y、z三个方向的变化率正好是其速度。

对标欧拉的成果，很容易发现万有引力也存在这个标量函数：引力势V。计算一下偏导数即可验证引力势的偏微分正好为三个方向受力。

$$V = -\frac{GMm}{r}$$

受力可以叠加，引力势也可以叠加（偏导算子的线性特性）。如图10.17所示，M_1和M_2均对m存在引力，m在两者重力场中的引力势分别为V_1和V_2，如x方向总受力是$\partial V_1 / \partial x + \partial V_2 / \partial x = \partial (V_1 + V_2) / \partial x = \partial V / \partial x$，即它存在总引力势$V = V_1 + V_2$。

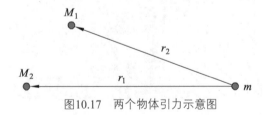

图10.17 两个物体引力示意图

在牛顿时代，人们就已经知道地球不是标准球体。现在可以用引力势来表述引力特征了。

对于一个位于(x, y, z)的点，它在任何一个微元$(\varepsilon, \eta, \gamma)$中的引力势积分为

$$\iiint -\frac{Gm}{\sqrt{(x-\varepsilon)^2 + (x-\eta)^2 + (x-\gamma)^2}} \rho \, d\varepsilon \, d\eta \, d\gamma$$

这里主要的积分变量x、y、z均在根式和分母内，给积分带来了很大的困难，好在我们有基函数展开法。

在一维空间内，$\{x^t\}(t = 0, 1, 2, \cdots, n, \cdots)$是完备的，幸运的是三维空间内$\{x^t, y^u, z^v\}$ $(t, u, v = 0, 1, 2, \cdots, n, \cdots)$也是完备的。

现在是不是突然有点感觉了：正交化！简单想象，$\{x^t, y^u, z^v\}$正交化后就是$P^t(x) P^u(y) P^v(z)$。

但这里的x、y、z并不在$-1 \sim 1$，为了让它们落到我们的控制范围内，从式中提出$r = \sqrt{x^2 + y^2 + z^2}$，从而$x' = x/r$、$y' = y/r$、$z' = z/r$都在$-1 \sim 1$。

$$\iiint -\frac{1}{r} \cdot \frac{Gm}{\sqrt{(x'-\varepsilon')^2 + (x'-\eta')^2 + (x'-\gamma')^2}} \rho \, d\varepsilon \, d\eta \, d\gamma$$

但此时x'、y'、z'和r相关，有一个变量多余，剔除哪个都涉及开方操作，给正交化带来困难。一个解决方案是采用球坐标系（图10.18）。

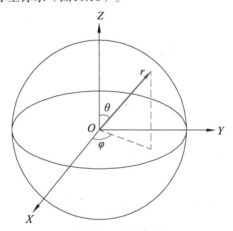

图10.18　球坐标系

$$x'_- = x' + \mathrm{i} y' = \sin\theta \mathrm{e}^{\mathrm{i}\varphi}$$

$$y'_- = x' - \mathrm{i} y' = \sin\theta \mathrm{e}^{-\mathrm{i}\varphi}$$

$$z' = \cos\theta$$

因此写出球坐标下的基底：

$$x'^t y'^u z'^v = (\sin\theta e^{i\varphi})^t (\sin\theta e^{-i\varphi})^u (\cos\theta)^v = \cos^v\theta \sin^{t+u}\theta e^{i(t-u)\varphi}$$

令 $m=|t-u|$，按 $m>0$ 或者 $m<0$，可得 $t+u=m+2u$ 或 $m+2t$，统一将其写为 $m+2k$，其中 $m,k=0,1,2,\cdots$

$$\sin^{t+u}\theta = \sin^m\theta \sin^{2k}\theta = \sin^m\theta(1-\cos^2\theta)^k$$

则基底可写成：

$$\{\cos^v\theta(1-\cos^2\theta)^k \sin^m\theta e^{\pm im\varphi}\}$$

合并同类项，最后得到一组基底（$l=v+2k$）

$$\{\cos^l\theta \sin^m\theta e^{\pm im\varphi}\}$$

现在将这个基底进行正交化，可按 $l=0$，$m=0$；$l=1$，$m=0$，1；$l=2$，$m=0$，2；$l=3$，$m=0$，3的顺序依次进行正交化，也就是将矩阵旋转45°后逐次读取（图10.19）。

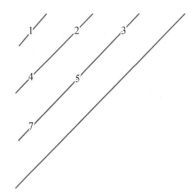

图10.19　球谐函数正交化顺序

得到标准正交基：

$$\left[1, e^{\varphi i}\sin(\theta), \frac{\sin(\theta)}{e^{\varphi i}}, \cos(\theta), e^{2\varphi i}\sin(\theta)^2, \frac{\sin(\theta)^2}{e^{2\varphi i}}, e^{\varphi i}\cos(\theta)\sin(\theta),\right.$$

$$\frac{\cos(\theta)\sin(\theta)}{e^{\varphi i}}, \cos(\theta)^2 - \frac{1}{3}, e^{3\varphi i}\sin(\theta)^3, \frac{\sin(\theta)^3}{e^{3\varphi i}}, e^{2\varphi i}\cos(\theta)\sin(\theta)^2,$$

$$\frac{\cos(\theta)\sin(\theta)^2}{e^{2\varphi i}}, -\frac{1}{5}e^{\varphi i}\sin(\theta) + e^{\varphi i}\cos(\theta)^2\sin(\theta),$$

$$\left.-\frac{1}{5}\frac{\sin(\theta)}{e^{\varphi i}} + \frac{\cos(\theta)^2\sin(\theta)}{e^{\varphi i}}, \cos(\theta)^3 - \frac{3}{5}\cos(\theta)\right]$$

这里的标准正交基就是标准化球谐函数：

$$Y_{l\pm m}(\theta,\varphi)=\sqrt{\frac{(2l+1)(l-m)!}{4\pi(l+m)!}}P_l^m(\cos\theta)e^{\pm im\varphi}$$

注：利用球谐函数的共轭反对称性，$e^{\pm im\varphi}=(-1)^m e^{im\varphi}$。

其中

$$P_l^m(x)=(1-x^2)^{m/2}\frac{d^m P_l(x)}{dx^m},\quad(x=\cos\theta)$$

编制程序绘制前几阶图形如图10.20所示（$m\geqslant0$部分，$m<0$与$m>0$类似）。

（1）图中最左侧（$m=0$）所示，像是一条条彩带，称为带谐函数。带谐函数不含φ，即它具有旋转对称性。

（2）图中右侧（$m=\pm n$）为纵向条纹，称为扇谐函数。

（3）其他部分像被分成一块块区域，称为田谐函数。

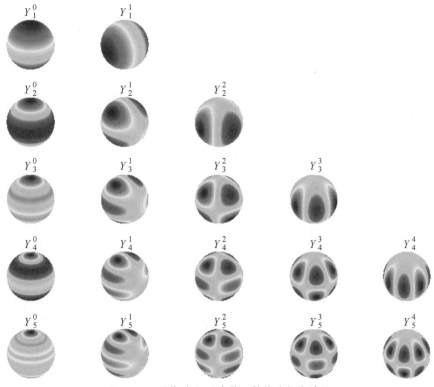

图10.20　单位球上以球谐函数作为颜色渲染

如果将单位球面减去球谐函数的1/3，则可以得到如图10.21所示的形状。看起来Y_2^0像个椭球，Y_3^0像颗梨。

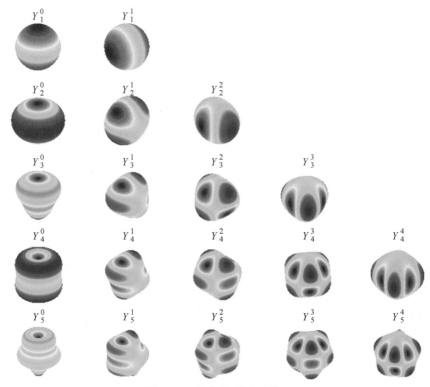

图10.21　单位球-球谐函数/3

还可以将球谐函数的绝对值作为直径，得到图10.22。这些漂亮的图形都直观展示了球谐函数。

从正交分解可知，球谐函数就是球面上的标准正交基，就像傅里叶级数中的三角函数是圆环上的标准正交基。因此，引力势函数可以在球谐函数上展开。

函数的傅里叶级数展开，每个函数需要算一组系数。如类比一下，被吸引天体放在任意一组位置，都需要重新算一组在球谐函数下的系数。这样的话，球谐函数只是看起来很美，并不那么实用。

异常幸运的是，引力势函数的独特性，使得它和球谐函数形成天作之合：它们的组合，形成了一种与被吸引天体位置无关性，无须计算任何与位置相关的系数！

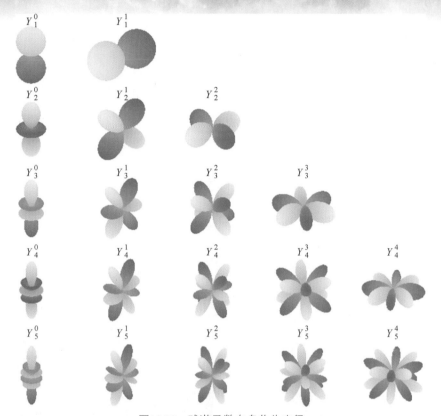

图10.22　球谐函数自身作为直径

这个过程的证明不简单，理解起来也不简单，笔者只能简单描述如下。

首先，不加解释地引入一个关于球谐函数的加法定理：

$$P_l(\cos\beta) = \frac{4\pi}{2l+1} \sum_{m=-l}^{l} Y_{lm}^*(\theta',\varphi')Y_{lm}(\theta,\varphi)$$

这里θ和φ是点m的坐标，θ'和φ'是点M的坐标，同时这两个点与原点之间的夹角等于β。而第一个球谐函数的*代表共轭，如复数$a+b$i的共轭就是$a-b$i。

现在再考察m在M中的引力势为

$$V = -\frac{GMm}{\sqrt{r^2+a^2-2ar\cos\beta}} = -\frac{GMm}{r}\frac{1}{\sqrt{1+\left(\frac{a}{r}\right)^2-2\left(\frac{a}{r}\right)\cos\beta}}$$

令$x=a/r$，$y=\cos\beta$，并对右半部分的分式部分进行泰勒展开，在MATLAB中输入命令：

syms x y; taylor((1+x^2−2*x*y)^(−1/2), x)

得

$$1 + yx + \left(\frac{3}{2}y^2 - \frac{1}{2}\right)x^2 + \left(\frac{5}{2}y^3 - \frac{3}{2}y\right)x^3 + \left(\frac{35}{8}y^4 - \frac{15}{4}y^2 + \frac{3}{8}\right)x^4 + \left(\frac{63}{8}y^5 - \frac{35}{4}y^3 + \frac{15}{8}y\right)x^5$$

这里的式子看起来很熟悉！兜兜转转，又遇到了勒让德多项式！

从根式倒数的泰勒展开中再次看到了勒让德多项式，因此这个式子又被称为勒让德多项式的生成函数，整个泰勒展开可以写成：

$$\sum_{l=0}^{\infty} P_l(\cos\beta)\left(\frac{a}{r}\right)^l$$

再使用前面的加法定理，可将其写作：

$$V = -\frac{GM}{r}\left[\sum_{l=0}^{\infty}\sum_{m=-l}^{l} P_l^m(\cos\theta)C_{lm}\mathrm{e}^{im\varphi}\left(\frac{a}{r}\right)^l\right]$$

从数学上看，好像是根式倒数这种生成函数将位置与夹角分离，而这个被分离的夹角在球谐函数中又完全与两个物体分离了（加法定理）。这并不稀奇，因为函数都可以通过无穷级数来分离变量，但稀奇的是，通过球谐函数来分离变量，系数恰巧又是球谐函数。笔者不禁想起埃舍尔版画"上升与下降"中的无限回廊（图10.23）。

考虑到$l=0$和1时，前4个球谐函数分别为1, $\sin(\theta)\mathrm{e}^{i\varphi}$, $\sin(\theta)\mathrm{e}^{-i\varphi}$, $\cos(\theta)$, 即正好为1, x, y, z。因此对整个地球积分，得到前4个系数分别对应总质量，质心$x/y/z$，如将坐标系原点放在质心上，则$l=0$项可单独提出，$l=1$的三项完全消失。

考虑到一般用纬度φ和经度λ，用其分别代替上述球坐标中的$90°-\theta$和φ，就可以直接写出实部为

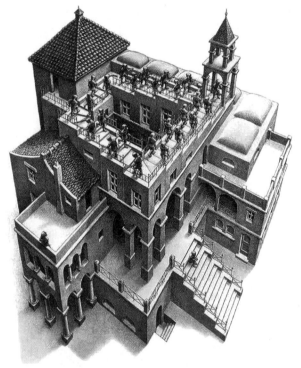

图10.23　上升与下降（埃舍尔版画）

$$V = -\frac{GM}{r}\left[1 + \sum_{l=2}^{\infty}\sum_{m=0}^{l}P_l^m\left(\sin\varphi\right)\left(C_{lm}\cos m\lambda + S_{lm}\sin m\lambda\right)\left(\frac{a_e}{r}\right)^l\right]$$

如单独将带谐项提出，则为

$$V = -\frac{GM}{r}\left[1 + \sum_{l=2}^{\infty}C_{l0}P_l\left(\sin\varphi\right)\left(\frac{a_e}{r}\right)^l + \sum_{l=2}^{\infty}\sum_{m=1}^{l}P_l^m\left(\sin\varphi\right)\left(C_{lm}\cos m\lambda + S_{lm}\sin m\lambda\right)\left(\frac{a_e}{r}\right)^l\right]$$

其中，J2=–C_20就是我们常说的J2摄动，为地球引力摄动中最主要因素。J1哪儿去了？参考前面的过程，只要将坐标系建立在地球质心，J1项就等于0。

10.1.5　地球重力场模型及应用

地球是不是圆的？如果沿着一条经线，依次测量出相当于不同纬度的重力加速度值（利用单摆），就可以确定地球的形状。牛顿根据观察到的单摆周期随地球不同地点的变化，推断出地球在赤道上是鼓起的，赤道半径比极半径超过1/230（今天用的数值为1/298，即牛顿的预估偏大）。

雅克·卡西尼及其家庭中的一些成员做了测量，在1720年给出了相反的结果，他们发现两极之间的直径比赤道直径大了1/95。为了澄清这个问题，法国科学院在1730年派遣了两个探险队，一队在数学家皮埃尔·路易·莫佩尔蒂领导下去了拉普兰，另一队去了秘鲁。莫佩尔蒂证实了地球在两极是扁平的，他给出的值是1/178，没有牛顿的精确。地球的形状问题仍旧是一个重大课题，而且在很长一段时间内没有弄清楚。

地球重力场的测量方法包括地面重力观测、海洋卫星测高和卫星轨道摄动。

出现人造卫星后，人们利用地面重力资料和卫星轨道资料测量，提出了几十种地球引力场模型。卫星测量重力以CHAMP卫星为巨大跨越（表10.4），在CHAMP卫星发射之前，最具代表性的是JGM3和EGM96模型。

表10.4　CHAMP卫星发射前地球重力场模型研究进程

模型名称	研究机构	公布年份	数据类型	最高阶次
SE Ⅰ	史密森尼天文物理观测馆（美国）	1966	卫星	8
SE Ⅱ		1970	卫星+地面	16
SE Ⅲ		1973	卫星+地面	18

模型名称	研究机构	公布年份	数据类型	最高阶次
Rapp 67	俄亥俄州立大学（美国）	1967	卫星+地面	14
Rapp 73		1973		20
Rapp 78		1978		180
Rapp 81		1981		180
IGG71	中国科学院测量与地球物理研究所（中国）	1971	卫星+地面	14
IGG93		1993		360
IGG97		1997		720
GEM-1	NASA戈达德空间飞行中心	1972	卫星	12
GEM-2		1972	卫星+地面	16
GEM-3		1972	卫星	12
GEM-4		1972	卫星+地面	16
GEM-5		1974	卫星	12
GEM-6		1974	卫星+地面	16
GEM-7		1976	卫星	16
GEM-8		1976	卫星+地面	25
GEM-9		1977	卫星	20
GEM-10		1977	卫星+地面	22
GEM10A/B/C		1978	卫星+地面	30/36/180
GEM-L2		1983	卫星+地面	20
GEM-T1		1988	卫星	36
GEM-T2S/2		1990	卫星/（卫星+地面）	50
GEM-T3S/3		1991	卫星/（卫星+地面）	50
GRIM1	德国地球科学研究中心（德国）	1976	卫星	10
GRIM2		1976	卫星+地面	23
GRIM3		1983	卫星+地面	36
GRIM3-L1		1985	卫星+地面	36

模型名称	研究机构	公布年份	数据类型	最高阶次
GRIM4-S1/C1	德国地球科学研究中心（德国）	1991	卫星/（卫星+地面）	50
GRIM4-S2/C2		1992	卫星/（卫星+地面）	50
GRIM4-S3/C3		1993	卫星/（卫星+地面）	60
GRIM4-S4/C4		1997	卫星/（卫星+地面）	60/72
GRIM5-S1/C1		1999	卫星/（卫星+地面）	99/120
DQM77	西安测绘研究所（中国）	1977	卫星+地面	22
DQM84		1984		36
DQM94		1994		360
DQM99-A/B/C/D		1999		540/720/1080/2160
DQM2000-A/B/C		2000		540/720/1080/2160
OSU78	俄亥俄州立大学（美国）	1978	卫星+地面	60
OSU79		1979		180
OSU81		1981		180
OSU86C/D		1986		250
OSU86E/F		1986		360
OSU89A/B		1989		360
OSU91A		1991		360
TEG1	太空研究中心（得州大学奥斯丁分校）（美国）	1988	卫星+地面	50
TEG2/2B		1991		54
TEG3		1996		70
TEG4		2000		200
WDM89	武汉大学（中国）	1989	卫星+地面	180
WDM92CH		1992		360
WDM94		1994		360
GFZ93A/B	德国地球科学研究中心（德国）	1993	卫星+地面	360
GFZ95A		1995		360
GFZ96		1996		359
GFZ97		1997		359

续表

模型名称	研究机构	公布年份	数据类型	最高阶次
JGM1S/1	戈达德空间飞行中心+太空研究中心（美国）	1993	卫星/（卫星+地面）	60/70
JGM2S/2		1994	卫星/（卫星+地面）	70
JGM3		1994	卫星+地面	70
EGM96S	戈达德空间飞行中心+国家测绘局（美国）	1996	卫星	70
EGM96		1996	卫星+地面	360

注：摘自郑伟、许厚泽、钟敏等所著的《地球重力场模型研究进展和现状》，并进行修订。

JGM3模型，全称Joint Gravity Model 3，由得克萨斯大学奥斯汀分校的太空研究中心（CSR）发布，最高阶次为70×70，是各种定轨预报系统中应用较多的高精度地球引力场模型。EGM96模型，全称Earth Gravitational Model 1996，由美国NASA哥达德飞行中心、美国测绘局联合发布。360阶的EGM96模型在一段时期内被认为是精度最高的模型。在GPS全球定位系统中广泛使用的WGS84坐标系统，吸纳了EGM96模型作为其标准的引力场模型，并用于建立大地水准面，从1996年10月1日起生效。

进入21世纪以来，随着GPS技术、三轴加速度仪、星间跟踪、重力梯度仪等高精度传感技术被用于空间的重力测量，一批重力卫星计划相继实施。2000年，德国的CHAMP卫星发射成功；2002年，德国、美国联合发射了两颗GRACE卫星（A/B）（图10.24）。2009年欧洲发射的GOCE卫星则首次使用了重力梯度仪，直接测量引力场的2阶导数，这是人类第一次不再单纯采用从卫星轨道摄动来达到从空间求定引力场的目标，而且使用了无拖曳加速仪，使得卫星能在极低的高度（250 km）克服大气阻力进行引力场测

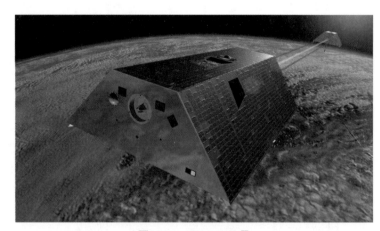

图10.24　GRACE卫星

量，为求解引力场高阶系数提供了条件。

EGM2008模型采用2002年9月至2007年4月的57个月GRACE资料星间跟踪资料，构建了前180阶的模型系数。随后，通过高精度、高分辨率的地面资料，首次将模型的阶数提高到2190阶，是迄今为止阶数最高的模型，是引力场模型构建的一个里程碑。

图10.25和图10.26给出了EGM2008下地球引力势形状，前者就是广为流传的地球素颜照。

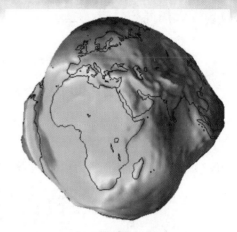

图10.25　地球素颜照

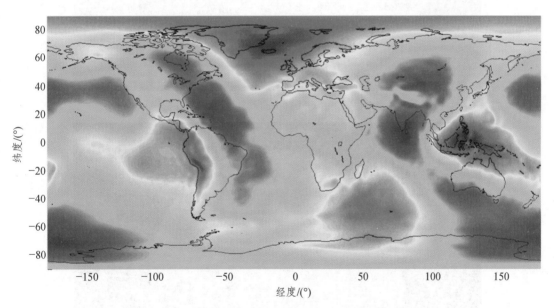

图10.26　取EGM2008前70阶计算的地球表面重力场

测量重力场在火箭和导弹发射上应用明确，如扰动引力对10 000 km导弹射程可产生800 m落点偏差，发射点垂线偏差在这一射程上产生900 m落点偏差。

地球重力场来自地球自身特性，它影响着卫星的运动；从卫星的运动反算出重力场，反过来推动了我们对于地球系统——陆地、海洋、冰川的理解。正如本篇的主题：人类外向的寻找，是为了找到自身。

10.2 太阳同步轨道（二）

10.2.1 行星运动方程——开普勒的几何直觉

有了地球的引力势函数V，解方程$\ddot{r}=-\nabla V$，就可以得到卫星的运动了。

而这些，都不用编代码，可以采用商用软件Satellite Toolkit（STK）直接计算，或者使用NASA戈达德空间飞行中心开发的开源软件General Mission Analysis Tool（GMAT）（图10.27），直接计算不同重力模型下的轨道（图10.28）。

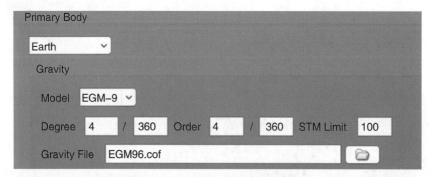

图10.27　GMAT中的重力模型设置

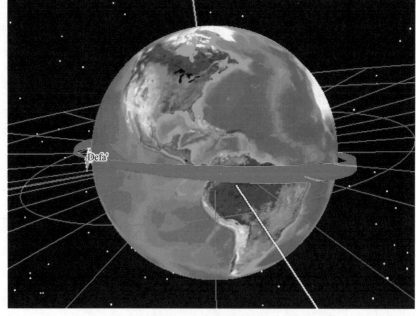

图10.28　多圈摄动轨道

即在摄动下，轨道不再是椭圆轨道，但截取绕地球一周的轨道，仍然非常像椭圆轨道（图10.29）。

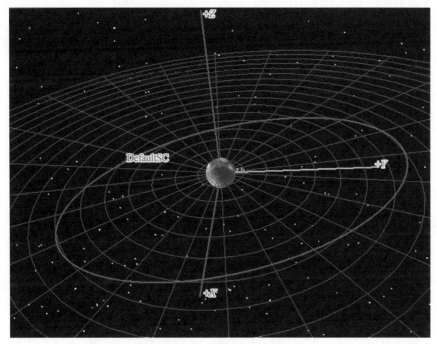

图10.29　一圈卫星轨道

在这里，微分方程可以精确计算每个时刻卫星所在的位置和速度，而很多时候，我们想知道关于它这些位置和速度的总体规律。

这个总体规律完全由位置和速度参数组成，但为研究规律，采用另外一种语言体系更为便利。

可将真实轨道看成一系列椭圆轨道的合成（轨道参数一直在变化，每个时刻对应一个椭圆轨道），而椭圆轨道就是总体信息。

此处，描述运动的语言称为轨道根数（Orbital elements），跟踪运动演化的方法为摄动理论。

卫星沿椭圆轨道运动，可通过6个轨道参数完全确定其运动形态。

笔者将这6个轨道参数简记为形位动（心未动），分别为：两形（a、e），三位（i、Ω、ω），一动（$f/M/\tau$）。

两形指椭圆本身的形状,即半长轴a和偏心率e(图10.30)。当$e=0$时,轨道为圆;$e=1$时,轨道蜕化为直线。

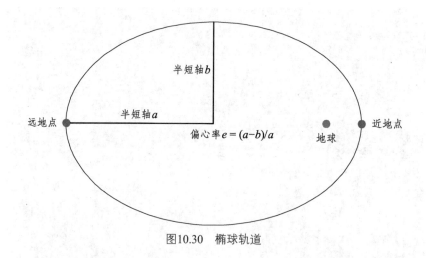

图10.30　椭球轨道

三位包括椭圆面在空间中的定位,分别为轨道倾角(i)、升交点赤经(Ω)和近地点辐角(ω)。三者移动的关系如图10.31至图10.33所示。

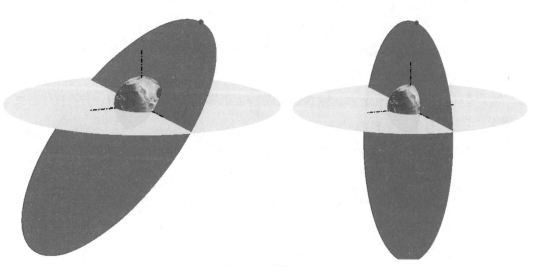

图10.31　轨道倾角

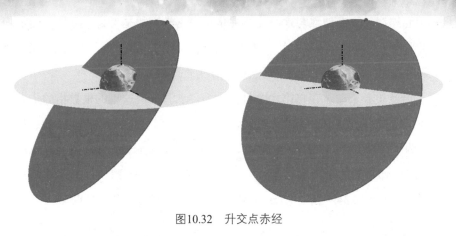

图10.32　升交点赤经

图10.33　近地点辐角

轨道倾角的变化指轨道面与赤道面的夹角变化。轨道倾角取值为0～180°，大于90°表示逆行轨道。实际上两平面交角怎么看都小于90°，但如果考虑卫星运动，当卫星运动方向与地球自转方向一致时认为倾角为正，否则为负。

升交点赤经的变化意味着轨道面绕着地轴的转动，转动时，轨道倾角仍维持不变。

轨道倾角和升交点赤经这两个角度唯一确定了轨道面在空间中的位置，在这个平面内还需一个角度来确定椭圆放置。这个夹角可以采用椭圆半短轴与赤道面的夹角来表示，又称为近地点辐角。

此外，假设在这个椭圆内有一串卫星，这些卫星的前5个轨道根数均相同，怎么区分呢？需要给每颗卫星做个标记。

常用的标记包括近地点时刻τ（卫星出现在近地点时的时刻），或真近点角f_0（在指定时刻，卫星和地心连线——近地点与地心连线夹角），更常用的是考虑卫星运动的平均角速度$n=2\pi/T$，定义平均角度$M(t)=n(t-\tau)$，由于t等于近地点时刻τ时，$M(t)=0$，因此$M(t)$又被称为平近点角，在使用时，用一个指定时刻的平近点角M_0作为轨道根数。

笔者为了谐音（心未动），将第六个根数称为"动"，但这里的根数指的是近地点时刻τ，或某指定时刻的冻结角度f_0或M_0，这三个都是常数，6个轨道根数也都是常数，另外有些书籍或文献中，为了简便，将f_0和M_0写为f和M，使用时，尤其是求微分时，需要注意区分。

此外，与f_0和M_0伴随的是指定时刻，因此明明是6个轨道根数，在软件中却需要输入7个数，就不奇怪了。如图10.34中选中的Epoch（历元），输入的就是指定的时刻。

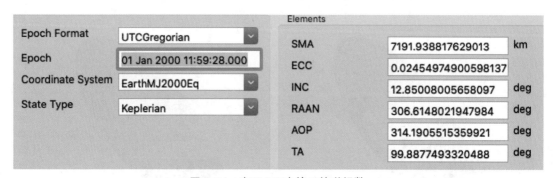

图10.34 在GMAT中输入轨道根数

可将"三位一动"统一绘制于图10.35中，它与"两形"组成了6个轨道根数。

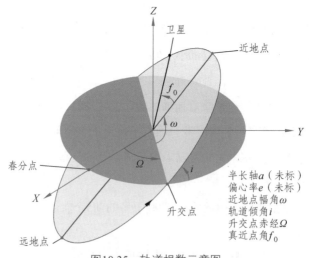

图10.35 轨道根数示意图

从绘制的几何图形看，采用这6个根数看起来比较明显；从数学上，这6个根数来自二体问题微分方程 $\ddot{\boldsymbol{r}} = \boldsymbol{F}_0 = -\dfrac{\mu}{\mu_0}\left(\dfrac{\boldsymbol{r}}{r}\right)$ 的6个首次积分，这里不再详述，具体可参考刘林《人造地球卫星轨道学》第2.1节"二体问题的六个积分"。

笔者未找到第一个明确地阐述这6个根数的人或文章。但它的最初来源非常明确，就是开普勒三大定律：

第一定律又称椭圆定律，由椭圆的这个事实一口气说出了5个根数，即半长轴、偏心率、近地点辐角、轨道倾角和升交点赤经。

第二定律又称面积定律，它指出了每一时刻天体所在的地方。但第一定律仅仅是几何意义上的，它不含有任何运动学的因素，第二定律限定了卫星的运动速度。但这种限定不完全，没有量化，指明了所有面积相等，但没有指出这个相等值是多少。

第三定律又称调和定律或周期定律，给出了轨道周期，量化了第二定律，指出了平近点角 $M(t)=n(t-\tau)$ 中的平均角速度 n 是多少。在这个意义上，第6个轨道根数：近地点时刻，或指定时刻的平近点角 f_0、真近点角 M_0，才有了存在的意义。

开普勒三大定律给出了二体运动轨道的描述，因此，上述6个轨道根数又称为开普勒轨道根数。

每次卫星发射后，航天爱好者都会去跟踪卫星轨道，这里大家访问的数据源均来自北美防空司令部（NORAD）公布的两行轨道数据（Two-Line Orbital Element，TLE），可从网站https://celestrak.com/访问。

如SpaceX公司发射星链中，一颗卫星的两行数据如下，解释见表10.5。

STARLINK-31

1 44235U 19029A   20125.91668981 -.00021522 00000-0 -12203-2 0 9991

2 44235 53.0029 48.2578 0001731 70.6518 187.4926 15.12155778 53627

这个格式的一般形式为：

AAAAAAAAAAAAAAAAAAAAAAAA

1 NNNNNU NNNNNAAA NNNNN. NNNNNNNN +.NNNNNNNN +NNNNN-N +NNNNN-N N NNNNN

2 NNNNN NNN. NNNN NNN. NNNN NNNNNNN NNN. NNNN NNN.NNNN NN. NNNNNNNNNNNNNNN

表10.5　两行轨道数据（TLE）格式说明

列	含　义	星链-31中（括号表示省略）
01	TLE行号	第一行
03～07	卫星编号	44235
08	是否保密（U非密，C机密，S绝密）	不保密，显然我们能看到的都带U
10～11	卫星发射年份后两位	（20）19
12～14	当年发射顺序	2019年第29次发射
15～17	卫星发射个数	A表示第一个
19～20	TLE历时（年份后两位）	（20）20
21～32	TLE历时（一年中日数）	2020年第125.916 689 81天
34～43	平均运动的一阶时间导数，用于预测漂移	−.000 215 22
45～52	平均运动的二阶时间导数	00000（E）−0
54～61	BSTAR阻力系数	−122 03（E）−2，单位是1/（地球半径）
63	轨道模型	公布的都是0，也就是采用了SGP4/SDP4轨道模型
65～68	星历编号	关于STARLINK-31的第999组数据
69	校验和	1（数值全加起来除10的余数，其中负号算1）
02	TLE行号	第2行
03～07	卫星编号	44 235
09～16	轨道倾角	53.002 9
18～25	升交点赤经	48.257 8
27～33	偏心率	（0.）000 173 1
35～42	近地点辐角	70.651 8
44～51	平近点角	187.492 6
53～63	每天环绕地球圈数	15.121 557 78
64～68	发射以来飞行的圈数	5 362
69～69	校验和	7

这里第一行的65～68列，则表示星历编号，同一颗卫星，可以存在很多组轨道根数，这些从NORAD网站上都能查到，第二行就给出了轨道根数。半长轴呢？半长轴在第二行的53～63列，知道了每天环绕地球圈数，就知道了轨道周期，有了轨道周期，根据开普勒第三定律，就有半长轴了。

我们也不用一个个地看这些数据。有很多软件，如Orbitron, TLE Analyser, Previsat, SatObServer等可以查看，网页https://www.celestrak.com/software/satellite/sat-trak.php给出了详尽的软件列表。

这些软件可以绘制出在轨卫星的分布图像（图10.36）和星历（图10.37）。

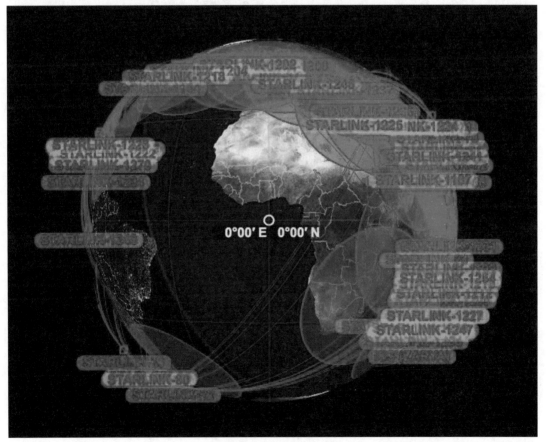

图10.36　417颗StarLink

图10.37　在线星链星历图

　　网页里还列出了可供查看的在线网站，页面加载比较快的有https://stltracker.github.io/。

　　http://celestrak.com/pub/satcat.txt网站给出了入轨卫星及箭体相关信息，从里面可以统计出一些有用或有趣的参数，如每年发射次数统计（图10.38和图10.39），发射场发射数量统计（表10.6），星箭分离点半长轴之最（表10.7）。

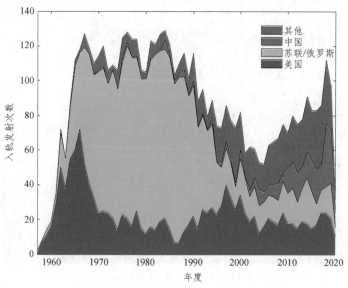

图10.38　按年度统计的入轨火箭发射数量

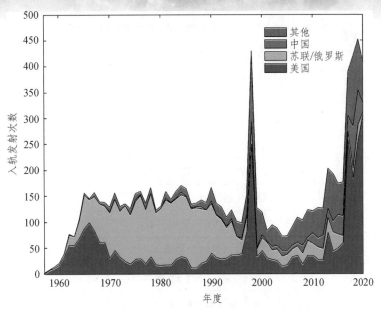

图10.39 按年度统计的入轨卫星数量

表10.6 发射场发射数量统计（截至2020-5-20）

序号	发射场名称	发射数量
1	普列谢茨克发射场	1 580
2	拜科努尔发射场	1 420
3	卡拉维纳尔角发射场	889
4	范登堡空军基地	631
5	库鲁发射场	285
6	西昌卫星发射中心	140
7	酒泉卫星发射中心	116
8	卡普斯京亚尔导弹发射场	84
9	种子岛航天中心	79
10	太原卫星发射中心	77
11	萨迪什·达万航天中心	67

表10.7　星箭分离点半长轴之最大远地点轴

序号	任务	远地点-地球半径/km
1	美国阿波罗8	544 356
2	苏联月球3	499 998
3	美国探险者33	480 762
4	以色列创世纪号登月器	407 521
5	印度月球软着陆探测器	404 876
6	中国鹊桥中继星/龙江1、2	383 110
7	美国月球大气和尘埃环境探测器	375 796
8	美国太阳风粒子返回胶囊	373 237
9	美国凌日行星勘测卫星（TESS）	355 637
10	苏联空间望远镜（SPEKTR-R）	329 057

注：轨道倾角最大的是1997年半人马座发射的卫星MINISAT 01，这是西班牙航天局研制的，
　　用于试验低成本多功能小卫星平台。

10.2.2　行星运动方程——拉格朗日的理性逻辑

在近似意义上或短期行为中，可将地球视为质点，卫星运动是一个椭圆。轨道每个时刻的位置和速度可由这6个积分常数$C_1 \sim C_6$，或称为轨道根数，$C_1 \sim C_6$正是由6个轨道根数$a, e, i, \Omega, \omega, M_0$来描述：

$$\boldsymbol{r} = \boldsymbol{f}(C_1, C_2, C_3, C_4, C_5, C_6, t)$$

$$\dot{\boldsymbol{r}} = \boldsymbol{g}(C_1, C_2, C_3, C_4, C_5, C_6, t)$$

如：

$$E - e\sin E = M = n(t - \tau)$$

$$r = a(1 - e\cos E) = \frac{a(1 - e^2)}{1 + e\cos f}$$

$$\tan\frac{f}{2} = \sqrt{\frac{1+e}{1-e}}\tan\frac{E}{2}$$

$$u = \omega + f$$

$$x = r(\cos\Omega\cos u - \sin\Omega\sin u\cos i)$$

$$y = r(\sin\Omega\cos u + \cos\Omega\sin u\cos i)$$

$$z = r\sin u\sin i$$

具体公式见刘林《人造地球卫星轨道学》第3.1节"由位置向量和速度向量计算相应的轨道根数"。

但精确描述或长期运动中，地球引力由复杂的引力势函数描述。这时可将卫星运动方程写成$\ddot{\boldsymbol{r}} = \boldsymbol{F}_0 + \boldsymbol{F}_e$，其中$\boldsymbol{F}_0 = -\dfrac{\mu}{r^2}\left(\dfrac{\boldsymbol{r}}{r}\right)$，$\boldsymbol{F}_e$为摄动项。显然以上6个轨道根数不再是摄动方程的解，看起来直观的几何解释已经没办法再用。

在有计算机的时代，我们可以简单粗暴地进行数值积分，得到位置和速度。300年前的大师们没有计算机，但不妨碍他们也选择另一种简单粗暴的方法。

1748年和1752年，欧拉在研究木星和土星的相互摄动中首创"常数变易法"，拉格朗日在1774和1775年的论文中充分发展了这个方法，以更一般的形式处理了这种方法，而且指出，这种方法可以用于许多物理问题。在1808年的一篇论文中，对这个方法的处理技巧更复杂了，但是基本思想还是把相应的6个积分常数看成是变化的，并确定它们。

不要被这5个字，以及这几位大师迷惑，"常数变易法"背后的操作很粗暴：虽然6个轨道根数不再是摄动后方程的解，但我们就是要使用它。为了使用它，只要假设这6个数不再是常数，让它们随时间而动即可，即$C_1 \sim C_6$不再是常数，而变成了关于时间t的函数$C_1(t) \sim C_6(t)$。

如图10.40所示，红色为满足摄动方程的轨道，这里轨道可以用新方程f'和g'来描述。在不知道新方程时，也可以将轨道看成一系列椭圆轨道拼接而成。对于每条椭圆轨道，仍然可以用原来的二体运动方程f和g描述，但方程的参数，即6个轨道根数不再固定，而"变易"成为$C_1(t) \sim C_6(t)$。

这种处理既保留了数学上的正确，同时仍保留轨道根数的几何意

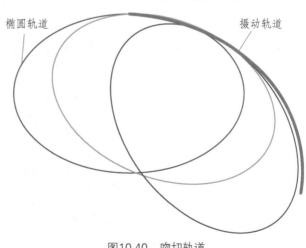

椭圆轨道　　　　摄动轨道

图10.40　吻切轨道

义。在数学上，可以视为一种变量代换，它将原方程变成了新的关于$C_1(t) \sim C_6(t)$的方程；在几何上，真实轨道由一族相切椭圆轨道拼接而成，每个椭圆轨道的控制方程仍然是f和g。在相切点，二者有相同的坐标和速度，只是加速度不同，一个是真实加速度，另一个是椭圆加速度，二者之差正是摄动力引起的摄动加速度。由于摄动加速度的作用，卫星在下一时刻将离开这个椭圆，走上邻近的一个瞬时椭圆；相反，一旦摄动作用消失，卫星将沿着消失点的瞬时椭圆一直运动下去。因此，这里变易后的常数，是瞬时轨道根数，又称吻切根数。

显然，很多物理问题可以这样转换，通过变量代换，将不熟悉的问题变成一系列熟悉的问题。在应用中，需要关心的是$C_1(t) \sim C_6(t)$到底变化多快，如果变化太快不利于应用。幸运的是，因为摄动项很小，这几个数变化得确实不快，这也是常数变易法在天体力学上应用异常成功的原因。

拉格朗日首先得出了关于$C_1(t) \sim C_6(t)$的方程，即拉格朗日行星方程。最容易理解的推导过程基于Brouwer and Clemence（1961），其大致过程如下：

（1）保持f和g满足椭圆形式，即$\partial f / \partial t = g$，$\partial g / \partial t = F_0$，将常数$C_1 \sim C_6$转为变量$C_1(t) \sim C_6(t)$，使其满足摄动后方程，即

$$r = f(C_1(t), C_2(t), C_3(t), C_4(t), C_5(t), C_6(t), t)$$
$$\dot{r} = g(C_1(t), C_2(t), C_3(t), C_4(t), C_5(t), C_6(t), t)$$

将两式对时间微分，得

$$g = \frac{dr}{dt} = \frac{\partial f}{\partial t} + \sum_{k=1,6} \frac{\partial f}{\partial C_k} \frac{dC_k}{dt} = g + \sum_{k=1,6} \frac{\partial f}{\partial C_k} \frac{dC_k}{dt}$$

$$F_0 + F_e = \frac{d\dot{r}}{dt} = \frac{\partial g}{\partial t} + \sum_{k=1,6} \frac{\partial g}{\partial C_k} \frac{dC_k}{dt} = F_0 + \sum_{k=1,6} \frac{\partial g}{\partial C_k} \frac{dC_k}{dt}$$

将f写为r，g写为$\dot{r}$，因此$C_1(t) \sim C_6(t)$需要满足方程为

$$\sum_{k=1,6} \frac{\partial r}{\partial C_k} \frac{dC_k}{dt} = 0$$

$$\sum_{k=1,6} \frac{\partial \dot{r}}{\partial C_k} \frac{dC_k}{dt} = F_e = \nabla R = \frac{\partial R}{\partial r}$$

到目前为止，体现的是常数变易法的内涵。

这两组方程，如果按$r=[x\ y\ z]$展开，是一个6×6的线性方程组。只要知道二体问题中位

置、速度对轨道根数偏导数这6×6个系数，就可以求解。

（2）但是这6×6个系数求解过程均涉及超越方程，求解十分困难。拉格朗日利用了对称性，他将上述两组方程分别与$[-\partial\dot{r}/\partial C \; \partial r/\partial C]$进行点积（逐项相乘后求和），每次运算得到一个方程。这里的巧妙之处是第一组方程用的是位置变量，但与之相乘的是速度，第二组方程中与速度变量相乘的是位置。将C从1~6遍历，便得到了6个新方程（其中的点号代表点积）。

$$\sum_{k=1,6}\left(-\frac{\partial r}{\partial C_k}\cdot\frac{\partial\dot{r}}{\partial C_j}+\frac{\partial\dot{r}}{\partial C_k}\cdot\frac{\partial r}{\partial C_j}\right)\frac{\mathrm{d}C_k}{\mathrm{d}t}=\frac{\partial R}{\partial r}\cdot\frac{\partial r}{\partial C_j}=\frac{\partial R}{\partial C_j}$$

可将括号内算式简写成更紧凑形式，这就是拉格朗日括号记号：

$$\left[C_j,C_j\right]=\frac{\partial\dot{r}}{\partial C_k}\cdot\frac{\partial r}{\partial C_j}-\frac{\partial r}{\partial C_k}\cdot\frac{\partial\dot{r}}{\partial C_j}$$

现在原6×6个系数变成了新的6×6个系数，而且显然这些系数是反对称的，因此系数减少到了15个。

而且进一步推导发现，再一次利用常数变易的前提，即f和g两个函数仍满足二体问题的解，可以得到$\frac{\partial}{\partial t}\left[C_j,C_j\right]=0$。

（3）因为拉格朗日括号取值与时间无关，因此任何时刻的$[C_j,C_j]$，可以选择其他点求解，有理由相信近地点附近的表达式更简单。这里的近地点是瞬时椭圆近地点，考虑一个按二体运动运动到近地点，一个按真实摄动轨道运动到附近一点，求解点应该是后者，但我们暂不了解其确切方程，一个方法是对前者进行泰勒展开，并忽略平近点角的二阶及高阶小量。

在求解中，先将瞬时椭圆轨道先绕Z轴旋转，使升交点赤经为0，然后沿新的X轴旋转，抵消轨道倾角，再沿新的Z轴旋转，使近地点与X轴重合。旋转后利用泰勒展开求出的$[C_j,C_j]'$与变换项之和就得到了$[C_j,C_j]$。这个计算过程很繁杂，不再详述。

计算后发现拉格朗日括号中又有9个为0，只剩下6个为轨道根数的简单组合，求解后就得到如下方程：

$$\dot{a}=\frac{2}{na}\frac{\partial R}{\partial M_0}$$

$$\dot{e}=\frac{1-e^2}{na^2e}\frac{\partial R}{\partial M_n}-\frac{\sqrt{1-e^2}}{na^2e}\frac{\partial R}{\partial\omega}$$

$$\frac{\mathrm{d}i}{\mathrm{d}t} = \frac{\cot i}{na^2\sqrt{1-e^2}}\frac{\partial R}{\partial \omega} - \frac{1}{na^2\sqrt{1-e^2}\sin i}\frac{\partial R}{\partial \Omega}$$

$$\dot{M}_0 = -\frac{2}{na}\frac{\partial R}{\partial a} - \frac{1-e^2}{na^2 e}\frac{\partial R}{\partial e}$$

$$\dot{\omega} = \frac{\sqrt{1-e^2}}{na^2 e}\frac{\partial R}{\partial e} - \frac{\cot i}{na^2\sqrt{1-e^2}}\frac{\partial R}{\partial i}$$

$$\dot{\Omega} = \frac{1}{na^2\sqrt{1-e^2}\sin i}\frac{\partial R}{\partial i}$$

这就是拉格朗日在1808年提出的行星运动方程，推导过程中有"流氓"的操作（常数变易法）、也有巧妙的变换（反对称和拉格朗日括号），有"粗暴"的截断（泰勒展开）、也有极其繁杂的计算。即使是理解方程及其推导过程也很困难，拉格朗日又是怎么想到这个方程的呢？分析其中要素：

（1）常数变易最早可追溯到1697年，约翰·伯努利用这个方法去解个别情况下的非齐次方程，经过拉格朗日的发展，常数变易法后成为求解非齐次微分方程的一种标准方法。

（2）泰勒在1712年的一封信里首次叙述了级数展开公式，在1750年左右，欧拉已经将其发展为求解微分方程的标准方法。对于那时候的数学家，用级数方法处理微分方程，可能像我们现在操作鼠标一样正常。

（3）拉格朗日括号，1782年9月15日（给拉普拉斯的一封信，书于1788年出版）拉格朗日在他的《分析力学》中提出了拉格朗日方程，对于位置、速度的对称性有了独到的认识，引入拉格朗日括号就可以理解了。

创新的基础是强大的知识储备，是将知识上升到认识、将认识上升到认知的过程。就像搞航天，如果不能将知识上升到认识，就无法敏感一个眼前的错误；如果无法将认识上升到认知，就遑论开创新的方法和技术。而这些，需要设计人员在日常工作的持续积累，需要管理者营造一种持续积累的环境。

有了方程，下一步是代入摄动引力势。考虑J2摄动，并利用球面上 $\sin\varphi = \sin i\sin(f+\omega)$：

$$R = -\frac{\mu}{r}\left(\frac{a_e}{r}\right)^2 J_2 P_2(\sin\varphi) = -\frac{\mu}{r}\left(\frac{a_e}{r}\right)^2 J_2\frac{1}{2}\left(3\sin^2 i\sin^2(f+\omega)-1\right)$$

解得

$$\dot{\Omega} = \frac{1}{na^2\sqrt{1-e^2}\sin i}\frac{\partial R}{\partial i} = -\frac{3}{2}\frac{1}{na^2\sqrt{1-e^2}\sin i}\frac{\mu}{r}\left(\frac{a_e}{r}\right)^2 J_2 \sin 2i \sin^2(f+\omega)$$

如果$e=0$，则有

$$\dot{\Omega} = -3J_2\sqrt{\mu/a_e^3}\,(a_e/a)^{3.5}\cos i \sin^2(M+\omega)$$

此处M随时间而变。因为它们都近似于周期轨道，可以求平均$\int_0^{2\pi}\sin^2(M+\omega)\mathrm{d}M = \pi$，因此平均值为$1/2$。

代入$J_2=1.082\,63\times10^{-3}$，$m_u=398\,600.44\times10^9$，$a_e=6.378\times10^6$，得

$$\dot{\Omega} = -\frac{3}{2}J_2\sqrt{\mu/a_e^3}\,(a_e/a)^{3.5}\cos i = -2.01286\times10^{-6}(a_e/a)^{3.5}\cos i$$

使用时采用米或千米作为a的单位，得到

$$\dot{\Omega} = -1.318\,89\times10^{18}\,a^{-3.5}\cos i = -4.170\,70\times10^7(a/1\,000)^{-3.5}\cos i$$

参照这种方法，在$e=0$时可以得到$\dot{a}=\dot{i}=0$。但M_0、ω的公式中含有对e的偏导数，无法在退化情况下计算；在e的公式中，e作为分母，也无法计算。

当e不为0时，由于f、r均为关于M的超越函数形式，无法显式写出表达式，可用级数展开。对于周期函数，进行傅里叶展开是最容易的。此处不再详述，对e进行高阶截断后得

$$\dot{\Omega} = -\frac{3}{2(1-e^2)^2}J_2\sqrt{\mu/a_e^3}\,(a_e/a)^{3.5}\cos i$$

类似可以得到关于M_0、ω的公式。

采用摄动法和各种平均根数法来构造小参数方程的幂级数解，原理直观，方法也很简单。但从构造一阶解开始就已经很麻烦，若要给出高阶解，原理上虽无困难，但复杂程度已达到无法实现的境地。另外，有些环节，如用平均根数法构造短周期摄动项的处理，数学上还显得不够清晰。

1843年，哈密顿基于欧拉方程（欧拉用变分法求解最速下降线问题得到的方程）和拉格朗日方程的极度相似性，提出了哈密顿原理。之后，哈密顿把勒让德变换应用到拉格朗日方程，导出了哈密顿正则方程，哈密顿方程就是关于位置和动量的反对称形式，天生适合求解轨道变化问题。在书后的参考文献中，均给出了详细的求解方法。

10.2.3　太阳同步轨道——SAMOS开启的实践

卫星在J2摄动下，升交点赤经会产生漂移，第一颗利用这种效应的是Samos Ⅱ侦察卫星。

早在1951年4月，兰德公司的研究人员完成了两份新报告，分别为"卫星用于侦察"和"利用卫星进行气象侦查的可行性研究"，当航天器飞过地面站上空时，利用无线链路将摄像图像传回地面。1955年3月中旬，赖特空军发展中心发布了第80号总体运行要求（GOR-80），要求工业部门就"战略侦察卫星武器系统"准备建议书，该武器系统被命名为WS-117L。1958年，WS-117项目移交APRA。

SAMOS是希腊一个小岛的名字，起这个名字是为了保密，没有人会将之与侦察卫星联系起来。但很快，大家便认为SAMOS是Satellite Missile Observation System的缩写。艾森豪威尔总统坚持要竖立美国太空计划只用于和平目的的形象，直到1961年秋天，SAMOS的存在和任务目的才被公开承认，但空军并没有公布卫星的详细信息，也没有透露它们在执行任务时到底在做什么。

同期，SAMOS的竞争对手为花冠（Corona）项目，Corona项目为返回式卫星，但前三年可靠性非常糟糕。最初的SAMOS卫星被称为程序101，仅仅是一个测试模型，用于验证光电摄像系统的可操作性。

1960年10月11日，SAMOS I 卫星发射失利，1961年1月31日，SAMOS II 卫星由宇宙神-阿金纳火箭发射进入185 km×175 km、倾角 97.2° 的轨道，稍后卫星自己爬升到474 km×557 km、倾角97.4° 的太阳同步轨道。卫星是一个长6.7 m、直径1.5 m的圆柱体（图10.41），它包括整个阿格纳-阿二级，仪器包括照相和相关测试设备、声学（麦克风密度计）微陨石检测设备、等离子探针和电场仪。

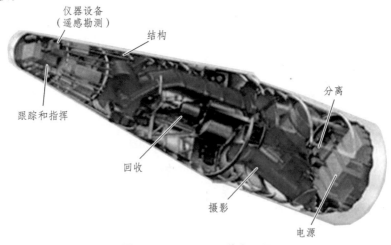

图10.41　SAMOS II侦察卫星

SAMOS卫星为什么选用这样一条轨道呢?

如图10.42所示,如果不考虑摄动,卫星轨道面在空间保持不变(图中红线)。由于地球绕太阳公转,因此轨道面和太阳交角在一年中都在变化。如观测同一个纬度,在春分(3月21日)位置正好,在秋分日(9月23日)将出现迎着太阳的情况。

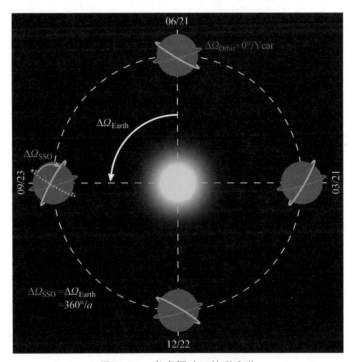

图10.42　考虑摄动下轨道变化

利用J2摄动下卫星轨道面旋转特点,如在一个公转周期内(365.2422日)内正好转一圈,即每秒公转速度为$2\pi/365.242\,2/24/3600$,则轨道面与太阳交角恒定。此时:

$$\cos i = -4.773\,93 \times 10^{-15} (a/1000)^{3.5} (1-e^2)^2$$

如SAMOS II 卫星偏心率为0.006,轨道倾角等于

$$\arccos(-4.773\,93 \times 10^{-15} \times ((6378+557)/1.006)^{3.5} \times (1-0.006^2)^2 = 97.46°$$

为了助记,上述公式可近似写成

$$\cos i = -1.509\,65 \times 10^{-4} (a/10^6)^{3.5} (1-e^2)^2$$

利用泰勒展开,笔者得到了太阳同步轨道速算简化公式:

$$i = 90 + [0.8(h \times 10^{-6})^2 + 3(h \times 10^{-6}) + 5.68](1-2e^2)$$

举个例子，500 km高度圆形太阳同步轨道，轨道倾角近似于90+0.8×0.5²+3×0.5+5.68=97.38°。

这与 $\arccos\left(-1.509\,65\times10^{-4}\times(6.378+0.5)^{3.5}\right)=97.40°$ 仅相差0.02°。从图10.43可以看出，在200~2 000 km轨道高度，在 $e\leqslant0.2$ 时，采用这个拟合公式，误差不超过0.025。

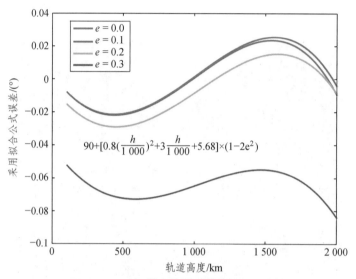

$$90+[0.8(\frac{h}{1\,000})^2+3\frac{h}{1\,000}+5.68]\times(1-2e^2)$$

图10.43　采用快速计算公式求倾角的误差

可将太阳同步轨道不同轨道高度下和偏心率下倾角绘制成图10.44。

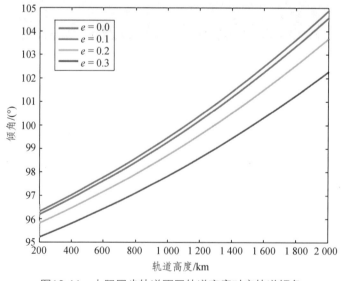

图10.44　太阳同步轨道不同轨道高度对应轨道倾角

对于太阳同步轨道卫星，一般轨道高度大于200 km以减小大气阻力影响，小于1 500 km以避开范艾伦辐射带（范艾伦辐射带的纬度范围是南北纬40°～50°；高度范围分两段：内带1 500～5 000 km，外带13 000～20 000 km）。从图上可以读出，此时倾角在95°～102°。

统计截至2020年5月20日，成功发射的卫星（表10.8和图10.45）：

（1）一共入轨了约1 019颗太阳同步轨道卫星（此处从轨道高度计算了倾角，与公布倾角接近的认为是太阳同步轨道，这种方法将漏掉入轨参数不佳或靠卫星自身变轨的卫星，譬如SAMOS Ⅱ是靠自己爬升上去的，就没有被统计进去）。

（2）这些卫星轨道高度均值为600 km。400～700 km高度占75%，此高度对应轨道倾角正好位于97°～98°。因此，约75%的太阳同步轨道卫星倾角约为97°。

（3）远地点最大对应的轨道高度为1 524 km，为1976年美国发射的NOAA 5卫星。

（4）除去最小的173 km、197 km和199 km，轨道高度均大于200 km，这三个分别对应OPS 5547/OPS 7705和 SAMOS Ⅷ卫星星箭分离点高度，查询发现OPS 7705很快变轨到了500 km高度，OPS 5547服役了两年半，应该也是在发射后不久进行了变轨（未查到相关参数），而SAMOS Ⅷ在一天后失效。

表10.8　太阳同步轨道卫星轨道高度统计（远地点）

轨道高度/km	卫星数量
100～200	3
200～300	16
300～400	17
400～500	206
500～600	391
600～700	166
700～800	97
800～900	82
900～1 000	14
1 000～1 100	10

续表

轨道高度/km	卫星数量
1 100 ~ 1 200	4
1 200 ~ 1 300	2
1 300 ~ 1 400	0
1 400 ~ 1 500	8
1 500 ~ 1 600	3

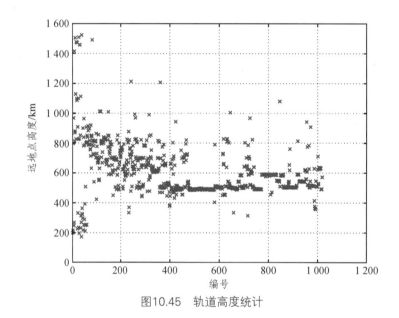

图10.45　轨道高度统计

　　采用太阳同步轨道，一是太阳视线与卫星轨道平面的夹角基本不变，可以保持太阳光从同一个角度照射，且此时卫星正好也在太阳照射下，太阳能电池可以充足供电而不会中断，二是轨道高度200 ~ 1 500 km时，轨道倾角为96°～102°，还兼有极轨道的特点，卫星绕地球转，可以俯瞰整个地球表面，这些对照相侦察卫星、气象卫星、资源卫星都很有利。

　　由于太阳同步轨道不是地球静止轨道，其星下点不固定，卫星绕地球一圈后并不能回到原观察点。此外，生活经验也告诉我们，即使同一个地方，在夏天和冬天，太阳照射角度也是不同的，如冬天太阳可以照入室内很远，夏天就不会。因此我们不能说，当卫星每次飞越某地上空时，太阳都是从同一角度照射该地。

更准确的表述是：卫星每次飞越同一纬度时的地方时相同（包含了两地时差），对于平太阳，太阳高度角相同。

这里的太阳高度角指的是平太阳，它是个假设的产物。因为地球绕太阳旋转速度不均匀，以及黄赤交角存在，太阳的运动轨迹并不均匀，我们在研究时会假设存在一个在天球赤道上均匀旋转的太阳，这个假设太阳在1年后会与真太阳重合。

每天固定时刻记录下太阳位置，将一年轨迹绘制出来，这就是日行迹（图10.46）。用公式语言，日行迹就是地固坐标系下太阳的经纬度。

图10.47所示为实拍的日行迹。

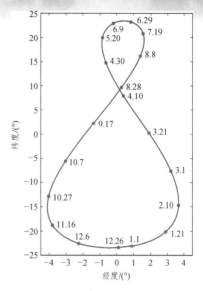

图10.46　日行迹

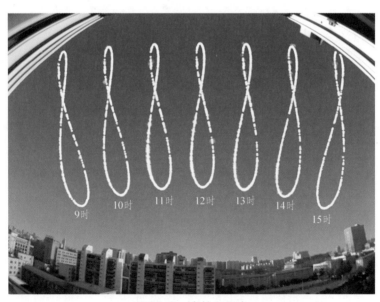

图10.47　实拍日行迹

日行迹的纵坐标代表了一年中不同时刻太阳高度角的变化，如赤道上空太阳高度角在 $90° \pm 23.4°$ 变化。即一年中太阳高度角并不一致，变化范围也不算小。

当然，对于很多应用，如果轨道绕几圈后能持续观察同一个地点更好，这只需要轨道环绕地球圈数与地球旋转圈数可公约，这样的轨道称为回归轨道。如图10.48所示，图中横坐标为圆轨道高度，纵坐标为回归天数，点上的数字代表回归时卫星绕地球旋转的圈数。

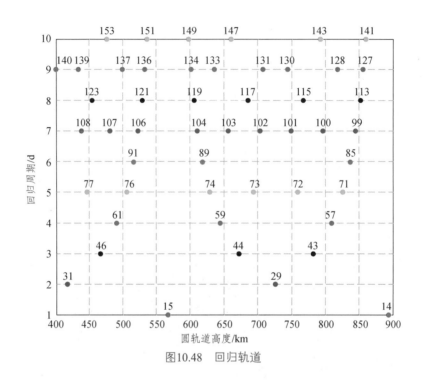

图10.48　回归轨道

还有没有其他利用摄动的轨道形式呢？在以往行星运动的分析中，并被观测所证实的有两类摄动：周期摄动与长期摄动。前者周期性地在椭圆轨道两侧摆动，即其轨道根数在某个平均值两侧起伏变化，后者的特征是对无摄动运动的偏离不断上升，即轨道根数大小不断减小或加大。对行星的观测发现，行星的轨道根数中只有两个：升交点经度和近地点辐角有长期变化。

譬如一切行星轨道的升交点都"退行"，譬如地球的春分点一直在西移。除此之外，行星的近日点也在运动，运动最快的是土星轨道的拱线，它运行一周需5.7万年，木星近日点运动速度只有其1/6，运行一周需35万年。在人造地球卫星上，利用近日点运动的卫星轨道是冻结轨道，此处不再详述。

11 发动机和推进剂

11.1 新型发动机循环——让商业航天变得更容易

重型猎鹰火箭首飞成功后，掀起了讨论的浪潮，大家都在探讨：谁是中国的SpaceX？我们离埃隆·马斯克有多远？

我们离埃隆·马斯克有多远，谁都不知道；谁是中国的SpaceX，谁都不知道。

太远太远了，一时半会儿看不清。

但也许有个小目标是可以实现的，要不要？

2018年1月21日，美国Rocket Lab公司自主研制的"电子号"运载火箭第二次发射试验，成功将3颗立方体卫星送入了预定轨道。

我们自然关心，他们的发动机是从哪儿来的？以下摘自Rocket Lab官网：

Lachlan Matchett is responsible for all propulsion activities at Rocket Lab. This includes all orbital propulsion systems including the Rutherford sea level and vacuum engines. Lachlan was responsible for the initial design of the Rutherford engine and has managed the development of the engine from concept through flight qualification and production.

Matchett作为Rocket Lab公司发动机部门的负责人，虽然一手创造了本章的主角——"卢瑟福"（Rutherford）火箭发动机，但与TR-106发动机负责人，自家车库造机小能手汤姆·穆勒（SpaceX公司发动机部门负责人）自带光环相比，Matchett太青涩了。经历简单，新西兰坎特伯雷大学机械工程本科，电子工程硕士，进Rocket Lab公司负责发动机研发至今。真怀疑他工作之前是否见过发动机，现在还要造发动机，而且居然成了。Matchett今年只有31岁！肯定是天才，叹服之余，咱们也看看天才用的方法，有没有地方值得借鉴。

11.1.1 发动机性能影响因素

在同种推进剂、同等效率下，发动机性能受两个因素限制。

因素一：推力室室压越高，推力室比冲越高

理想火箭发动机比冲基本上与喷管排气速度成正比，为喷管进出口压比p_1/p_2，进口绝对温度T，以及生成气体比热比k、摩尔质量M的函数。图11.1中，实线簇为进出口压比为40时的比冲曲线，虚线簇为进出口压比为15时的比冲曲线。再固定分子量、比热比，比冲和压力的关系如图11.2所示。可以看出，压比越大比冲越高。因此，比冲随室压的增加或出口压力的降低而增加。

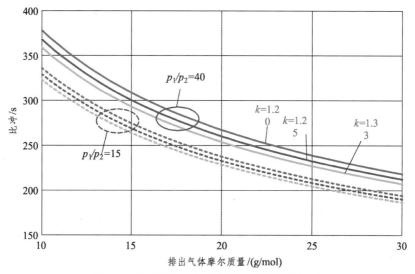

图11.1 发动机比冲与燃气摩尔质量之间关系

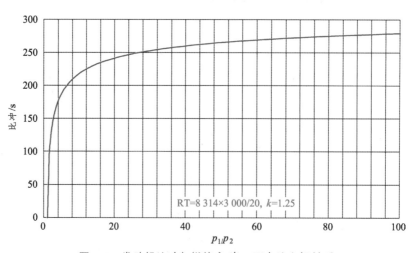

图11.2 发动机比冲与燃烧室/出口压力比之间关系

因素二：水往低处流

推进剂流动均是从高压向低压流动，如希望有高推力室压力，在不存在提压装置的情况下，需要发动机入口压力更高，贮箱压力更高。

没有任何提压装置的动力系统即挤压式动力系统（图11.3），而规模较大的液体火箭动力系统，均采用泵压式动力系统（图11.4）。

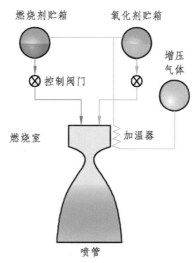

图11.3　挤压式发动机原理

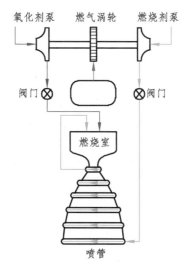

图11.4　泵压式发动机原理

挤压式系统的高压由整个贮箱承受，而泵压式系统通过涡轮泵这一点的提压，将对全局的需求集中到局部或单点区域。再集中力量对局部单点技术攻关并取得突破，从而大幅提升整个动力系统的性能。历史上，涡轮泵技术曾经出现三次大的突破，这几次突破均与涡轮的能量来源有关，分别是外部燃气发生器、燃气发生器、分级燃烧和电泵驱动（图11.5）。发动机性能越来越强的同时，也越来越复杂。

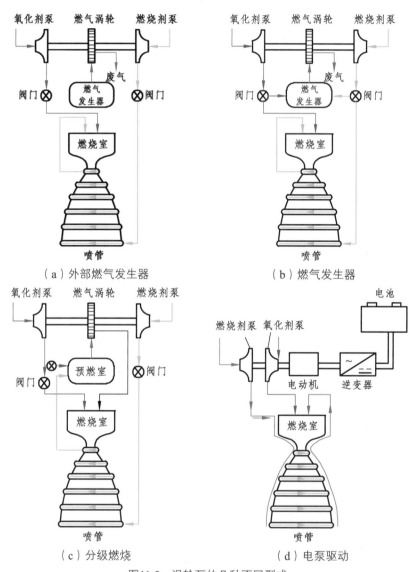

图11.5　涡轮泵的几种不同型式

11.1.2 发动机性能的三次突破

第一次突破——外部过氧化氢驱动涡轮

无论是齐奥尔科夫斯基书中的草图（图11.6，1903年），还是戈达德的专利（1914年，专利号1103503）都留下了泵的位置（图11.7）。泵的完整实现则在V-2——现代火箭的鼻祖。

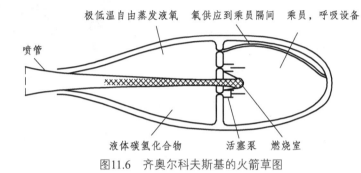

图11.6　齐奥尔科夫斯基的火箭草图

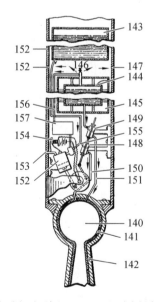

图11.7　戈达德的发动机专利（148,149分别为燃料和氧化剂活塞泵）

冯·布劳恩设计V-2导弹时，发现将推进剂输送到发动机时，承受高压的贮箱将变得非常重，可供选择的方法是用一种靠轻型蒸汽涡轮机驱动的涡轮泵，但对涡轮泵的高要求（高流

量高压、简单轻便、启动快、运行稳定）看上去有点令
人生畏。冯·布劳恩参观了一个泵生产厂并将他的指标
交给厂家，原想工厂的设计人员会抗议他无法实现的要
求。然而，设计人员说他要求的是消防队员用的泵，现
存的泵就基本能满足需要。

在冯·布劳恩的设计中，驱动泵的蒸汽涡轮机不难
制造，过氧化氢就可以产生一股强劲的高压热流去驱动
涡轮机，它结构简单，启动速度快，效率也不低，完全
可行，而且看起来很完美（图11.8）。

图11.8　V-2导弹涡轮泵

科罗廖夫的R-7中，格鲁什科的RD-107和RD-108发动机使用的就是这种方式，但又稍有不
同。V-2采用了高锰酸钾溶液作为催化剂，而且采用氮气挤压两种溶液，在RD-107/108中采用
了固体催化剂，过氧化氢则采用涡轮泵分出的动力驱动，集成度更高。

第二次突破——自持开式循环

驱动涡轮泵除采用外部能源外，为什么不能用发动机自身使用的推进剂呢？

北美航空公司在设计纳瓦霍的发动机XLR-43-NA-3时，采用了推进剂燃烧的燃气驱动涡轮
泵，以省去过氧化氢。采用这种设计的发动机称为"燃气发生器循环"发动机。"燃气"是相
对于过氧化氢说的，因为工质是推进剂燃烧产物而不是分解产物。由于燃烧产物经涡轮喷嘴膨
胀后排到发动机外，称为开式循环。

在巡航导弹研制的初期，美军也曾尝试过用目前技术仍然有着困难的超音速巡航导弹，
这便是纳瓦霍，西方历史上最具神秘色彩的一种飞行器。美军先后共投入了7亿美元用于纳瓦
霍的开发研制，虽然后来由于弹道导弹的服役和纳瓦霍本身的技术缺陷，它并没有投入使用，
但在美军第一代4种巡航导弹中，纳瓦霍是最具有意义的一种。为纳瓦霍发展研制的大推力液
体助推火箭除了成功地运用于后来的美军第一代弹道导弹——雷神、宇宙神、红石以及丘比特
外，还为美国的大型空间运载火箭的研制作出了重要的贡献。而专门为纳瓦霍研制的高精度惯
性导航系统则直接应用于美国第一艘核潜艇鹦鹉螺号在北冰洋冰盖下的导航，美国海军后期发
展的A3J-1也采用这种高精度的惯性导航系统。北美航空公司在研制纳瓦霍中积累了大量的关
于超音速飞行器的研制经验，随后成功地开发了AGM-28大犬超音速空地导弹，而且纳瓦霍的
研制壮大了北美航空公司的火箭动力系统分公司，为其研制终极轰炸机XB-70以及XF-108打下

了坚实的基础。所以，美军的官方文件直接将纳瓦霍认定为美军空间领域的里程碑。

图11.9所示为XLR-83-NA-1，由三台XLR-43-NA-3推力室并联，但燃料由酒精改为煤油，每个推力室采用单独的涡轮泵，三个推力室共用一个燃气发生器。

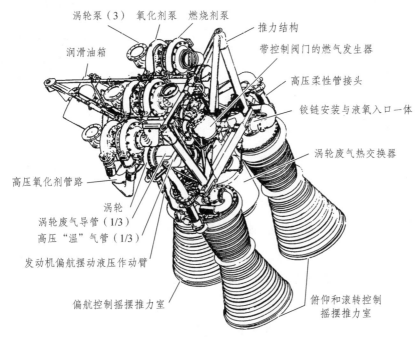

图11.9 三台推力室并联的XLR-83-NA-1

此循环的本质特征是"自持"，推动涡轮泵的工质来自燃气发生器，而燃气发生器的工质又是涡轮泵后引出的一小股。这在逻辑上产生了精妙之处，发动机怎么启动？只能依赖外部能源快速启动（通过外部能源先让涡轮转起来）或箱压下慢速启动（箱压下推进剂挤入发生器，驱动涡轮转一点，带动推进剂多进入一点，从而缓慢地到达额定工况）。

由于自持的特征，系统耦合程度加强，这样多次启动就再也不像挤压式系统那样，是件自然而然的事情了。

第三次突破——自持闭式循环

由于"燃气发生器循环"发动机涡轮工作流体经涡轮喷嘴膨胀后排到发动机外，造成1%～5%的浪费（萨顿，《火箭发动机基础》），且室压越大浪费越大。苏联功勋火箭工程师阿列克谢·伊萨耶夫（Alexey Isaev）于1949年首次提出了分级循环发动机的基本概念，即将燃气发生器中的气体送入燃烧室继续燃烧，因此称为闭式循环（闭式循环还包括膨胀循环等）。此时，室压可大幅提高，而且性能无浪费。

图11.10　11D33发动机

20世纪50年代末，伊萨耶夫的助手梅尼科夫（Melnikov）以分级循环原理为基础，研制了11D33发动机（S1.5400，图11.10）[①]，用于科罗廖夫闪电号火箭的第三级，这也是苏联第一款真空多次启动的发动机，发动机和火箭于1960年10月10日首飞失败，1961年2月4日第三次飞行取得成功。几乎同时，库茨涅佐夫开始为科罗廖夫的"全球导弹1号"（GR-1）研制NK-9闭式循环发动机，后来库茨涅佐夫以NK-9为基础，引入分级循环方式研制了NK-15发动机，并成为N-1火箭的一二级动力。切洛梅与科罗廖夫GR-1竞争的UR-500（后发展为质子号）则采用了格鲁什科的常规推进剂分级燃烧发动机RD-253。

分级燃烧代表了目前泵压式发动机设计的最高水平，其功能高度集成，效率达到最高的同时，对材料要求、设计复杂程度也达到最高，发动机自身耦合程度达到最深。

以苏联最强大的全流量分级燃烧循环RD-270（8D420）为例：从1967年10月至1969年7月，RD-270发动机进行了27次点火测试，但并没有产生令人鼓舞的结果，所有的测试都有紧急情况出现。软件联调难度非常大，试验了22台发动机，其中3台发动机进行了2次试验，1台进行了3次试验。9次测试中，发动机终于进入了预想中的工作模式，最高室压达到25.5 MPa（另一种说法，004号发动机室压达到了约20 MPa，但只在这种工作模式下持续了2 s）。可以肯定的是，发动机运行过程中不稳定的问题没有被解决。

新的能量来源——电泵循环

2018年1月21日，美国Rocket Lab公司"电子号"火箭第二次发射终获成功。电子号火箭是世界上首个采用电驱动推进剂泵的运载火箭，也是全球首个采用3D打印发动机的火箭，意在为小卫星市场带来高频率的专用发射机会，消除目前搭载发射方式所受到的发射时间和发射

---

① https://en.wikipedia.org/wiki/S1.5400.

轨道等种种限制。

电子号火箭（图11.11）是一款小型二级运载火箭，全长17 m，直径1.2 m，起飞质量10.5 t，500 km太阳同步轨道运载能力为150 kg，也可以将较重或较轻的卫星送入较低或较高的轨道，如其45°倾角近地轨道最大运载能力为225 kg。

火箭一级采用9台卢瑟福发动机（图11.12），二级采用1台真空型卢瑟福发动机。发动机涡轮泵均由锂电池提供电能，每台采用各37 kW电机分别驱动煤油和液氧泵到40 000 r/min，一级9台发动机使用18台电动机，所需电池功率超过1 MW[①]。

图11.11　电子号火箭

图11.12　卢瑟福发动机

这是一种特别创新的循环方式，当然此种方式的固有缺点为电泵功率不足，以及电池的死重。

从电机和逆变器功率密度看，74 kW电机、逆变器总质量为10～20 kg。电机功率与铜线线径有关，功率大要求线径大。发动机工作时泵的功率十分惊人，如F-1发动机为46 MW，RD-170为190 MW，远不是卢瑟福发动机区区74 kW电机可比的。

对于电池的功率密度和能量密度均有要求。功率密度是指在任意时刻将泵驱动起来所需的瞬时功率，单位为千瓦（kW），能量密度是指泵长时间运行所需要的总能量，单位为千瓦

---

① https://en.wikipedia.org/wiki/Rutherford_（rocket_engine）.

时（kW·h）。就像电器的功率是100 W，指的是功率密度，10 h总耗电1 kW·h，指的是能量密度。功率密度代表的是能驱动泵的爆发力，能量密度是指长时间运行的耐久力。电泵循环中所需电池的重量为所需爆发力和耐久力的最大值，锂电池耐久力强但爆发力弱，电容则正好相反。典型电池能量和功率密度如图11.13所示[①]。

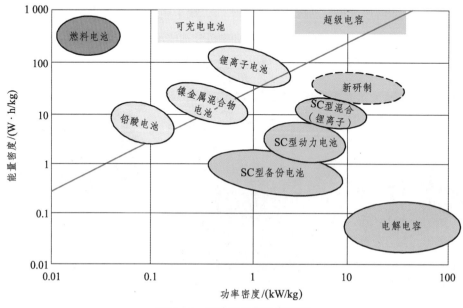

图11.13　电池能量和功率密度

卢瑟福发动机采用了锂聚合物电池，电池能量密度按100 W·h/kg，功率密度按1 kW/kg计算。有如下结论：

（1）在100×3600/1000=360 s飞行时间内，电池的功率需求高于能量，因此电池的设计准则为功率设计。

（2）74 kW电机需要电池质量为74 kg。

（3）一般一级发动机工作时间约150 s，则电池能量密度/功率密度=150×1000/3600=41，在图11.13中画一根斜率为41的直线，可以发现超级电容为更合适的选择，此时电池质量降低到约2 kg。

---

① Wikipedia. Source of Figure – Ragone plot showing power density vs. energy density. https://en.wikipedia.org/wiki/Supercapacitor（2013）.

11.1.3 对电泵循环的研判

机械只要具备电气化能力，就具备了快速迭代发展，进一步发展壮大的可能性。这种方式的固有缺点为电泵功率，以及电池的死重，但随着技术进步，效率明显提升。这种循环方式尤其适合尚缺乏经验的商业航天公司，理由如下：

（1）类挤压式设计取得闭式循环动力性能，旧状态在新技术下焕发新生。

将V-2发动机的循环方式视为第一代，燃气发生器开式循环视为第二代，分级燃烧等闭式循环视为第三代。卢瑟福发动机定义了全新的循环方式——电泵循环，它集中了挤压式简单、泵压式易使用、闭式循环高性能的特点，是对第一代循环方式的回归和螺旋式前进，旧状态在新技术下焕发新生。

一是系统设计、调试简单。推进剂直接流过涡轮泵进入燃烧室，无复杂回路，发动机的简洁程度几乎可与挤压式动力系统媲美，无第二、第三代循环的副系统，液路无反馈回路，系统启动、关机匹配特性简单。

二是发动机性能高。在对贮箱压力要求上，挤压式>分级燃烧循环>燃气发生器循环=电泵供应循环；在发动机性能上，分级燃烧循环>电泵供应循环=挤压式>燃气发生器循环。电泵供应循环动力系统性能综合较优。

三是易维护使用、易扩展。与第一代循环方式相比，电泵无过氧化氢加注、排放环节，发动机易使用；与第二、第三代循环方式相比，由于电气系统容易控制的突出优点，电泵循环可以比较容易地实现多次启动、工况调节等功能，可为火箭全局优化提供极大便利。

（2）动力系统关键组件创新，为商业航天指明了发展方向。

从卢瑟福发动机和SpaceX的梅林发动机可以看出，商业航天使用的发动机在关键组件上均有所创新。梅林发动机不追求单方面高性能，而是采取全局观点，以新材料广泛应用、高推重比和高膨胀比实现全箭性能优化，以燃气发生器循环的快速迭代促进火箭迭代，以变推力和多次启动实现芯级返回促进产业发展。而Rocket Lab在人员、资源保障力度远不如SpaceX的情况下，另辟蹊径，采用新型涡轮泵驱动方案，解决了最为关键的发动机问题，体现在以下方面：

一是技术风险可控、验证成本可控。发动机循环方式简单，对设计、材料要求均较低。与汤姆·穆勒相比，Lachlan Matchett无太多名气，甚至全无发动机设计经验，却完成了发动机研制并取得飞行成功，既是个人拼搏的成果，更是技术创新的胜利。

二是广泛采用3D打印技术，生产效率极高，并为低成本、产品质量控制提供了新途径。卢瑟福发动机大量采用3D打印技术，将发动机生产时间由月降到天的量级，降低了火箭成本。同时，由于无太多靠人工保障的环节，产品质量控制较为简单，为商业航天公司节约了大量人力和物力成本。

三是性能提升，由封闭在系统内部拓展到直接吸收外界成果。发动机系统集成度高、研制复杂，技术改进一般均由研制单位自行完成，难以直接应用最新技术成果。发动机性能提升呈现阶跃式特点，即很长时间无进步，突然在型号立项研制牵引下快速进步。而卢瑟福发动机的核心和瓶颈，包括电池组和驱动电机，则可与全球最新科技成果无缝对接，既节约了研制成本，又可保证发动机性能的持续提升。

电泵循环无法达到燃气的功率和能量密度，当前电池水平更限制了推进系统的效率，目前仅适用于小型火箭或某些特殊场合。

那么，这种方式是不是具备成熟经验的航天企业的发展方向呢？考虑其固有缺点，尤其是现阶段储电能力的限制，尚无法大规模使用，但也许可在短时间或小空间场合开展预研或研制，既规避了电泵循环能量和功率密度小的缺点，又充分利用了其配套简单，控制灵活的优点，达到四两拨千斤的效果。（短时间指不在全程使用，此时可充分发挥超级电容功率密度大但能量密度不大的特点，小空间指不用在主泵而是更小功率密度的场合，这是锂电池适合发挥的场合。）

一是对于燃气发生器或预燃室副系统推进剂，可采用电泵循环方式供给。副系统流量小，所需电池功率、能量，以及电机规模都很小，易于实现，而且可打破原回路中的深度耦合环节，提高发动机控制的灵活性。

二是对于发动机启动、射前增压、补压等涉及推进剂的一次性动作环节，可采用电泵循环方式输送。由于工作流量不高，工作时间短，对电气规模要求小，而且可利用电气系统修改、调试方便的特点，灵活匹配全箭时序。

11.1.4 结束语

当埃隆·马斯克开启了SpaceX和Tesla两个方向，并在天下和地上两个运输领域均取得颠覆的同时，观察其演进道路，有个有趣的现象，就是颠覆都和动力系统创新相关。

在SpaceX公司，埃隆·马斯克的梅林发动机应用了非常常规，甚至平庸的燃气发生器循环，但通过将变推力用到极致，对整个行业进行了降维打击。

在Tesla公司，埃隆·马斯克选择了电动汽车方式，规避了自身在传统汽车发动机领域缺乏积累的劣势，一举打入汽车领域。通过电池管理系统核心技术研发，并公开专利拉拢传统汽车企业共同参与电动汽车生态圈的建设，来解决当前电池瓶颈问题。

电子号火箭定义了火箭发动机领域创新的循环方式——电泵循环，大幅降低了技术门槛，一举跨入自主研制并具备入轨能力的运载火箭厂商行列。技术上简单类比一下，Rocket Lab就是火箭领域的Tesla。

与SpaceX这个大目标相比，商业航天公司有Rocket Lab这个小目标是可以实现的，是不是？

11.2 载人龙飞船逃逸系统测试故障的常识与演进

11.2.1 载人龙飞船逃逸系统测试故障概述——固液对比问题的引出

北京时间2019年4月21日凌晨，SpaceX公司在肯尼迪航天中心LZ-1的简易试车台对回收不久的载人龙飞船进行静态点火测试，结果测试过程中突发异常（官方原文"anomaly"）。具体损毁情况各种说法皆有，但很大可能飞船是"原地爆炸"了，整船皆毁，再遇重挫。

众所周知，逃逸系统是保护航天员在火箭出现极端情况（爆炸或解体）下安全离开火箭返回地面的最后保命手段，需要极高的可靠性和安全性。

2018年10月11日，联盟-FG载人火箭助推分离时，一个助推器剐碰到芯级（图11.14），火箭自动启动弹道中止模式（由于之前逃逸塔已分离，属于高空逃逸），13 min后飞船带着两名宇航员安全着陆在发射场400 km外。载人航天，第一要务就是安全，必备一套安全救命的发射逃逸系统，航天飞机就是因

图11.14 联盟-FG火箭故障效果图

为没有逃逸系统，两次飞行失利，共造成14位宇航员遇难。

逃逸系统的发展经历了弹射座椅，也经历了大家常见的固体发动机方案。采用液体动力，虽然不是SpaceX首次提出，但确实是SpaceX最先实现的，结果偏就出事了。另外一个实现是波音公司的CST-100 Starliner飞船，其液体动力在2018年7月的测试点火时也泄漏了，导致飞船首飞一再推迟。

为什么成熟的逃逸系统要用固体火箭作为主要的动力形式，而载人运载火箭又要用液体火箭作为主动力的主要形式呢？

11.2.2　固体推进简史和固液对比——逃逸系统需求与固体推进优点完美契合

世界上的第一枚火箭是固体火箭，1390年，万户把47个自制的火箭绑在椅子上，自己坐在上面，双手举着2只大风筝，然后叫人点火发射。他设想利用火箭的推力，加上风筝的力量飞起，不幸火箭爆炸。

世界上第一枚现代火箭是液体火箭，1942年，在德国波罗的海海岸边的佩内明德，V-2液体导弹飞到了96 km的高空。薄膜冷却、再生冷却等方式的应用，解决了火箭发动机燃气温度高的突出问题。在此基础上，形成了推力680 t的F-1发动机，托举土星5火箭于1969年登上了月球。

与液体相比，固体火药会以突然爆发的形式燃烧，但用于火箭时必须缓慢燃烧。直至1940年，冯·卡门发明了一套公式，揭示该怎么干下去。但固体燃料仍被证明不适合应用，因为它们在贮存时会形成导致爆炸的裂纹。化学家帕森斯意识到固体火药大多数是粉末状，性质脆弱容易裂化，他使用沥青作为融合剂（沥青和高锰酸钾混合物）制成的固体推进剂就不会裂化。当然，在炎热的天气它有软化的趋势，要求待用的火箭在贮存时喷嘴朝上。因此，开始的固体导弹很小，实验室开始的"列兵（private）"导弹仅长2.4 m。

1954年，大西洋研究公司科学家发现将聚硫橡胶、氧化剂与铝粉混合，可以聚合成有弹性的固体，得到的推进剂比冲大幅提升。

同时，贴壁浇筑、内孔燃烧的装药，即火药从原来的端面向前燃烧，改为从中心往两边燃烧（图11.15），避免了壳体与燃气的长时间接触，大幅减轻壳体的质量，使得固体发动机向大尺寸、长时间工作方向发展，扩大了其应用范围。

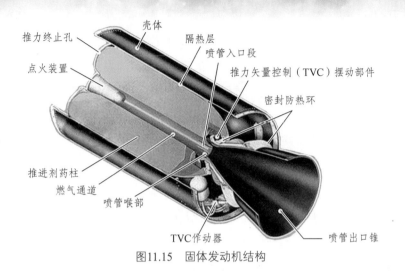

图11.15　固体发动机结构

到了1965年，通用喷气飞机公司试车的固体发动机直径3 m，推力达到270 t，洛克希德公司的直径4 m，推力540 t，聚硫橡胶化学公司的推力达到1 350 t。

1966年，在NASA支持下，通用喷气飞机公司直径6.6 m的发动机点火成功，发动机推力2 550 t，喷向空中的火焰高达2 km，在160 km外都能看到。为将这台发动机点火，需先用1台2 t的发动机点燃另一台110 t发动机，形成24 m长的火焰点燃固体推进剂表面。

航天飞机使用了两台各1 300 t推力的助推器，是至今飞行过的最大的固体发动机。药柱由氧化剂（69.93%高氯酸铵）、燃料（16%铝粉）、催化剂（0.07%氧化铁）、黏结剂（12.04%多聚物）和固化剂（1.96%环氧树脂）组成。

与液体推进剂相比，固体推进剂存在如下优点：

（1）使用方便，是战略武器的首选。

（2）结构简单，不需要专门的增压输送、阀门等结构。

（3）由于零部件少，可以达到很高的可靠性高，统计数据表明，在15 000次各种型号的固体火箭发动机试验中，可靠性达到了98.14%。

（4）此外，固体的密度更大，制成的火箭体积较小。

但固体存在如下几个缺点：

一是比冲低。从双基推进剂到现在的复合推进剂或改型双基推进剂，海平面比冲已经从1950年的200 s提高到现在的270 s左右，但比冲仍达不到液体推进剂的标准，使得其作为上面级推进剂先天不足。

二是工作时间较短。受热部件通常没有冷却，在高温、高压和高速气流条件下只能短时间工作，虽然可以采用耐热材料和各种热防护措施，但与液体发动机自带推进剂冷却相比，工作时间仍受较大限制。此外，受装药尺寸限制，燃烧时间不能太长，最长的也仅一百多秒，与液体推进剂的几百秒，甚至上千秒没法比。

三是可控性差，固体发动机一经点燃，便只有自动地燃烧到工作结束，不能根据当时的需要改变推力的大小，只能按照预定的推力方案进行工作，也难以实现多次启动。

固体发动机最适宜短时间大推力的任务。在宇航应用中，可作为起飞助推器，用于短时加速；可作为启动涡轮的燃气发生器，用于短时大功率启动；也常常用来作为飞行救生、弹射座椅的应急动力。

逃逸系统需要加速快、工作时间短、短时推力大、高可靠和高安全，这些全是固体发动机的优点。如联盟-FG的12台逃逸主发动机总推力80 t，工作5 s，以10 g 的加速度，把整流罩及轨道舱、返回舱迅速拉离运载火箭约1 km。

因此成功的载人应用，无论是联盟-FG飞船（图11.16）、神舟飞船（图11.17）、阿波罗飞船（图11.18），乃至猎户座飞船（图11.19和图11.20）的逃逸，均采用了固体发动机逃逸塔。

图11.16　联盟-FG火箭逃逸发动机

图11.17　神舟飞船零高度飞行试验

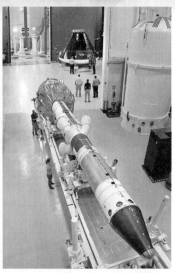

图11.18　阿波罗飞船的发射台逃逸试验　　图11.19　猎户座飞船的逃逸塔

图11.20　猎户座飞船逃逸系统效果图

那么，载人龙飞船的逃逸系统为什么要背离常识，采用液体动力呢？是因为原始创新吗？笔者妄自揣测，还真不是。

我们来看看联盟号飞船的逃逸过程，它分为6个步骤（图11.21）。

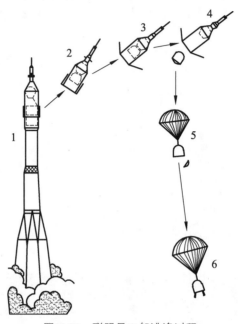

图11.21　联盟号飞船逃逸过程

（1）火箭出现故障。

（2）逃逸救生塔点火，整流罩上部结构分离，爆炸螺栓起爆，使飞船与仪器舱分离，救生塔将整流罩、轨道舱和返回舱拉离火箭。控制发动机点火，使被营救系统转弯脱离飞行轨道。

（3）4个栅格翼展开，使组件气动稳定。

（4）返回舱与轨道舱脱开，分离发动机点火，返回舱从整流罩中脱出下降。

（5）打开应急降落伞，同时抛弃返回舱底部防热底盖。

（6）利用反推火箭点火缓冲，实现在距发射台约3 km处安全着陆。

过程比较复杂，涉及的产品包含主发动机、控制发动机、栅格翼、分离发动机、降落伞、反推火箭。

而对于载人龙飞船，利用总推力60 t的8台液体发动机，出现故障时，发动机点火（图11.22），飞船无须使用降落伞，仍采用发动机点火，像猎鹰9芯级返回那样落地，动力系统配置简练。

图11.22　载人龙飞船逃逸发动机

8台发动机，利用猎鹰9号反推返回已经突破的关键技术，逃逸、返回一肩挑，真正的一体化设计！

假设SpaceX对成果进行报奖，可以这么写：弹射座椅是提高宇航员安全的第一次飞跃；而逃逸塔相当于把弹射座椅上面的固体火箭发动机变大，挪到飞船外面，让宇航员从野外进入房子中，是逃逸技术的第二次飞跃；我公司通过技术再创新，实现逃逸、返回的一体化设计，首次具备了逃逸塔分离后的全程逃逸能力，是逃逸技术的第三次飞跃。

听起来很美，但是NASA怎么就是不同意这种方案呢？

NASA一直都在质疑，先是砍掉了反推返回设计，认为其风险性不足以弥补代替伞降的优势，但对于逃逸本身并未公开表态过。但不表态不代表支持，在发射台逃逸试验中，一台逃逸发动机关机不及时，为此NASA进行过额外的专项审查。

11.2.3　液体推进与一体化设计——升维将设计指向一个新的平衡点

与固体动力只能按照预定的推力进行工作相比，液体动力大范围节流变推力能力，为升维提供了技术基础。这个技术基础也促成了SpaceX公司在经济性和创新性上的追求。

如果考虑安全性、经济性（创新性）两个维度，画出一个坐标系。当仅有可靠性一个维度时，图11.23中红色圆圈位置就是系统的最优化值，而仅有经济性一个维度时，图中绿色圆圈位置就是系统的最优化值。当综合考虑两个维度时，系统的最优化值将处在蓝色前缘上，并且不再是一个确定值，而是随着对两个维度的认识和权重而变动。

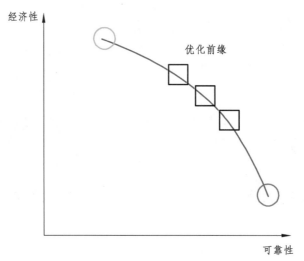

图11.23 同时考虑可靠性和经济性下的优化

NASA心里的天平更靠近红色圆圈。NASA对于这批商业飞船有着极端苛刻的安全性要求，远高于人类历史上所有载人航天器，原有乘员损失率要求高达1/1000（1000次任务死1人），后降低要求到1/270，仍然非常之高，详见图11.24[①]。

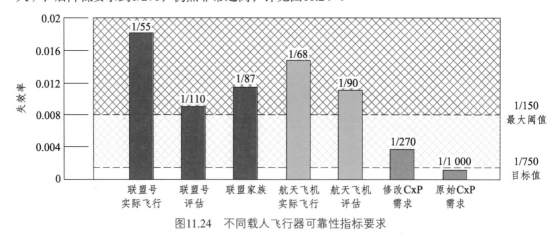

图11.24 不同载人飞行器可靠性指标要求

① LUTOMSKI M G . Estimating the Loss of Crew and Loss of Mission for Crew Spacecraft. 2011.

针对载人任务，千万别说技术进步是需要付出代价的，因为这是生命的代价。在生命面前，哪怕为了0.1%的追求，也是值得的。或者说，对于载人任务，优化的平衡点其实特别好找，就是图11.23中的红色圆圈。

在理论上，从系统复杂程度，固体动力的短时高可靠特点，与逃逸系统完美契合；从系统涉及环节，固体动力为开环控制过程，环节少，SpaceX的液体动力方案为闭环控制过程，涉及环节多。这些注定了理论上固体动力逃逸可靠性更高。

在实践上，今天，SpaceX一次次取得成功，特别是芯级垂直返回的突破性进展。有理由相信，他们愿意再次将此项技术发扬光大。但新技术有新技术的试验场，譬如商业发射、货运任务等，为返回提供了绝佳的试验场所，得以发现问题、解决问题。近些年SpaceX在助推返回上就出现过问题，先是2018年的猎鹰重型芯级助推未返回，后又因栅格翼液压装置损坏导致一枚助推横砸向水面。

这也是NASA坚决不同意采用液体动力用于飞船返回的原因，而本次逃逸试验，又对液体动力作为逃逸的方案提出了新的、根本性的考验。

SpaceX公司一向以透明和善于自嘲著称，如曾放出的多次助推返回失败，但本次一反常态，用词为"anomaly"（异常），坚决不承认这是一次故障甚至爆炸，与之前形成鲜明对比。

究其原因，这已经不是简单的技术争执，而是研制理念的根本争端。运载火箭从来只以成败论英雄，开弓就没有回头箭，火箭哪次飞行失败不是因为细节没有处理好造成的？对于载人火箭，细节错误就更不能容忍了，最好是从源头上掐掉错误的可能性，这就需要设计极简、极简、再极简。一旦查出果真是液体发动机问题，最坏的后果是载人龙飞船推倒重新设计，这恐怕也是SpaceX对本次故障三缄其口的根本原因。

最终，经过为期3个月的事故调查，7月16日，SpaceX公布了调查结果：四氧化二氮在高压气体推动下冲击止回阀，与止回阀的钛合金组件发生罕见的燃烧反应，最终导致爆炸。SpaceX更换了这个止回阀，改成了一次性的破裂膜片以增加可靠性。也许，这已是最好的结果，NASA和SpaceX各自也都找到了台阶：NASA说，咱还是忍一忍继续伞降吧？SpaceX也可以说小问题，无伤大雅，咱们继续愉快地玩耍吧！

11.2.4 升维的引申——商业航天的两种技术路径

在画运载器经济性、可靠性优化图时突然想到，这其实关乎商业航天技术路径。

在技术层面上，商业航天，可以通过引入经济性的维度，通过新的价值取向，将航天技术推向一个新的平衡点，最后实现航天技术的螺旋式上升。

现在，民营公司在干火箭，国家队也在搞商业航天，它们的角色定位在哪呢？它们的瓶颈和困境又可能在哪呢？

如图11.25所示，民营公司当前处在图中绿色圆圈位置，国家队处于下图红色圆圈位置，为了达到方框位置，它们各自有着不同的途径。

对于绿色圆圈需要穿过全域，对于红色圆圈需要沿着边缘前进。

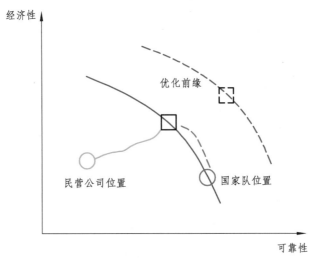

图11.25　商业航天技术路径

都可能会有什么问题呢？

一个会不会像《笑傲江湖》中华山秘洞中的五岳派高手，被困在秘洞中，一路想打穿秘洞，但最终在最后一米处陷入绝望直至死亡。

一个会不会像"大航海时代"游戏中，在非洲边上刚刚存完盘，结果一出海就碰到龙卷风，次次读盘都碰到龙卷风，游戏也玩不下去了。

山洞是什么呢？关乎技术、关乎资本、关乎坚持。

龙卷风是什么呢？关乎管理、关乎放权、关乎容忍。

一代人干一代人的事——液氧煤油和液氧甲烷的历史和未来

11.3.1 引子

SpaceX和蓝色起源带火了液氧甲烷发动机,当前国内很多新兴商业火箭公司,也选择了液氧甲烷作为推进剂。一边是历史悠久的液氧煤油,一边是航天新贵及新的选择,选哪个好?

如果以创新之名,甲烷发动机更容易获取关注,更容易被大家记住,或更容易立项。我们不从这个角度,仅仅从技术角度考虑,选哪个好?本节将从推进剂使用历史、动力系统、火箭总体等角度对该问题进行剖析。

11.3.2 推进剂的使用历史

1903年,莱特兄弟的第一架飞机摇摇晃晃地飞上了天空,沙皇统治下的圣彼得堡,一位叫齐奥尔科夫斯基的教师,在《科学评论》上发表了《利用喷气工具研究宇宙空间》一文,在这篇文章中提出了齐奥尔科夫斯基定律。这篇文章还提出了关于火箭推进和推进剂选择的观点:航天是可行的,航天可以用、也只能用火箭推进实现。某些液体推进剂具有所需要的能量,液氢是一种好燃料,液氧是一种好氧化剂,这一对是接近理想的推进剂组合。

在齐奥尔科夫斯基后续的文章中,他讨论了其他可能使用的火箭燃料,如甲烷、乙烯、苯、甲醇、乙醇、松节油、汽油、煤油等。

尽管他不停地写文章,但真正动手的是罗伯特·戈达德。

戈达德用的是液氧和汽油,他采用的混合比是1.3~1.4,比冲仅有170 s,但好处是燃烧温度低,发动机容易制造。

德国人赫尔曼·奥伯特也在做火箭,他原想用甲烷作为燃料,但甲烷在德国很难得到(同样是在德国,因为没有氢气,齐柏林飞艇在一片火焰中化为了灰烬),所以首先使用了液氧和汽油。后续约翰尼斯·温克勒采纳了奥伯特的想法,1930年,他点燃了一个使用液氧、甲烷的发动机,这项工作没有什么特别的结果,因为甲烷的能量特性仅比汽油稍高一点,然而它的处理和使用却很困难,没有人认为继续对甲烷做实验有什么好处。

1932年,德国人克劳斯·里迪尔也点火了一台发动机,这次氧化剂仍是液氧,但燃料变成了酒精水溶液,能量特性虽然比汽油低,但火焰温度低,发动机冷却容易解决,部件工作时间更长。这也是后来V-2导弹的燃料。

在美国，航空领域煤油得到了发展。第一种选定的燃料是JP-1，它是一种窄馏分含烷烃多的煤油，但美国可利用现有设备和原油生产出这种产品的精炼厂不多。第二种是JP-3，它的来源广泛，但馏分比较多，改进的JP-4是第一个被大家承认的技术规格，是波音707、F111等飞机使用的燃料。

美国真正的第一代短程导弹雷神和丘比特，燃烧的就是液氧和JP-4煤油，它的性能比酒精好。但麻烦的是，飞机发动机更多关心单位热值，JP-4规格中不限制高百分含量的烯烃，用在火箭发动机时，冷却管路内路会聚合成焦油状物质，导致燃烧流阻增大，发动机因此自毁。与此同时，在气体发生器中亦产生焦油、积碳和其他各种沉积物，妨碍了正常工作。JP-4虽然是符合技术规格的产品，但没有两桶的组分是一样的（还有JP-4内细菌的繁殖，会产生淤泥）。

最后，一些权威人士就JP-4的规格不一问题进行了座谈会。JP-4规格粗糙，供应不成问题，但对于导弹这种小批量又重要的产品来说，规格和产品来源这种借口大可不必认真对待。因此，1957年1月，颁布了RP-1煤油军用规格，规定冰点为-40℃，烯烃最大含量不超过1%，芳烃不超过5%。出产质量比标准会更好一点，它相当于碳原子数为12的煤油，其H/C在1.95～2.00，含有大约41%的直链或支链烷烃，56%环烷烃、3%芳烃，不含烯烃。

美国第一代洲际导弹宇宙神和大力神1选择了RP-1，土星5的F-1发动机也选择了液氧和RP-1煤油。

也就是说，历史属于液氧煤油。

11.3.3 动力系统角度

1. 物理性能

将液氧和常用燃料的主要物理性能列于表11.1。

表11.1 推进剂物理性能

参数	液氧	液氢	煤油	甲烷
分子量	32	2.016	163	16.042
冰点/℃	−218.41	−259.21	−40	−182.5
沸点/℃	−182.99	−252.89	145～274	−161
密度/（g/cm³）	1.14（沸点）	0.071（沸点）	0.836（15℃）	0.424（沸点）

参数	液氧	液氢	煤油	甲烷
黏度/（Pa·s）	196（沸点）	13.4（沸点）	1 000（0℃）	117.2（沸点）
饱和蒸气压/MPa	0.1（沸点）	0.1（沸点）	0.005 506（20℃）	0.1（沸点）
临界压力/MPa	4.92	1.25	2.17	4.63
临界温度/℃	−118.38	−240.15	403.2	−82.1
闪点/℃	—	—	43	—
自燃温度/℃		574	240	540
爆炸极限浓度/%	—	4～75	1～8	5～15
价格（粗估）/（元/kg）	2	300	10	5（LNG）

从表中可以看出：

（1）甲烷的沸点为−161℃，接近液氧，为低温推进剂。

（2）甲烷比热高、黏度低，没有热分解问题，适合用作再生冷却剂。此外，甲烷发动机可以采用膨胀循环方式，这是煤油不具备的。

（3）甲烷的密度约为煤油的一半。

（4）甲烷的饱和蒸气压比煤油高。

（5）烃类燃料中，使用安全性最好的是煤油，甲烷分子量较小，更易产生泄漏和扩散。

2. 结　焦

美国在20世纪80年代进行的烃类燃料电传热试验、结焦极限温度试验、碳沉积试验和材料相容性试验表明：

（1）甲烷的结焦温度为978℃，煤油为589℃。甲烷是烃类燃料中最不容易结焦的。

（2）在涡轮模拟条件下，甲烷不存在碳沉积，煤油存在碳沉积。

（3）当甲烷中硫含量大于$1×10^{-6}$时，对铜内壁材料有明显腐蚀作用。

由于甲烷结焦温度高，在对喷管夹层再生冷却时，允许更高温度，因此推进剂身部设计相对简单，重复使用寿命更高。

甲烷有没有可能结焦？当发动机关机时，燃料阀门关闭，但喷管仍是热的，此时残留喷管夹套和头部的甲烷在高温下，也会形成一定的结焦。

3. 积碳

烃类燃料燃气普遍有积碳，积碳对燃气产物用作涡轮工质不利。美国进行过烃类燃料的碳沉积研究，混合比为0.2～0.6，燃烧室压力为50～120 MPa。当燃气发生器温度为1 220 K时，液氧/甲烷燃气含碳量是液氧/煤油的16%。甲烷分子中只含一个碳原子，只有在温度超过1 470 K时才出现裂解，因此甲烷积碳很少，在发生器工作温度400～900℃甲烷的富燃燃烧产物不会出现明显的积碳，更利于多次重复使用。

那么历史上液氧煤油发动机涡轮前燃气参数怎样呢？表11.2列出了部分典型发动机燃气发生器的参数。美国的MB-3、F-1发动机为燃气发生器循环，为避免效率大幅损失，燃气温度选择为919 K和1 061 K。苏联的RD-120发动机为分级燃烧发动机，采用富氧预燃室，可能高温富氧对材料要求极高，同时闭式循环预燃室会再次燃烧，因此燃气温度反而最低，为735 K。

表11.2　典型发动机燃气发生器参数

参数	MB-3	F-1	RD-120
压力/MPa	3.78	6.76	31.85
燃气温度/K	919	1 061	735
混合比	0.325	0.416	53.84
氧化剂流量/kg	1.73	22.24	173.35
燃料流量/kg	5.375	53.46	3.22

4. 点火性能

液氧甲烷发动机点火能量比液氧煤油低一个数量级（表11.3），用电火花即能高可靠点火，而液氧煤油发动机点火启动困难。

表11.3　点火能量

推进剂	液氧液氢	液氧煤油	液氧甲烷
点火能量/（kJ/mol）	235	7 361	830

为解决此问题，雷神、丘比特选择的都是点火药启动，但可靠性不高，1957年贝尔航空

公司采用性能更好的三乙基铝点火栓来启动液氧/JP-4发动机。它采用一个装有15%三乙基铝和85%三乙基硼混合物的密封腔，将其放入燃料管路中，启动时一经压碎就与液氧发生自燃反应。这种技术在后续液氧煤油发动机上得到了广泛应用。

5. 发动机重复使用性能

在发动机重复使用方面，液氧煤油发动机较为复杂，需要从各种泄出口排放掉内腔剩余的煤油，并进行长时间吹除。此外，对于发动机内部积碳，需要进行吹除、氟利昂清理等，是一件比较费力的工作。液氧煤油发动机重复使用前的清洗必不可少，后续的技术方向是发动机不拆下箭进行清洗。

由于甲烷不容易结焦积碳，以及它易挥发，液氧甲烷发动机复用的处理相对简单，只需对内腔进行吹除。

6. 增压输送系统设计

液氧甲烷发动机可采用甲烷蒸气对燃箱进行自生增压，系统实现难度小，测试维护性好。

对于液氧煤油发动机，无法直接气化煤油对燃箱增压。发动机或燃气发生器的燃气虽然为富燃成分，但其中存在燃烧后的颗粒物，采用自生增压需要较大勇气。这种勇气，在需要作战使用方便的导弹时代可能还存在，譬如四氧化二氮/偏二甲肼，就用富燃燃气进行燃箱增压。而到了运载火箭时代，这种实战化驱动设计就渐渐少了，更多的时候会选择气瓶增压。

从动力系统角度，比较多的环节对甲烷有利，如传热设计容易、增压设计容易、重复使用容易等，可以一言以概之，即"动力爱甲烷"。那么，从火箭总体角度呢？

11.3.4 火箭总体角度

1. 可获得性和价格

目前，液氧甲烷发动机可采用液化天然气（LNG）直接作为推进剂，其来源广泛，价格便宜。当然，后续真正用于飞行，可能会采用进一步提纯的LNG，来源会出现一定的收缩，价格也会有所提升。

理论上，任何原油都可以经过处理生产RP-1。但实际上，只有少数油田的油品才可以。再加上狭窄的市场，因此RP-1比LNG要贵（在美国LNG比RP-1贵）。我国由于液氧煤油发动机的牵引，克拉玛依石化公司的新型火箭煤油，以及神华集团的鄂尔多斯百万吨级煤直接液化煤油，均已被发动机试车成功考核，其来源是有保证的。

价格上，煤油虽然稍贵，但对于600 t起飞质量的火箭，需要煤油大约160 t，价格也仅为160万元，比甲烷多80万元，仅占一发火箭亿元成本的不到1%，几乎可以忽略不计。

因此，从可获得性和价格角度，尽管甲烷更好，但这个好处几乎可以被忽略。

2. 火箭性能

液氧甲烷比冲比液氧煤油高，密度比冲比液氧液氢高。此外，由于液氧甲烷温差小，共底贮箱绝热更容易实现。但这一组合也存在如下不利因素：

（1）甲烷为低温推进剂，需要更多的绝热环节，增加了结构重量。

（2）甲烷密度较低，需要更大的贮箱，增加了结构重量。

（3）在同等直径下，同等起飞规模贮箱更长，在同等受力下箭体横向载荷增大，需要结构加强。

（4）甲烷饱和蒸气压更高，发动机需要更大的入口压力，贮箱要有更大的增压压力。

笔者采用统计的综合密度比冲统计公式进行简单计算（表11.4和表11.5），可以看到，在性能上液氧液氢是高性能的不二选择，尽管再难用，但因为其极高的性能，我们还是会用。但甲烷与煤油综合密度比冲相当，性能上没有吸引力。

表11.4　理论比冲比较（海平面，燃烧室压力7 MPa）

参数	液氧液氢	液氧煤油	液氧甲烷
混合比	4.403	2.671	3.324
推力室理论比冲/（m/s）	3 818.00	2 940.14	3 033.44
推进剂综合密度（kg/m^3）	301	1 035	818
综合密度比冲换算速度/（m/s）	8 017	7 250	7 255

表11.5　真空比冲比较（燃烧室压力7 MPa，面积比40）

参数	液氧液氢	液氧煤油	液氧甲烷
混合比	4.727	2.755	3.414
推力室理论比冲/（m/s）	4 462.85	3 508.18	3 614.49
推进剂综合密度（kg/m^3）	314	1 037	823
综合密度比冲换算速度/（m/s）	9 423	8 653	8 651

3. 用于火星的推进剂来源

甲烷真正推上日程是因为埃隆·马斯克及其Raptor发动机。埃隆·马斯克问了一句，火星上有煤油吗？然后这个事情就有结论了。

为了响应1989年布什总统提出的关于太空探索计划的号召，产生了《90天报告》，给出载人火星的预算为4 500亿美元。载人登月的预算为400亿美元，那时浪漫的肯尼迪总统说你们搞事，我来搞钱。现在面对4 500亿美元，国会震惊了，从此阻止了大部分人对载人火星飞行任务的认真考虑。

价格之所以这么高，是因为在前往火星的路上荒无人烟，需要自带补给，包括返回的推进剂，以及人喝的水、呼吸的氧气。

埃隆·马斯克的前辈，火星学会创始人祖布林，举了一个例子，19世纪，英国海军花费巨大代价，去探索加拿大北极地区的西北航道，他们的舰队装载了煤炭和供给，但探险队与浮冰群斗争多年后，依旧被物资短缺逆转了形势，几乎全军覆没。与此同时，1903年罗尔德·阿蒙森带领一支小型探险队却利用狗拉雪橇在北冰洋畅行无阻，采用土著的办法，他们喂饱了自己和狗队，轻装上阵，利用不大的花销，取得的探险成就远远超过了海军舰队。

祖布林问，怎么得到氧气？怎么得到水？怎么返回地球？答案只有一个：在火星上，就得像火星人那样生活。

先发送一个返地飞行器（Earth Return Vehicle，ERV）到火星，ERV的100 kW核反应堆，通过一系列泵来吸取火星上的CO_2大气（火星大气95%都是CO_2），然后与地球上搬来的氢反应，CO_2和H_2结合，将产生甲烷（CH_4）和水，前者可作为火箭燃料。这称为甲烷化反应（methanation reaction）或萨巴蒂尔反应（Sabatier reaction），这个反应为放热反应，在催化剂下会自发进行，再将水裂解成氢气和氧气，氧气贮存为火箭氧化剂，氢气则继续进入反应链用于产生更多的甲烷和水。反应式如下：

$$甲烷化反应：4H_2+CO_2 \rightarrow CH_4+2H_2O$$

$$电解水：2H_2O \rightarrow 2H_2+O_2$$

$$合并为：4H_2+CO_2 \rightarrow CH_4+2H_2+O_2$$

$$相当于：2H_2+CO_2 \rightarrow CH_4+O_2$$

这个反应中，C原子和O原子来自火星大气，为无限量供应，H从地球上携带。这里面，

4 g氢可以产生16 g甲烷，以及32 g氧气。但这里液氧甲烷的混合比为2：1，离3.3～3.4的最佳混合比尚有一定差距。

也可以直接裂解CO_2（$2CO_2 \rightarrow 2CO+O_2$），它不用任何外在物质参与。但这个反应产出较低，而且会损坏催化材料。

因此，在祖布林的设计中，再增加一个分解反应或甲烷热裂解反应：

$$分解反应：CO_2+H_2 \rightarrow CO+H_2O$$
$$甲烷热裂解反应：CH_4 \rightarrow C+2H_2, \quad CO_2+C \rightarrow 2CO$$

这个反应是轻度吸热反应，不过要求温度低，用到了H，但H完全变成了H_2O，从而可以被裂解而没有损失。这时候，4 g氢还是产生16 g甲烷，而氧气其实来自火星中无限量供应的CO_2。作为推进剂时，按祖布林的配比为$16 \times 3.5=56$ g，这样甲烷和氧气一共有72 g。

祖布林进一步做了一套装置，来实现这一系列反应，这里就不详述了。在设计中，ERV总共送上去6 t氢，最后变出了$6 \times 72/4=108$ t推进剂。

这也就是祖布林的设计，并写在了《赶往火星——红色星球定居计划》这本书里。在火星上，要像火星人那样生活，没有氧化剂，火星给我们造，没有燃料，火星给我们造。我们不再需要4 500亿美元，而是550亿美元，就可以去火星上要一圈，价格基本相当于当年去月球上要一圈。

作为红色星球定居计划的拥趸，在埃隆·马斯克描述的火星梦里，他大笔一挥，像火星人那样生活，用甲烷！

但是，距离这个梦的实现还很远很远，即使埃隆·马斯克把他吹过的很多牛都实现了，这个牛，可能需要花费他毕生的精力。

4. 登陆火星推进剂贮存

有人认为地球附近使用煤油好，而星际探索，最好使用液氧甲烷作为推进剂。量化上，具体得看星际的平衡温度是多少。

宇宙背景温度为4 K，在没有热源（如恒星）时是一个深冷的环境，在这个温度下，液氧甲烷的确会更好一些，因为保持它们的温区所需的能量更小。

但在太阳系内的天体或航天器，因为晒着太阳，感受到了一点点温暖。就像在冬天，虽然地表温度很冷，但晒着太阳，接受着太阳的辐射，感觉也就并不是那么冷了。

太阳是总发热功率（Q）高达3.86×10^{26}W，地球与太阳距离为1.5亿千米，即$L=1.5 \times 10^{11}$m，

因此在地球上每平方米面积上接受的太阳辐射功率为

$$q=Q/A=Q/(4\pi L_2)=1\ 365\ W/m^2$$

对于地球上的理论球体，假设对热的吸收率和发射率都是1，则吸收热量等于发射热量。这里，面向太阳的一面面积是圆面积，即πR^2，而球体的辐射面积是它的表面积，即$4\pi R^2$（图12.26），因此

$$\frac{Q}{4\pi L^2}\pi R^2 = \sigma 4\pi R^2 T^2 \rightarrow T = \left(\frac{Q}{16\sigma\pi L^2}\right)^{\frac{1}{4}}$$

其中，σ为Stefan-Boltzmann常数，等于$5.67\times 10^{-8}W/m^2\cdot K^4$。

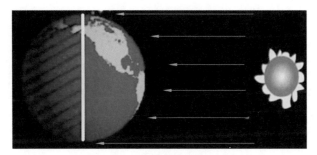

图11.26　球体温度计算公式

经计算在地球轨道上空，平衡温度为278.54 K，即约5.4℃；而火星距太阳2.28亿千米，因此平衡温度为225.9 K，即-47℃。

注：这里的温度是平衡温度，需要在航天器内部布满热管，保持太阳面和背阴面温度基本一致。

因此，对于火星而言，维持甲烷温度并不会比煤油更容易。而且还必须考虑到，一是航天器内电子元器件使用温度与煤油温区比较接近，二是对航天器加热比制冷容易得多，这也是截至当前，推进剂蒸发量控制一直是个难题的原因。

5. 火箭回收

随着SpaceX回收利用的成熟，回收已成为运载火箭领域的显学，使用液氧甲烷的呼声也越来越高。

毋庸置疑，液氧甲烷重复使用，理论上一定是比煤油好的。煤油发动机虽然可以在每次使用后清洗，但不可能洗得洁净如初，它迟早会因为结焦积碳，变得不可使用。

但结焦未必是发动机的最短板，目前SpaceX已证明液氧煤油发动机至少可使用15次，

（此处多次启动计算为1次，另外不知回收后发动机是否拆下单独进行试车，因此未统计）。液氧煤油发动机的潜力仍未被全部挖掘。

奥立佛·温代尔·霍姆斯提出霍姆斯马车理论：车轴折断的同时车轮也刚好转到最后一圈损坏，马车的所有部件也同时寿终正寝。即该马车的所有部件没有哪个比另外的部件更脆弱或更耐久。这是一种充分均衡的状态，与其有联系的一个广为人知的理论就是"木桶原理"，木桶原理强调的是短板造成的前进阻碍，而霍姆斯马车某种程度上强调的是长板的浪费。

取发动机功率与质量之比，小型喷气航空发动机比汽车大34倍，但功率仅有火箭发动机的1/48。如果汽车发动机的功率质量比达到SSME水平，它的重量仅有1/4磅。火箭发动机能量的高度集中，让其使用寿命存在一定的限度。一台汽车发动机可以使用20年，一台航空发动机可以使用约1万小时，而一台航天发动机的寿命仅可以用小时计。

以下摘自文献《大型液体火箭发动机的最新进展》：自1981年航天飞机首次飞行到1990年，SSME共经历了37次飞行。其中，同一台发动机最多使用不超过10次。1986年以后，在原有设计上做了一些改进，以增加使用寿命为目标进行了集中试验，并于1990年6月完成。结果表明，除氧化剂低压泵及燃料和氧化剂高压泵以外，其他所有部件都具有相当于55次飞行（工作时间合计27 000 s）的使用寿命。高压泵使用寿命短是因为涡轮泵动翼寿命短和氧化剂涡轮泵轴承磨损过大。Rockwell公司的奋斗目标是使SSME使用寿命达到10 000 s。NASA制造的发动机现在具有相当于55次飞行的使用寿命。其中，完成可以配套的更换部件——交替式涡轮泵（ATP）由Pratt and Whiteney公司制造。

也就是说，是先结焦积碳不可用，还是发动机自身先坏，这是个未知数。在缺乏其他部件寿命试验数据的支撑下，简单断言液氧甲烷发动机不结焦更能重复使用不够全面。

6. 易用性的选择

火箭发射是一个复杂的过程，发射流程采用严格的倒计时。由于煤油的可贮存性，它可以在射前较长一段时间内加注好和准备好，在发射推迟时，也可放置较长时间，等待下一次倒计时。而甲烷由于挥发性，一般只能在发射前较短时间内加注，需进行一系列附加设计。

（1）设计和生产时必须进行隔热，减少甲烷挥发，同时防止低温环境对箭上仪器设备的影响（曾发生低温环境导致仪器受损）。

（2）甲烷吸热挥发，因此需要设计贮箱放气环节避免超压，同时通过放气降低推进剂温度。

（3）甲烷蒸发消耗，需要在射前进行补加，确保推进剂总量满足飞行要求。加注连接器要一直连接到箭上，发射前自动脱落甚至零秒脱落（曾发生脱落故障推迟发射）。

（4）发动机点火时，为确保低温推进剂流过管路、涡轮泵时不沸腾，需提前对发动机进行预冷。如发动机多次启动，每次启动前均需预冷（曾发生预冷故障导致发推迟发射或发动机启动失败）。

（5）后续商业航天在选择发射场时，为争取更多的自由应尽量减少与发射场的接口，如取消发射塔架，直接起竖发射，此时需将排气、预冷等管路从一级走到尾部，增加了级间连接和分离环节，大大增加了系统设计的复杂度。

这也是说，煤油更好用。

11.3.5 选择和发展

动力爱甲烷，总体用煤油。动力爱甲烷的理由很多基于优化；而总体用煤油的理由很多基于安全和风险。不同的需求决定了大家的选择，只是现在重复使用、探测火星等开启了新的方向，总体是否需要战略转向呢？

暂时看来条件并不充分。真正的产品、真正的名牌，都是时光积淀而成的。中国航天、中国火箭今天辉煌的成就，数起来也不过是400多发的积累。

在没有新的大量的数据支撑前，目前的数据告诉我们，煤油仍属于地球，甲烷未必属于火星。有基础时，在没有数据支撑就贸然转向，可能导致基础的严重浪费；没有基础时，虽然貌似两个都可选（因为传统工业只要原理可行终能成功），但只有在熟悉的环境才能事半功倍。

如果有一天，甲烷更有利于重复使用被数据或事实证明了，对我们来说晚不晚？笔者认为不晚，因为这个证明不可能是一朝一夕之功，而是数十年的跨度。

是趋势，并不代表今天就得干，譬如星座，现在是趋势，但铱星星座干得太早，并没有得到好处。工程更强调持续推进，而不是时不我待。

一款火箭的寿命大约为20年，20年正好是一代人的周期。即使再经典的设计，没有人继承，也终将走向没落和失败，这也是俄罗斯近些年航天发射失败率超高的原因。因此，20年一个轮回，下一代人终究会重新设计属于他们那代人的火箭。

12 液体火箭结构总体设计划代研究

液体火箭有划代研究，火箭结构材料有划代研究，箭体结构总体设计是否可以划代？

首先说"箭体结构总体设计"，这里指关于箭体结构总体布局相关，不涉及使用什么结构材料，也不涉及箱体等是采用光筒，还是网格加筋结构等。

再说"是否可以"，它有两层意思：是否有必要，以及是否可行。

有必要。划代就是分类，所有的学习和研究，最终都指向一件事情，就是对事物进行分类，让知识从混乱变得有序。

可行。分类就是逻辑，找到火箭箭体结构总体设计中的核心要素和历史线索，逻辑就清晰了。这个核心要素就是箭体结构内未利用的空间。

由于技术同源，文中不再区分火箭还是导弹。

12.1 第一代1：由飞机油箱演变而来的贮箱结构

贮箱是液体火箭重要组成部分。最早的火箭贮箱由飞机油箱发展而来，如V-2火箭，它把贮箱安放在主体结构的内部，成为悬挂式贮箱，如图12.1所示。

由于V-2导弹需要再入大气层，因此采用了钢外壳。到了1947年，美国海军研究实验室研制海盗火箭时，就采用了铝制外壳。

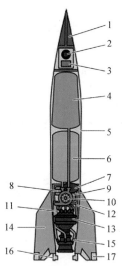

1—弹头；2—导引陀螺仪；3—导引波束及无线电指令接收器；
4—酒精水溶液；5—弹体；6—液态氧；7—过氧化氢；
8—高压氮气钢瓶；9—过氧化氢反应室；10—涡轮推进泵；
11—酒精/氧气燃烧器盖；12—推力架；13—火箭燃烧室（外壳）；
14—尾翼；15—酒精输入管；16—燃气舵；17—空气舵。

图12.1 V-2导弹剖面

12.2 第一代2：承力式贮箱结构

1946年，康瓦尔公司的飞机结构专家博萨特意识到与V-2相比，它可以从三个方面减轻重量：一是使用铝合金材料；二是使外壳具有双重功能，用外壳保存推进剂，从而省掉悬挂贮箱；三是他意识到可以用氮气对贮箱增压以支撑外壳。经设计，它的尺寸是V-2的2/3，但干重只有V-2的1/8，也即效率提高了5倍有余。这也就是MX-774导弹的原型，这是美国首次尝试研制洲际导弹，虽未成功，但博萨特竭尽全力获得的经验最终被证明是无价之宝，它最终促成了宇宙神导弹的开发。

无独有偶，1947年，科罗廖夫开始了SS-2导弹（图12.2）的研制，这是继SS-1（V-2复制版）后俄罗斯自行研制的第一枚导弹，它采用受力式铝合金贮箱代替受力式外壳和悬挂贮箱。我国东风一号导弹（1059）就是SS-2的仿品。

SS-2导弹定义了一个典型的火箭外形，它是单级火箭，在其上增加二级、仪器舱、整流罩后，形成了一个多级火箭典型结构，如图12.3所示。

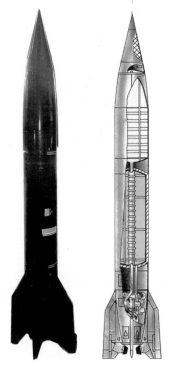

图12.2　SS-2导弹剖面

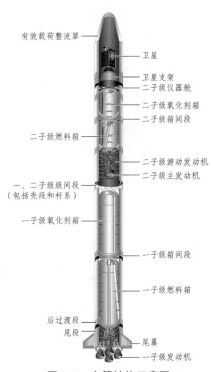

图12.3　火箭结构示意图

有效载荷整流罩
卫星
卫星支架
二子级仪器舱
二子级氧化剂箱
二子级箱间段
二子级燃料箱
二子级游动发动机
二子级主发动机
一、二子级级间段（包括壳段和杆系）
一子级氧化剂箱
一子级箱间段
一子级燃料箱
后过渡段
尾段
尾翼
一子级发动机

火箭贮箱内装满推进剂，但箱间段、后过渡段/尾段、级间段内存在大量未利用空间。世界多型火箭设计了各种各样贮箱结构，以节省这些空间。箭体结构总体设计代际划分，就体现在对这三组空间的开发和利用过程，它有着非常清晰的脉络。

12.3　第二代：取消箱间段——共底贮箱

最为大家熟知的就是采用"共底"贮箱（见图12.4），利用两个贮箱之间的空间。

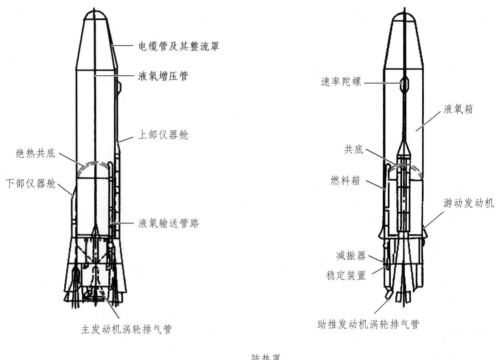

- 电缆管及其整流罩
- 液氧增压管
- 上部仪器舱
- 绝热共底
- 下部仪器舱
- 液氧输送管路
- 主发动机涡轮排气管
- 速率陀螺
- 液氧箱
- 共底
- 燃料箱
- 游动发动机
- 减振器
- 稳定装置
- 助推发动机涡轮排气管

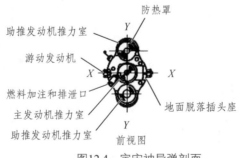

- 防热罩
- 助推发动机推力室
- 游动发动机
- 燃料加注和排泄口
- 主发动机推力室
- 助推发动机推力室
- 地面脱落插头座
- 前视图

图12.4　宇宙神导弹剖面

1951年，康瓦尔公司开展了宇宙神导弹研制。导弹贮箱由圆筒形壳段、上底、下底和中间共底组成（图12.4中的红色线条）。中间共底为半球形，位于贮箱箱体中间，将贮箱分隔成煤油箱和液氧箱两部分。

采用共底贮箱的好处：

（1）节省了一个贮箱箱底的重量（单层共底），同时，非共底时各贮箱均需承受内压作用，共底后可以利用上下贮箱之间压差来抵消各自的内压载荷，进一步减轻了箱底重量。当然，带来好处的同时也有副作用，如增加了两种推进剂之间绝热处理的难度，以及贮箱充压先后顺序等保障要求较高。

（2）充分利用了箱间段内空间，节省了箱间段重量，同时火箭长度缩短载荷变小，有利于火箭减重。当然这里也有副作用，原来箱间段可以放置设备仪器，如排气管、自毁装置等，现在都需要挪到其他地方。

（3）对于上凸的共底，上底推进剂可以从贮箱两侧区域排放，此时推进剂晃动更小，有利于减小推进剂不可用量。

值得一提的是，共底贮箱并不能大幅缩短火箭长度。以宇宙神导弹为例，其箱体直径为3.05 m，假设贮箱上下底模数为1.6（椭圆），则两个贮箱之间空间为4.6 m³，采用共底后火箭总长缩短0.6 m，仅占火箭总长的2.5%。

苏联从1962年开始研制的SS-9导弹也使用了共底贮箱。SS-9导弹二子级使用了共底贮箱，一子级没有使用（图12.5），这是在效率和工艺复杂性之间的一次权衡和选择。SS-9导弹后来弹改箭为旋风号火箭。

宇宙神导弹和SS-9导弹的共底，在外观上有个明显区别。前者共底为上凸（箱底向上拱起，像上眼皮），后者为下凹（箱底向下拱起，从上面看是凹的，像下眼皮）。两者并没有一定之规，不同火箭采用这两种方案的都有。

如CZ-3A/CZ-4B三子级采用的是上凸方案，如图12.6所示。而质子号二子级、猎鹰9火箭二子级均采用了下凹式共底，如图12.7和图12.8所示。

1—头锥；2—仪器舱；
3—二级氧化剂贮箱；
4—二级燃烧剂贮箱；
5—二级发动机；
6—一级氧化剂贮箱；
7—一级燃烧剂贮箱；
8—一级发动机游机；
9—一级发动机主机。

图12.5　SS-9导弹剖面

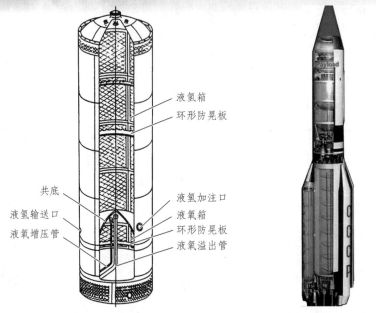

图12.6　CZ-3三子级共底结构剖面图　　　　图12.7　质子号火箭剖面

图12.8　猎鹰9火箭二子级渲染图

一般而言，为了便于推进剂出流，上凸共底采用贮箱外侧走输送管方案，而下凹共底采用隧道管方案（上贮箱输送管从下贮箱中心穿过）。

但也有例外，如阿里安5火箭一子级，其氧箱底为下凹式，但它没有走隧道管，而是采用了一根管路伸到贮箱底部，然后向上引到箱壁，再从侧壁走管路，就像喝饮料的吸管一样，如图12.9所示。

法国的火箭比较特立独行，比如这个吸管一样的氧化剂管路，又比如火箭尾部那个像瘤子一样的液氦贮箱（图12.10）。把贮箱/气瓶挂在发动机一侧的型号很多，但挂这么大的不多。这个液氦贮箱内径1.303 m，体积为1.146 m³，装载4.2 K共136 kg液氦。在使用过程中由于贮箱漏热，当温度大于5.13 K时变成超临界氦（要求24 h，实测放置31 h压力上升到2.2 MPa）。[①]

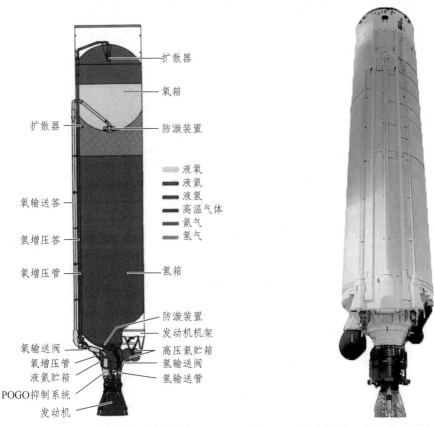

图12.9　阿里安5芯一级结构剖面　　　　　图12.10　阿里安5芯一级（左下侧的大液氦贮箱）实物

　　阿里安5的二子级结构也比较有趣，低温二子级从ESC-A改进到共底的ESC-B。ESC-A/B采用了不等直径共底，如果仔细观察，它的布局还有一个特点，发动机直接连到了箱底，如图12.11所示。

---

① TEISSIER A, C BASS. Liquid helium storage for Ariane 5 main stage oxygen tank pressurization[C].
31st Joint Propulsion Conference and Exhibit, 1995.

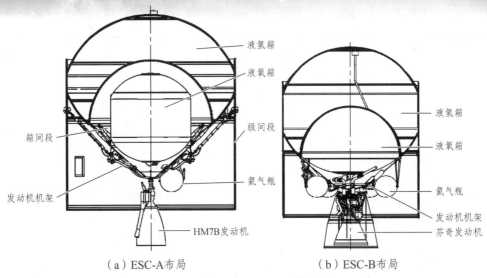

（a）ESC-A布局　　　　　　（b）ESC-B布局

图12.11　阿里安5 ESC-A/B剖面图

12.4　第三代1：减小尾段——贮箱箱底传力

有些火箭使用机架将发动机推力传递到箭体后短壳和贮箱柱段，机架内存在较大的未利用空间，如图12.12所示。

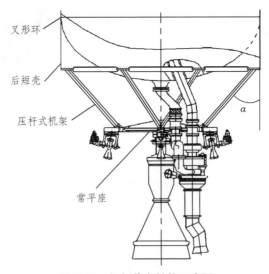

图12.12　机架传力结构示意图

为了节省此部分空间，半人马座上面级、土星5第三级、土星1B第二级、CZ-4三子级、阿里安5ESC-A/B、微风上面级等均采用了箱底传力方式。

1959年，科罗廖夫设计的SS-8导弹，二级机架直接对接到氧箱箱底，如图12.13所示。当然，这枚导弹的二级没有明显的柱段，因此也只能连接到箱底。

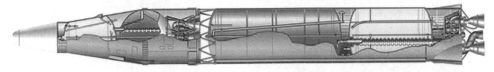

图12.13　SS-8导弹剖面

在箱底传力上走得更远的是美国，1957年设计的半人马座采用了此方法。1959年，土星1研制，其上面级S-Ⅳ，以及由它发展而来的土星5的S-ⅣB，是迄今型号中应用的最大推力和最大直径（6.6 m）的箱底传力方案贮箱（图12.14）。发动机由一段锥形壳小机架传力到贮箱底部。锥形壳结构高2.11 m，底部直径0.427 m，顶部直径4.64 m。推力结构上端部分利用螺栓安装在贮箱箱底。由于推力结构为锥形壳，开敞性较差，不利于后续装配、调整和检查，所以在上面开有人孔。

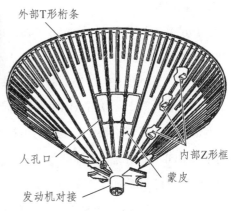

图12.14　土星5 S-IVB贮箱和箱底传力锥

12.5　第三代2：取消尾段——喷管上部内埋（未浸入推进剂）

由于发动机喷管较长，在喷管四周仍有大量可利用空间，部分型号将发动机上部埋入贮箱内部，如微风上面级（图12.15）。

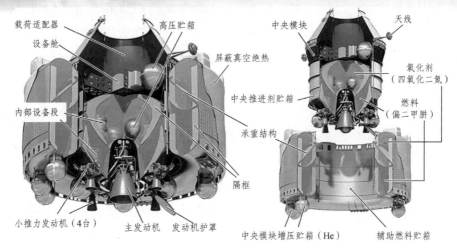

载荷适配器　高压贮箱　中央模块　天线

设备舱

屏蔽真空绝热　氧化剂
（四氧化二氮）

中央推进剂贮箱　燃料
（偏二甲肼）

内部设备段

承重结构

隔框

小推力发动机（4台）　主发动机　发动机护罩　中央模块增压贮箱（He）　辅助燃料贮箱

图12.15　微风上面级剖面

　　微风上面级，设计了异形燃料（UDMH）箱，发动机直接埋入贮箱，直接连接到了氧箱（N_2O_4）箱底。这样，发动机的大部分长度都被埋入贮箱内部，大幅节约了贮箱空间。

　　1969年8月，同时上马的SS-17/SS-18/SS-19导弹，就已经将发动机埋入贮箱。如图12.16所示，扬格尔（乌特金）设计的SS-17/SS-18，二级发动机头部已经伸入了N_2O_4贮箱，一级UDMH箱底也呈上凸外形，以容纳发动机空间。切洛梅设计的SS-19导弹，二级发动机也伸入了UDMH箱底。这种设计是属于苏联和俄罗斯的专利，笔者没在美国的火箭上看到。

　　上述导弹中SS-18导弹起飞规模最大、投掷能力最大、弹头威力也最大，牢牢占据世界第一的位置，是苏联战略武器的巅峰之作，被北约命名为"撒旦"。在削减战略武器条约签订之后，SS-19弹改箭为隆声号运载火箭，SS-18弹改箭为第聂伯运载火箭。

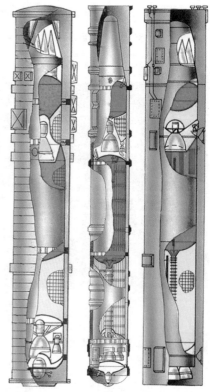

图12.16　SS-17（左）、SS-18（中）和SS-19（右）导弹剖面图

12.6 第三代3：减小/取消级间段——喷管下部内埋（未浸入推进剂）

现在，对于火箭一个子级，通过共底节约了两个贮箱之间的空间，通过发动机顶部埋入贮箱节约了喷管外部空间，但毕竟喷管外温度高，一般而言总要突出箭体，这样就占用了其下子级空间。

如果仔细观察，SS-17和SS-19导弹的一子级氧箱顶部都形成了内凹型，以容纳二级发动机喷管。

在乌克兰战略导弹博物馆，有SS-17导弹的实物（图12.17），可以看到，一子级的顶部四周外凸（左上侧子级），以容纳更多推进剂。

图12.17　SS-17导弹实物

这种设计来自切洛梅。1963年，苏联部长会议决议由切洛梅开展SS-11导弹的研制。航空设计师出身的切洛梅，对于结构布局和优化十分娴熟。与早一年立项的SS-9导弹相比，SS-11一二级全部采用共底贮箱（图12.18），箱底传力自然不在话下，同时还将一级氧箱前底做成内凹形状，以容纳发动机空间。

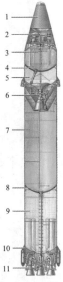

1—头锥；2—仪器舱；3—二级氧化剂贮箱；4—二级共底；5—二级燃烧剂贮箱；6—二级发动机；
7——级氧化剂贮箱；8——级共底；9——级燃烧剂贮箱；10——级尾段；11——级发动机。

图12.18　SS-11导弹剖面

SS-11导弹异常成功，它从1967年7月21日开始服役，到1969年装备数量到达600枚，1970年到达840枚，1973—1974年，SS-11导弹装备数量达到1 030枚。

12.7 第四代1：取消尾段——发动机上部潜入贮箱

SS-18（"撒旦"）为苏联陆基战略导弹巅峰之作，其结构也达到了火箭设计的巅峰。但它还不是液体火箭结构设计的终极构型，终极构型来自海底。

苏联研制的液体潜射导弹，达到了全箭无壳段，定义了液体火箭的终极构型。

1962年，马克耶夫设计局开始SS-N-6潜射导弹研制。它在导弹结构和布局上采取了一系列措施来缩短长度、减轻重量。

除了采用双层共底、氧箱上底下凹以内埋入弹头等措施，它将主发动机潜入UDMH箱的推进剂中，浸在推进剂中的主发动机为固定喷管不摇摆，未浸入推进剂的外侧游机摇摆进行姿态控制，如图12.19所示。

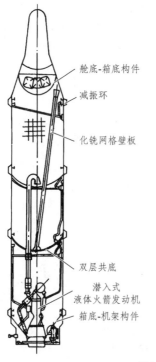

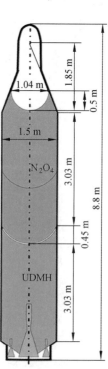

图12.19　SS-N-6导弹剖面

这里的潜入，与之前SS-17/SS-18/SS-19导弹的内埋不同。内埋是指贮箱变形以容纳发动机空间，而潜入式是指发动机直接浸入了推进剂中。即内埋利用的是结构变形，无论如何发动机与贮箱间都有间隙；而潜入利用的是液体变形，可以做到毫无间隙，因此可以更为节省箭体空间。

12.8 第四代2：取消级间段——发动机下部潜入贮箱，级间共底

1964年，马克耶夫开始了两级液体潜射导弹SS-N-8导弹研制。与SS-N-6导弹类似，弹头倒置内埋进了UDMH贮箱，一级发动机顶部潜入UDMH箱底。有意思的是二级发动机，它的底部直接浸入一级N_2O_4贮箱里面，形成了级间共底，从而取消了级间段（图12.20）。火箭一二级级间分离时，直接切断贮箱，贮箱增压气体作为分离能源拉开一二级距离。这种方式与联盟号助推分离的科罗廖夫十字异曲同工，甚至更为酷炫。

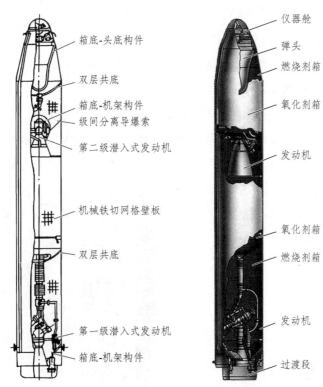

图12.20　SS-N-8潜射导弹剖面

1973年开始研制的SS-N-18（虹鱼）导弹，以及1979年研制的SS-N-23（轻舟）导弹，结构布局均与SS-N-8导弹相似，其中SS-N-18在SS-N-8导弹基础上增加了分导级，SS-N-23导弹又增加了一个三子级。20世纪90年代初，俄罗斯将SS-N-18和SS-N-23导弹改制为波浪号和静海号运载火箭，用于小型卫星发射任务。

目前，俄罗斯正在研制萨尔马特，以代替乌克兰研制的SS-18导弹。由于研制单位为俄罗斯的马克耶夫设计局，因此有人根据SS-N-8导弹构型，画出了图12.21所示的萨尔马特想象图。

图12.21　网络上传的萨尔马特导弹剖面（实际为SS-N-23导弹剖面）

这幅图中，从导弹头部指向尾部，推进剂呈RYYR布局，形成四贮箱三共底、头内埋尾潜入的空间结构，绝佳地阐释了SS-N-8导弹没有一丝空间是浪费的无舱段化设计特点：

（1）无仪器舱——弹头埋入2R。

（2）无箱间段——2R/2Y和1Y/1R共底。

（3）无级间段——二级发动机底部潜入1Y，形成2Y和1Y的级间共底。

（4）无尾段——一级发动机顶部潜入1R。

说句题外话，笔者认为这幅萨尔马特的图不真。它的工艺太复杂，作为陆基导弹，大可不必像潜射导弹那样追求极致空间利用。俄罗斯在"军队-2019"国际军事技术论坛期间公布了最新萨尔马特导弹的性能参数（图12.22）。用此参数计算装填率为62.6%，与SS-18导弹的66.3%更为接近，而达不到SS-N-8的75.5%。萨尔马特更有可能是俄罗斯针对乌克兰产SS-18导弹的一个"国产化"和"自主可控"仿品。

12.9　总　结

梳理美苏在液体火箭结构未利用空间开发上走过的历程，见表12.1。

图12.22　萨尔马特导弹性能参数

表12.1　液体火箭结构未利用空间开发历史

贮箱代际	美国	苏联
第一代2：承力式贮箱	1946，博萨特，MX-774	1947，科罗廖夫，SS-2
第二代：共底贮箱	1951，康瓦尔公司，宇宙神	1962，扬格尔，SS-9
第三代1：箱底传力	1957，通用动力公司，半人马座	1959，科罗廖夫，SS-8
第三代2：喷管上部内埋	—	1969，扬格尔（乌特金）/切洛梅，SS-17/SS-18/SS-19
第三代3：喷管下部内埋	—	1963，切洛梅，SS-11
第四代1：发动机上部潜入推进剂	—	1962，马克耶夫，SS-N-6
第四代2：发动机下部潜入推进剂	—	1964，马克耶夫，SS-N-8

以上代际划分比较定性，可以自定义"装填率"指标，对以上措施的效果进行定量评估，计算公式为

$$装填率=（火箭总重 \times 0.9）/推进剂综合密度/火箭总体积$$

这里0.9代表推进剂重量系数（可能导致 ±5% 的偏差）。推进剂综合密度为氧燃平均密度，一般对于 N_2O_4（或硝酸）和UDMH（或混肼50）为 1.2 t/m^3，对于液氧煤油为 1.0 t/m^3，对于固体推进剂为 1.8 t/m^3。

计算结果见表12.2。一般而言，火箭直径越大，装填率越高；级数越多、长细比越小，装填率越低。除去这些因素，从数值可以看出：

（1）第一代液体导弹结构，未采用共底、发动机内埋/潜入等措施，典型代表是SS-5，装填率为59%（将之作为比较基线）。

（2）第二代液体导弹采用共底贮箱，可提升装填率约2%，提升有限（实际上，宇宙神采用共底，火箭长度仅仅缩短0.6 m，占全箭总长2.5%），如宇宙神和SS-9等。

（3）第三代液体导弹采用共底+发动机内埋等措施，与基线相比，可提升装填率约7%，如SS-17/SS-18/SS-19。

（4）第四代液体导弹，采用共底+发动机潜入等措施，与基线相比，可提升15%装填率，如SS-N-8/SS-N-18/SS-N-23等。

（5）液体导弹装填率不低于固体导弹，如进一步采用内埋式或潜入式喷管，液体导弹装填率可以超过固体导弹。因为液体只是多了一个对装填率影响不大的箱间段，而且由于液体可变形性，实施潜入式喷管更节省空间。

表12.2　不同火箭/导弹装填率

型号	代际	级数	综合密度/（t/m³）	总质量/t	长度/m	直径/m	装填率/%
SS-5	1	1	1.2	87	24.3	2.4	59.4
宇宙神	2	1	1	121	25.15	3.05	59.3
SS-9	2	2	1.2	183.9	32	3	61.0
SS-11	3	2	1.2	42.3	17.0	2	59.4
SS-17	3	2	1.2	71.1	20.9	2.25	64.2
SS-18	3	2	1.2	210	33.6	3	66.3
SS-19	3	2	1.2	105.6	24	2.5	67.2
SS-N-6	4	1	1.2	14.2	8.8	1.5	68.5
SS-N-8	4	2	1.2	33.3	13.0	1.8	75.5
SS-N-18	4	2	1.2	35.3	14.1	1.8	73.8
SS-N-23	4	3	1.2	40.3	14.8	1.9	72.0
民兵3	—	3	1.8	34.5	18.26	1.67	43.1
和平卫士	—	3	1.8	88.5	21.6	2.34	47.6
三叉戟2	—	3	1.8	59.1	13.4	2.1	63.7

注：级数中不含分导级，另外此处不用运载火箭比，是因为运载火箭整流罩一般相对较大，给计算引入较大干扰。

当我们还在为第二代大型贮箱共底孜孜以求时，苏联早已完整走过了共底贮箱、箱底传力、发动机内埋、发动机潜入的四个代际，并在SS-N-8导弹上实现了全箭无壳段化，达到了液体火箭结构的终极构型。

为什么苏联可以呢？我们有没有可能瞄着结构终极构型，弯道超车，直接设计一款结构高度集成、全箭无壳段化的第四代运载火箭结构呢？

运载火箭/导弹技术演化是由竞争、迭代和需求推动的，其中需求是先决条件、迭代是必要条件、竞争是催化剂。

在20世纪60—70年代，科罗廖夫、杨格尔、切洛梅和马克耶夫的竞争中推陈出新，臻至化境。没有竞争，就不会在这么短的时间内，有这么多新颖的结构形式，也不会有SS-18和SS-N-8/18/23的横空出世。

仅有竞争也不够，SS-18和SS-N-23并不是一开始就出现的，而是通过一点点积累和攻关，一步步出现的。SS-18站在了SS-9和SS-11的肩膀上，SS-N-8/18/23站在了SS-N-6的肩膀上。自然从来不飞跃，从没有弯道超车，只有反复迭代。时间和眼界都代替不了迭代，因为经验是由完成的迭代的数量获得的，而不是花费的年数。

最后，SS-18比SS-N-8立项更晚，但它在结构上也并没有做到SS-N-8那样的极致，出现了代际倒退。这是因为需求，潜射导弹对尺寸、规模有着严格的限制，螺蛳壳里做道场，马克耶夫只能逼着自己做到极致。但陆基导弹限制并没有那么严格，因此扬格尔、切洛梅会在结构极限和可靠性中进行一个权衡。需求不同于要求，内在的要求才是需求，需求是决定性的。

因此，苏联可以设计出SS-N-23。我们现在想抄作业，不可行、也无必要。不可行是因为没有快速迭代和竞争，没有必要是因为确实没有需求。

铝合金有效能，不锈钢出效率

2019年1月24日，《大众机械》（*Popular Mechanics*）杂志对埃隆·马斯克独家采访的报道（详细内容见文后），透露了星舰（starship）和超重火箭改为不锈钢作为贮箱材料的信息，不锈钢贮箱一时间传遍大江南北。

之前关于火箭贮箱的话题，一直以来都是由5A06（铝镁系）→2A14（铝铜系）→2219（铝铜系）→2195（铝锂系）→复合材料。现在突然转到301和304不锈钢，是效率反转？还是力大飞砖？还是新技术、新环境呼唤新思维？

先给出笔者的调研结论：铝合金有效能，不锈钢出效率。

13.1 运载火箭贮箱和壳段不锈钢使用情况统计

欲解未来先知古。在液体运载火箭上曾经用过不锈钢材料作为贮箱的见表13.1统计。其中最为知名的为宇宙神B/1/2/3一子级，以及与之技术同源的功勋上面级半人马座，均采用了301不锈钢。宇宙神2一子级的结构系数达到了惊人的0.946，超越了大多数铝合金贮箱。难道我们大多数时候都走了弯路，而SpaceX又一次使用第一性原理化腐朽为神奇？

> **小贴士**
>
> 宇宙神导弹与半人马座上面级均为康威尔公司研制产品，两者直径也一致。康维尔公司，后卖给了通用动力，1992年导弹系统部门卖给了休斯飞机公司，1994年空间系统部门卖给了马丁·玛丽埃塔公司，成为今天洛马太空部门的基础。

表13.1 运载火箭贮箱和壳段不锈钢使用情况统计

型号	部段	推进剂	材料	特征	子级结构系数
V-2	贮箱	液氧和酒精	不锈钢	直径约1.5 m，蒙皮厚度0.64 mm	
卫星号	助推器尾段	—	不锈钢	外表面面向芯级部分，抛光不锈钢板弯成的蒙皮，保护尾段不受燃气回流影响	
先锋号	二子级贮箱	白发烟硝酸和偏二甲肼	410不锈钢	直径0.81 m	0.80
宇宙神B/1/2/3	一子级贮箱	液氧和煤油	301不锈钢	直径3.05 m，其中液氧箱原始板材厚度1 mm，筒段厚度0.38~1.22 mm，为了加强焊缝强度，沿焊缝点焊了内衬板条	0.946（宇宙神2）0.93（宇宙神3）
半人马座上面级	氧箱和氢箱	液氧和液氢	301不锈钢	筒段直径3.05 m，筒段厚0.36 mm，后底厚0.457 mm	0.87
阿里安1	贮箱	四氧化二氮和偏二甲肼	15CDV6高强钢板	直径3.8 m，原始板材厚3 mm，氧化剂箱内壁镀了一层厚度为0.2 mm的铝保护层防止推进剂的腐蚀	0.917
阿里安1	水箱	水	不锈钢	环形，最大直径2.7 m，截面直径0.71 m	
星舰	贮箱	液氧和甲烷	301（SN7.1后改为304）不锈钢	直径9 m，原始板材厚3.6 mm	0.86（MK系列原型机）0.91（马斯克口述）0.93（PPT）

13.2 常温比强度——力大飞砖？

铝合金、不锈钢以及复合材料的力学性能见表13.2。

表13.2　铝合金、不锈钢和复合材料力学性能（数据来源为文献[46-48]）

牌号	弹性模量/GPa	抗拉强度/MPa	屈服强度/MPa	延伸率/%	密度/（g/mm³）
5A06	66.6	314	157	15	2.64
2A14	68.6	441	353	6	2.8
2195	76	586	548	8.4	2.72
304	193	520	205	40	7.93
高强碳纤维	150	1 900	—	—	1.5
高模量碳纤维	240	1 120	—	—	1.6

从比强度（抗拉强度与密度比值）看，2195铝锂合金比强度达到了215，304不锈钢为66，不到2195的1/3。

这样看来，采用304不锈钢毫无优势。

难道星舰采用不锈钢是一个力大飞砖的设计？

13.3　液氧/液氮温区比强度——效率反转？

2A14CS低温性能参数见表13.3。

表13.3　2A14CS低温性能参数（数据来源为文献[49]）

	E/GPa	σ_b/MPa	$\sigma_{0.2}$/MPa	δ/%
室温	—	449	378	11.7
100	—	407	354	18.4
250	—	226	199	13.5
300	—	108	92	17.8
−183	79.044	543	480	11.9
−253	81.006	661	534	17.6

退火状态下304不锈钢力学性能与温度的关系如图13.1所示。

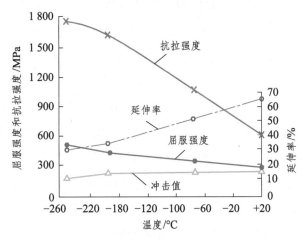

图13.1　退火状态下304不锈钢力学性能与温度关系（数据来源为文献[50]）

从低温数据看，在液氧温区（–183℃）：

（1）2A14材料抗拉强度由449 MPa上升到543 MPa，提升了1.2倍。

（2）304不锈钢由约600 MPa上升到1 500 MPa，提升了2.5倍。

（3）此时不锈钢比强度达到189，已和2A14的比强度194相当。

为增强（奥氏体）不锈钢强度，有一种应变强化技术，即通过一定程度的预应变使得亚稳态奥氏体不锈钢组织中的部分奥氏体晶格无扩散切变成马氏体，由此提高材料的强度。

图13.2所示为奥氏体不锈钢应变强化技术原理。在试验机的作用下，试样的应力逐渐增加至超过了材料的屈服强度（2点），此时材料产生了不可恢复的塑性变形（3点）。之后将外力卸载，这个阶段的应力沿着虚线下降，下降过程平行于材料的弹性阶段曲线。当试样重新加载时，应力应变曲线先沿虚线上升，当应力超过强化应力，试样产生塑性变形，沿实线缓慢发展。这说明应变强化技术提高了材料的屈服强度，达到了预期的目的。

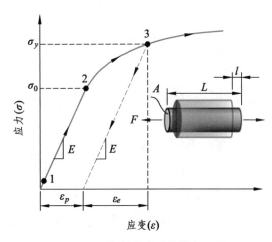

图13.2　不锈钢应变强化技术原理

国际上有两种奥氏体不锈钢应变强化技术，Avesta模式和Ardeform模式。前者为常温应变强化模式，最早由瑞典Avesta Sheffield公司提出，并在很多国家申请了专利。

Ardeform模式为低温应变强化技术。早在1890年，瑞士钟表商就将钟表中的一些关键零部件埋到寒冷的阿尔卑斯雪山中，以提高零件的耐磨性和可靠性。科学家们发现，深冷处理能够改变材料的微观组织，提高材料的强度、硬度，降低残余应力，从而提高材料性能。

美国Arde-Protland公司自1961年开始对退火态301奥氏体不锈钢在–196℃液氮环境下低温应变强化模式开展了一系列的力学和型式试验研究，发现退火态301奥氏体不锈钢容器低温应变强化后产生10%左右的塑性应变，强化后材料的屈服强度和抗拉强度均有所提高。

1959年，美国率先使用深冷应变强化技术制造了美国第一枚洲际导弹宇宙神。

（1）宇宙神导弹采用深冷应变强化的AISI 301 不锈钢，它在–196℃下抗拉强度可达1 792.66 MPa，比强度达到226，已经超过了2A14的194。

（2）W.Henderson, Arde-Portland在1964年提出，–196℃下不锈钢应变强化后屈服强度将达到2 068 MPa，此时比强度超过260。

（3）–196℃时2195铝锂合金抗拉强度提升到680 MPa，比强度达到250，采用深冷应变强化技术的301奥氏体不锈钢比强度与之相当。

Ardeform模式应变强化的程度更大，由于成本较高、工艺更复杂，主要用于航天工业，贮存的介质为液氮、液氧和液氢等，故报道较少。

从这样看来，宇宙神火箭、半人马座上面级和星舰是不是由于采用了深冷应变强化技术，因此不锈钢效率依然很高？

难道星舰采用不锈钢是一个效率反转的设计？

13.4 轴压载荷——不锈钢再次落后

比强度并不是贮箱设计的全部。

在飞行过程中，贮箱受力复杂，既承受卫星和火箭上面部段的轴压作用，也承受贮箱内增压气体内压作用。

对于火箭上面级的贮箱，一般轴压较小，如内压大于轴压，贮箱为内压设计，此时筒段厚度：

$$t_1 = \frac{pD}{2\sigma} \Leftrightarrow p = \frac{2\sigma t_1}{D}$$

式中，t_1为内压下厚度，p为内压，D为筒段直径，σ为材料抗拉强度。

从公式得出结论：

（1）同样厚度的贮箱，承受内压能力和贮箱半径成反比，与抗拉强度成正比。

（2）1 m直径贮箱，拉伸强度500 MPa，1 mm厚度可以承受1 MPa内压。

（3）半人马座上面级为3 m直径，材料低温抗拉强度1 800 MPa左右，筒段最薄处（最上部，不承受液柱压力）厚度0.36 mm，如考虑1.4倍安全系数，同时不考虑卫星载荷的轴压作用，对应内压约为0.3 MPa。

（4）星舰贮箱直径为9 m，即使与半人马座承受内压能力相同，筒段最上部厚度需要增加3倍，即贮箱最薄弱处厚度超过1 mm。

对于大多数基础级贮箱，以及没有内压的火箭壳段，由于其上重量大，轴压将超过内压，贮箱为轴压设计，此时厚度由失稳条件决定：

$$t_2 = \sqrt{\frac{T - pA}{2\pi Ek}}$$

式中，t_2为轴压下厚度，T为轴压，p为增压压力，A为筒段截面积，E为弹性模量，k为临界压力系数，$k = 0.18 + 0.128\frac{D}{t_2}\sqrt{\frac{p}{E}}$。

从公式得出结论：

（1）在轴压工况下，箱体厚度与弹性模量平方根成反比。

（2）若考虑贮箱$D/t_2 \sim 10^3$，$p/E \sim 10^{-6}$，笔者估算不同材料sqrt(k)相差不到30%，因此不考虑不同材料的k值差异，取$\eta = \frac{1}{\sqrt{E\rho}}$表征轴压工况下材料失稳下重量系数，2195铝合金为1/sqrt(76)/2.72=0.0422，不锈钢为1/sqrt(193)/7.93=0.0091，同等工况下，如采用不锈钢，所需重量接近铝合金的5倍。

（3）纯轴压工况下，采用铝合金效率远远高于不锈钢。因此，火箭壳段不采用不锈钢材料。

随着过载变化，以及在气动力、发动机摆动下火箭承受弯矩作用，此时贮箱为内压和轴压的复合，可能同时呈现内压和轴压工况，此时贮箱厚度由t_1和t_2的最大值决定。如果$t_2>t_1$，采用铝合金具有明显优势。

13.5 增压作用——铝合金再次领先

既然如此，对于基础级贮箱，增大贮箱增压压力，使之与轴压部分抵消，岂不是可以减小贮箱重量？这样不就可以弥补不锈钢的劣势？

由于火箭飞行中增压气体压力变化较小，而随着过载变化，轴压变化范围较大，因此内压、轴压无法完全平衡。再加上火箭分离后，上面级轴压消失，此时基础级贮箱仍需满足内压要求，以免结构破坏影响分离。尤其对于还需要返回地面的回收火箭，更需保证内压工况满足需求。

因此先分析内压。考虑超重和星箭，超重火箭9 m直径贮箱，氧箱筒段长度约30 m，采用不锈钢材料。

假设贮箱增压压力约为0.4 MPa，若采用内压设计，贮箱顶部筒段厚度为1 mm。

但这个承受轴向载荷能力极为有限，代入轴压厚度公式计算，贮箱轴向载荷不能超过2.77×10^7 N。

由于星舰质量为1 500 t左右，对应这个轴压，要求超重和星箭飞行过载不能超过1.9。但一般一级飞行末期过载可达到3~4，轴向载荷4 500~6 000 t，此处按5 000 t计算。

经计算，不失稳时箱顶筒段厚度需达到6.8 mm，这与内压设计工况需要的1 mm存在巨大鸿沟，此时筒段总重46 t，增重高达39 t。

为了确保不失稳，经计算，贮箱增压压力需增加到0.7 MPa，此时内压设计和失稳设计，对应的贮箱厚度都是1.8 mm。在这个增压压力下，内压和轴压需求均可满足，与原39 t增重相比，降到了5 t。

但这5 t远不是增重的全部，还有箱底增重和增压气体增重，前者增重不多，但后者极其可观。

若增压气体为90 K的氦气，需要气体质量约3.5 t，如采用35 MPa气瓶贮存90 K的氦气，需要气瓶容积为19 m^3。根据文献[53]中的表1，56 L/35 MPa复合材料气瓶质量为40 kg，因此需要气瓶本身质量约为13 t（没有查到更大气瓶质量数据，气瓶增大质量会更低一些）。

这里采用的是90 K氦气，气体和气瓶总质量高达16.5 t，折合5.5 t/0.1 MPa。若采用自生增压，假设为600 K氧气，气体质量为4 t，而且没有气瓶了，效率能否大幅提升？

不能，别忘了，不锈钢1 800 MPa的抗拉强度为低温强度，它在常温和高温下的强度急剧降低，原厚度已经远远不够。

与不锈钢相比，采用2195铝合金贮箱，简单估算：

（1）11.6 mm的厚度，可以完全兼顾0.4 MPa的内压和5 000 t的轴压，此时贮箱总质量为27 t。

（2）6 mm的厚度，可以完全兼顾0.6 MPa内压和5 000 t轴压，此时贮箱总质量14 t，与1.8 mm厚不锈钢贮箱筒段质量相当，但增压压力减小了0.1 MPa，与不锈钢贮箱相比增压气相关质量可节省5.5 t。

13.6　返回防热——不锈钢领先但不多

现在考虑了内压、轴压设计，不锈钢并不占优势，会不会因为返回的防热呢（图13.3）？

参考航天飞机轨道飞行器，它在发射和再入大气层时，不同部位要经受 315～1 648 ℃的高温（图13.4），因而采用多种防热措施（图13.5），以确保飞行过程中飞行器的结构温度保持在可接受的范围内（176 ℃以下）。

图13.3　星舰再入大气层

Columbia's thermal tiles

More than 30,000 tiles weighi almost 10 tons covered the Columbia, protecting it from th heat caused by friction with ai during launch and re-entry. The tiles, made of heat-absorbing silica – essentially foam glass – are designed to protect the shuttle from temperatures up to 3,000 degrees.

WHITE TILES: 8-inch squares, up to about an inch thick, protect surfaces such as upper wings and fuselage.

BLACK TILES: 6-inch squares, 1 to 5 inches thick, protect Columbia's lower side and nose area.

GRAY TILES: Super-absorbent tiles protect Columbia's nose tip and leading edges of wings.

Black and gray tiles on Columbia's nose

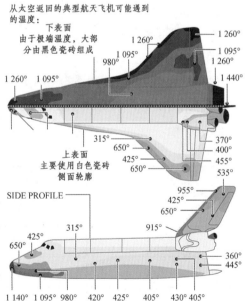

图13.4　"哥伦比亚号"航天飞机防热瓦后温度

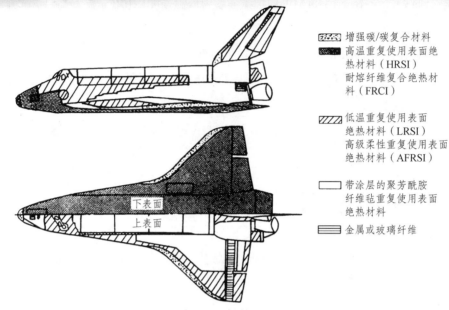

图13.5　099号及以后的轨道飞行器防热系统

　　从航天飞机防热情况看，如果背风面温度为300℃，在这个温度下，铝合金强度降低80%，下降较多（见表13.4），需要增加防热措施。而星舰采用不锈钢后，背面无须防热，如图13.6所示。

　　从防热角度，采用不锈钢确实比铝合金好，这也是卫星号助推器尾段外表面面向芯级部分，采用抛光不锈钢板弯成的蒙皮，保护尾段不受燃气回流影响的原因。

表13.4　2A14CS合金板材室温及高温力学性能（数据来源为文献[53]）

温度/℃	抗拉强度/MPa	屈服强度/MPa	延伸率/%
室温	449	378	11.7
100	407	354	18.4
250	226	199	13.5
300	108	92	17.8

图13.6　星舰的单侧防热

我们稍微量化一下这个好处。

航天飞机对于再入温度低于371℃和上升段温度低于398℃的部位，采用柔性重复使用表面绝热材料（FRSI），一种带涂层的聚芳酰胺纤维（NOMEX）毡材料。约有50%的轨道飞行器上表面为FRSI所覆盖。每块FRSI厚4.8～16 mm，面积为0.9 m×1.2 m，毡片直接粘贴在轨道飞行器外壳表面上。总覆盖面积达333 m²，总质量约532 kg（文献[54]）。考虑到一个30 m长贮箱半边面积约420 m²，因此参考航天飞机，背风面需要防热质量约670 kg。

与之前内压和轴压计算相比，防热带来的增重并不多。

13.7　制造工艺和快速迭代——不锈钢有效率

这也不行，那也不行，那马斯克为什么选择不锈钢呢？

笔者的观点：因为制造工艺，因为快速迭代。在"多快好省"上，铝合金占了"好"字，而不锈钢占了"多快省"三字。

重量上，不锈钢比不上铝合金，铝合金比不上复合材料。因此星舰设计之初，从效率角度选择了复合材料。

历史上，洛马臭鼬工厂的X-33试验飞行器首先选择了复合材料贮箱。X-33飞行器采用了大量关键技术，如采用气动塞式喷管发动机的升力体式构型，适于飞行使用的轻型复合材料结构（如氢贮箱），防热技术和高效率的操作技术等。

然而X-33项目在1999年下半年遭遇重大挫折，液氢燃料箱在试验中出现了故障，臭鼬工厂不得不临时修改计划，用更为普通的铝质燃料箱替换原先由轻质层状复合材料制造的氢燃料箱。但最终，X-33项目还是没能摆脱被遗弃的厄运。总体而言，复合材料的工艺就是复杂。

铝合金工艺呢？一样不简单。

以下摘自文献[55]：

第二代贮箱结构材料的抗拉和屈服强度大幅度超过铝镁合金，但其焊接性急剧下降，如2A02、2A14（LD10）铝合金在热处理强化状态下焊接时，易产生焊缝金属凝固裂纹及近缝区母材液化裂纹；焊缝脆性大，对应力集中敏感。

美国人研制"雷神"导弹贮箱时，遇到了焊接技术上的麻烦，其焊接区厚度为网格壁板厚度的7倍，而且焊缝旁边还有一排水密铆钉，可见当时美国人在焊接技术上缺乏高招。直至研制"大力神"洲际导弹，对贮箱焊接技术做了广泛报告，据说采用了标准的ER4043焊丝和计算机控制的钨极氩弧焊方法。但据后来了解，美国人当面承认，2014-T6贮箱焊接生产过程中仍有时出现裂纹，他们的质量控制方法是自动记录焊接工艺参数。

美国在研制向月球发射的土星5运载火箭时，虽然LH/LO2贮箱仍采用2014-T6铝合金材质，但其一级贮箱太大，直径达10 m，无法采用传统的硬式工装及卧式装配焊接方法而改用立式总装焊接方式和软工装实行横焊和立焊，他们可能预见到2014-T6铝合金已不能适应此种焊接工艺条件，遂改用可焊性良好的2219铝合金作为贮箱材料。但是2219铝合金似乎有个缺点，焊接时生成焊缝气孔的倾向性较强。美国人曾系统研究过这个问题，但没有找到既简单又有效的特殊措施，只好在2219铝合金贮箱焊接生产中通过工艺流程控制，现场环境改善等多个方面对气孔现象进行综合治理。

此后，美国人又成功开发了用于2219铝合金的可变极性等离子弧焊方法，由于焊缝内夹杂物、气孔等缺陷极少，美国人称其为无缺陷焊接法，并将其用于2219铝合金航天飞机外贮箱的生产。

为进一步减轻贮箱结构，增加有效载荷，美俄将贮箱结构材料转向了新型铝锂合金，2195铝锂合金是这一系列合金中的佼佼者，特别是低温下断裂韧性高，已应用于发现者号和奋进号航天飞机外贮箱。

熔焊铝锂合金时，存在的几个主要问题是焊缝气孔、裂纹、焊缝区锂元素的挥发和接头系数较低。为解决熔焊铝锂合金时的气孔问题，焊前不得不进行机械加工或化铣方法去除表面；

为消除铝锂合金熔焊产生的焊接裂纹不得不在填充焊丝和焊后热处理做文章；所以不仅耗时、低效而且焊缝质量难以保证。解决的方法是采用搅拌摩擦焊，1997年麦道公司已将这种方法用于制造德尔塔2/3型火箭的推进剂贮箱。

采用搅拌摩擦焊后，铝合金焊接问题的确已经解决，但它需要庞大和精确的设备，这与SpaceX需要的露天焊接、快速迭代相比，显然不锈钢才能更好地满足需求。

（1）2019年11月21日，星舰的全尺寸原型机MK1在贮箱低温强度试验中突然发生破裂，不锈钢贮箱前底和短壳被箱内气体高压崩飞数十米远，后底随即也发生破裂，MK1直接报废。

（2）2020年2月28日，SN1同样没能通过考验，一样是进行液态氮的低温加压测试时爆炸，像被压扁的铝罐一样变成一堆不锈钢片，现场浓"烟"滚滚。

（3）2020年4月3日，SN3低温试验再次报废，定位是阀门泄漏故障。

（4）终于在2020年4月27日和5月9日，SN4分别通过了0.49 MPa和0.75 MPa的低温压力试验。

为什么能这么快，就是因为不锈钢壳子不值钱，焊起来又快，想多快就多快。

如果星舰一开始就学SLS，十分精致地设计和生产，虽然压力和爆破试验一次成功（图13.7），但最终失去的是时间和市场，是一种典型的战术正确战略失败。

铝合金有效能，不锈钢出效率。

图13.7　SLS爆破试验

对于马斯克来说，效率比什么都重要。快速迭代是他的战略前提，因此技术决策的考量点是效率、效率和效率，也许在他眼里，铝合金是一个战术选择，而不锈钢才是当前的战略选择。

至于以后，待星舰状态稳定后，他会不会重新回来选择效能更高的铝合金或复合材料贮箱呢？完全有可能，因为这已经是大的战略目标实现后的战术改进了。

星舰的"HeaderTank"作用及技术源流分析

随着SN8和SN9的惊天一立，以及SN8失利后SpaceX官方声明的甲烷"HeaderTank"增压不足，需要改为氦气增压，"HeaderTank"也引起了很多关注。

在原理图上，"HeaderTank"即图14.1中顶部的小氧箱和甲烷主贮箱底部的小贮箱（图14.2）。小氧箱可以叫"HeaderTank"，但小甲烷箱明明在贮箱底部，为何不叫"Bottom Tank"呢？

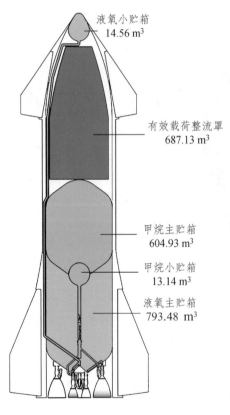

液氧小贮箱
14.56 m³

有效载荷整流罩
687.13 m³

甲烷主贮箱
604.93 m³

甲烷小贮箱
13.14 m³

液氧主贮箱
793.48 m³

图14.1　SN5构型

新小甲烷贮箱配置——可能在甲烷箱底部

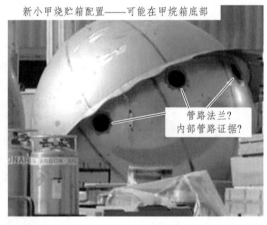

管路法兰?
内部管路证据?

图14.2　SN的"HeaderTank"外形

14.1 HeaderTank的技术演变

2016年，第67届国际宇航联大会上，SpaceX在*making life multiplanetary*中抛出行星际运输系统（ITS），其中每个推进剂主贮箱的顶部有两个球形贮箱，称为"HeaderTank"，这两个都是名副其实的"顶部贮箱"（图14.3）。

2017年，ITS构型有所变化，箱子已经由主贮箱顶部变成了全部位于甲烷主贮箱内（图14.4）。从SpaceX官网放出来的文件解释为：在着陆时，火箭方向将显著改变，但推进剂不能绕着箱子晃动，因此必须由"HeaderTank"为发动机供应推进剂，此时"HeaderTank"已经失去"顶部贮箱"的意思，仅仅保留了这个名字。

图14.3　2016年星舰构型

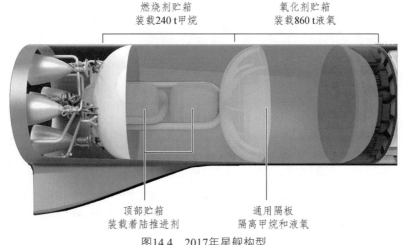

燃烧剂贮箱
装载240 t甲烷

氧化剂贮箱
装载860 t液氧

顶部贮箱
装载着陆推进剂

通用隔板
隔离甲烷和液氧

图14.4　2017年星舰构型

14.2 HeaderTank的作用和技术源流

HeaderTank有什么作用呢？为什么有这种技术演变呢？

埃隆·马斯克曾经回答了这个技术的作用，主要是为着陆时提供推进剂，作用包括：

（1）取消推进剂沉底和晃动抑制需求。

（2）降低对贮箱增压需求。

（3）减少推进剂蒸发量。

（4）配平火箭质心。

Question

ITS Spaceship design question II.: The ITS Spaceship has two mystical spherical tanks, marked green in this slightly edited image. The whole tank design looks very exciting, and there's rampant speculation on this sub about the purpose of those spherical tanks:

are they for landing fuel?
... or are they storing 'hot' gaseous propellants as part of the autogenous propellant pressurization system?
... or are they used for on-orbit propellant densification to store vapor before it's liquefied again?

All of the above perhaps?

Answer by Elon Musk

Those are the header tanks that contain the landing propellant. They are separate in order to have greater insulation and minimize boil-off, avoid sloshing on entry and not have to press up the whole main tank.

As an addendum, SpaceX's Interplanetary Transport System does not use Helium, instead opting for autogenous pressurization whereby you use the propellant to pressurize itself (gaseous Methane and gaseous Oxygen, respectively).

14.2.1 沉 底

液体火箭的推进剂很容易流入发动机，但也容易产生断流。如航天器在太空中失重或大角度机动时，贮箱内推进剂会因失重或晃动而离开输送管口，有文献曾给出了试验和分析计算的动画（图14.5）。

火箭地面点火直至主动段飞行时一直有过载，只需要普通的防晃、防漩和防塌装置，即可保证推进剂不断流，这是最常见的输送方式，这种贮箱称为直排式贮箱。

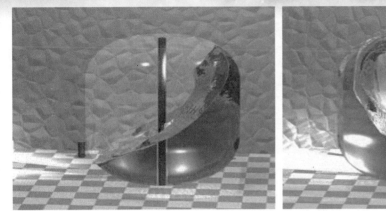

图14.5　流体晃动动画

　　对于空中失重状态下启动的火箭/上面级，需经历滑行，大机动的上面级、长期在轨的卫星上，为保证推进剂顺利进入发动机，要么采用额外的沉底发动机创造一种过载环境，要么在贮箱上想办法，在贮箱内构造推进剂管理装置，有文献总结了如图14.6所示的装置，在火箭上大多采用直排式+额外推力沉底方案，在火箭上面级中一般采用隔膜式贮箱、表面张力贮箱等。

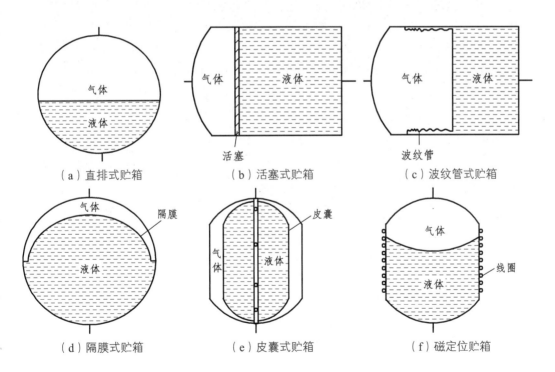

（a）直排式贮箱　　　　（b）活塞式贮箱　　　　（c）波纹管式贮箱

（d）隔膜式贮箱　　　　（e）皮囊式贮箱　　　　（f）磁定位贮箱

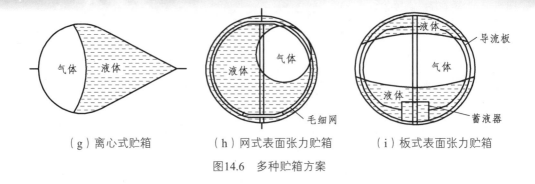

（g）离心式贮箱　　　　（h）网式表面张力贮箱　　　　（i）板式表面张力贮箱

图14.6　多种贮箱方案

对于SpaceX的再入返回，用的哪种方案更好呢？

猎鹰9飞行时一级火箭发动机会经历4次点火过程：发射（9台发动机点火）、回推点火（3台发动机点火）、再入点火和着陆点火（1台发动机点火），如图14.7所示。

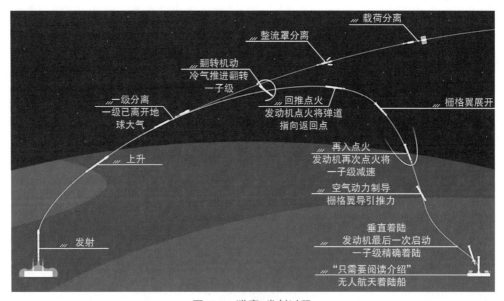

图14.7　猎鹰9发射过程

（1）发射点火时，火箭过载为1，推进剂自然沉底，点火就走。

（2）回推点火（Boostback Burn）时，火箭在60 km左右的高空，处于失重状态，这时就需要推进剂管理了。笔者推测采用RCS正推沉底，如图14.8所示，在两片栅格翼中间的凸起物就是RCS喷口，其中有一个朝下喷口可以产生沉底推力。

（3）再入点火（Entry Burn）阶段，火箭处在5 km高度，这时由于箭体/栅格翼阻力，箭体为正过载（快速减速），推进剂自然沉底。

（4）着陆点火（Landing Burn）阶段，推进剂沉底同再入点火状态。

气动减速时自带沉底，这种调动外界事物的能力在SpaceX各种研制中被一次次用到，如返回时使用的栅格翼，与其消耗推进剂自己憋出控制力，还不如用栅格翼引出控制力。

图14.8　猎鹰9火箭级间段

气动大法好呀，既然尝到了甜头，自然要再深挖下去。最近的几次猎鹰9海上回收，就已经取消了回推点火环节，根本不用发动机点火，直接用气动减速，照样能将火箭速度从1 000 m/s减速到300 m/s左右，直接再入和着陆点火就可以返回了。

这个过程中箭体会被大幅气动加热，但带来的好处就多了，包括发动机少点火一次，以及大量节省推进剂。如之前回推点火28 s，按100%推力时320 kg/s流量计算，3台发动机点火需要消耗近27 t推进剂，现在全部节省下来了。

还能继续深挖吗？当然，星舰新方案应运而生。既然能气动减速，为什么要动力减速？只是星舰飞行速度太快了，远非猎鹰9一子级可比，靠栅格翼那样的"小耳朵"减速根本来不及，那就换成"肚皮"趴着减速。

于是就有了SN9的惊天一立。

问题也伴随而至，趴着时点火，推进剂横流，相当于横向失重，怎么沉底？兜兜转转我们又回到了起点，可惜由于星舰的巨大规模，对沉底力的需求太大了，原猎鹰9的RCS方案已不堪用。

怎么解决？

如果说栅格翼的技术源流是苏联，现在，我们仍可以回到苏联时期去寻找智慧。

杨格尔曾经采用了第一性思考，提出了简单得不能再简单的解决措施：满箱时，推进剂无法飘起来；小直径贮箱下，推进剂也晃不起来。

这个第一性思考50年前被用在了宇宙3M火箭（1967年首飞），在R-14导弹（差点进入古巴）上增加二级改造而来的小型运载火箭。

如图14.9所示，宇宙3M火箭二级外侧的圆柱形贮箱，其内部装着过氧化氢推进剂，当发动机主机关机时，此套低推力系统工作，过氧化氢经过独立的燃气发生器，之后从与二级游机（微调发动机）同一

图14.9　宇宙3M火箭

组的燃气阀门和喷管喷出，产生推力，它可以一直工作到主机第二次启动。在此期间保证二子级姿态控制稳定、主机再次启动时的沉底。

14.2.2　降低增压需求

发动机要二次启动，除了推进剂沉底外，还有入口压力需求，它等于贮箱内气体压力＋液柱压力－流损。

在火箭主动段飞行过程中，由于飞行过载，推进剂本身可以形成一定液柱压力，降低对箱压的需求，但二次启动时，火箭处于失重状态，这个液柱压力消失了，需要通过气体压力来补足，而发动机工作起来后，液柱压力又自然产生了。

仅为了满足二次启动时那么一小下，需要补充的压力却相当可观。

对于液氧，一个10 m高的液柱，在5 g过载下，能产生0.57 MPa液柱压力。这个压力如果完全由气体额外提供，以SN氧箱为例，如气体温度为300 K，则对应密度为7.3 g/m^3，氧箱容积800 m^3，需要补充5.85 t氧气。

仅仅是为了启动时那么零点几秒，就需要增加5.85 t的气体死重（以及更多的贮箱死重），完全不可接受。

HeaderTank的引入非常简单地解决了这个问题，这时候根本不需要给整个贮箱增压，只需要补充到HeaderTank中即可，15 m^{3}容积，对应气体量降低到100 kg，而且由于气体量少，可改为氦气瓶增压，这时仅需要13.7 kg。

SN8落地时失败，就是由于小甲烷箱增压不足，SpaceX增加了氦气辅助增压方案，由于问题被隔离在了HeaderTank里，这个改进就比较容易实施了。

使用这个方案还有一个意外之喜：充分利用了输送管内的液体。

推进剂快用到输送管时，或者箱内晃动幅度大，或者出流故障形成断流，或者液柱高度快速下降，液柱压力同步快速下降导致增压不足，很多火箭子级关机时输送管内还有很多推进剂。

以德尔塔4H为例（图14.10），液氧输送管路内部安装发动机耗尽关机传感器。传感器位置距离发动机入口很远（>27.1 m），如管路直径300 mm，则管路内推进剂有2.2 t，除非传感器敏感到耗尽信号后再延时3 s关机，否则管路内始终还要留下推进剂死重。

而采用小贮箱，完全可以通过提高增压压力，充分利用输送管内的推进剂。

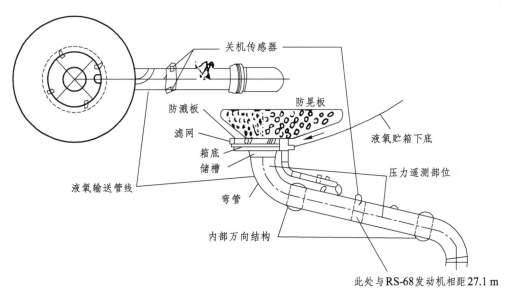

图14.10　德尔塔4H管路和耗尽关机传感器安装位置示意图

14.2.3　减少推进剂蒸发

星舰采用在轨加注方案，需要在轨较长时间，双低温推进剂蒸发量较大。有文献曾经统计了半人马座几发任务的在轨蒸发量（表14.1），蒸发量并不小。

表14.1　大力神4-半人马座在轨蒸发量数据

参数	TC-15		TC-11	
	液氧	液氢	液氧	液氢
进入贮箱单位净热通量（总净热通量）/[btu/（h·ft²）]（btu/h）	4（400）	1（500）	2（200）	1.5（700）
总加热量/（btu/h）	2 100	2 500	1 300	3 100
每日蒸发量（占氧/氢贮箱百分比）/（%/天）	1.5	4.1	1.0	5.1
系统日蒸发量（占全氧+氢箱百分比）/（%/天）	2.0		1.6	

注：1 btu/（h·ft²）=3.15W/m²，1 btu/h=3.15W。

半人马座上面级发射状态很多，其中大力神4-半人马座是将上面级包在整流罩内的（图14.11），因此可以采用太空防热能力更好的多层绝热材料（图14.12），但即使这样推进剂蒸发量也不小。后面星舰要做到主贮箱大规模在轨补加，难度不小。

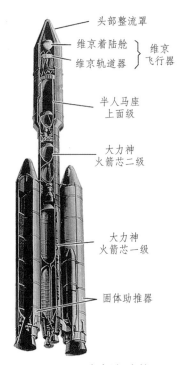

头部整流罩
维京着陆舱 ｝维京
维京轨道器 ｝飞行器

半人马座
上面级

大力神
火箭芯二级

大力神
火箭芯一级

固体助推器

图14.11　大力神4火箭

图14.12　半人马座的绝热包覆

好在返回推进剂由于装在了HeaderTank，受热辐射较小，同时小贮箱内推进剂多气枕空间少，推进剂一蒸发箱压立刻升高，推进剂沸点变高，推进剂不再继续蒸发。只要推进剂温度能满足发动机工作需求，蒸发量就要少得多。

14.2.4 配平火箭质心

星舰方案几经改变，最后氧箱仍放在了顶部，埃隆·马斯克解释为如放在其他位置，水平返回时重量和平衡将向后偏远，在鼻子上放一个单独的贮箱可以立即解决很多问题。

这种设计同样可在苏联见到，图14.13所示为杨格尔的R-12导弹的剖面图，其中蓝色部分为氧箱，氧箱由中间板隔开了，在飞行过程中，首先消耗下层单元中的氧化剂调节质心，以提高飞行中的稳定性。

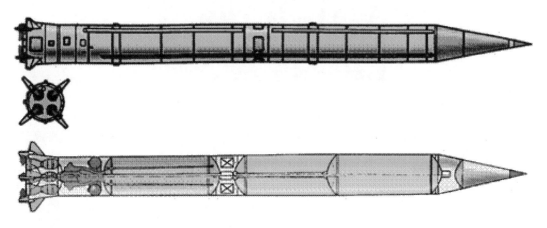

图14.13 R-12导弹剖面图

14.2.5 其 他

图14.14的SN10中，二级星舰的尾鳍，以及一级猎鹰重型尾部扩张段，都可以在R-12上找到影子。它选择了尾舵而不是传统的燃气舵/游机来控制飞行中的火箭。此外，由于RD-214太大而无法容纳从R-5继承的机身直径，因此在R-12上增加了一个凸起的圆锥形的尾部，以容纳发动机。

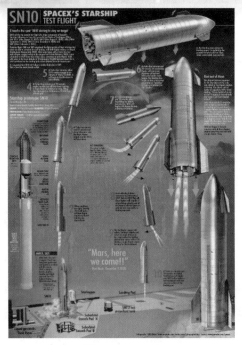

图14.14　SN10

　　还有长得像小蝌蚪的氧化剂HeaderTank，可以在科罗廖夫的R-7和R-9A导弹上找到痕迹，如R-7的助推氧箱和R-9A的二级燃箱（图14.15和图14.16，蓝色为氧化剂、黄色为燃剂）。

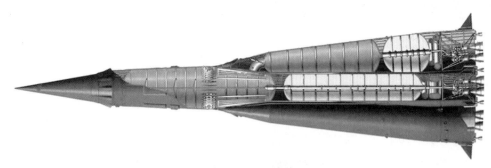

图14.15　R-7导弹

图14.16　R-9A导弹

在猎鹰9的设计中，栅格翼、过冷加注，技术源头均为苏联，重型猎鹰也在用各种方式向那个远去的时代致敬，星舰简直是在以各种方式向N-1火箭致敬（图14.17）。

那是个充满了快速迭代、一直在解决问题、暴力美学的灵魂，那是个不一定长久，但始终能让人回味和激动的灵魂。

图14.17　星舰尾视图

火箭怎么飞到目的地

> 动力、结构、控制——运载火箭最重要的三个系统。其中动力、结构看得见、摸得着，一说就能明白，入门较易；而控制系统更多涉及公式、参数、软件，看不见摸不着，不直观，较难理解，入门不易。

15.1 什么是GNC

怎么控制火箭飞行？三个字母GNC，分别是Guidance（制导）、Navigation（导航）、Control（控制），有时候我们还说Trajectory（弹道或轨道、轨迹）。

与开车类比，车跑在高速上，事先规划好走的路线是弹道；导航是随时知道车开到了什么地方；制导的作用是确保按既定路线行驶，在错过路口时把车纠回来或实时规划出新的路线。制导是怎么实现的呢？靠转动方向盘。驾驶员看着路、听着导航信息、握着方向盘，把车开到目的地的整个过程，就是开车去目的地的控制。

15.2 为什么需要GNC

各种偏差下，真实弹道都是标准弹道下的扰动，导弹、卫星怎么才能打得准呢？拿导弹举例比较简单，对于射程10 000 km的导弹，在关机点X方向速度误差大约有1 m/s，不到X方向速度的1‰，最终落点偏差就有5~6 km。在结构和发动机设计中，一般1%都是一个绝对可以接受的误差，而在飞行控制中，1‰，甚至0.1‰都是不可接受的。为实现高精度，就必须靠闭环控制，也就是GNC。

如阿瑟·L.格林雪特在《飞行控制系统的分析与设计》中所述，目前所用的航天器稳定性及控制分析的方法，是由Lanchester和Bryan在20世纪初在飞行和滑翔机所用方法的推广，虽然存在数学方程的解，能帮助设计制导系统，但这些方程非常难解。用在火箭上更为复杂，它必须适应推进剂燃烧时火箭质量和质心的变化，以及在大气层不同高度时空气动力学特性的变化。1937年，在A-3火箭上的试验表明，此时的制导系统连微风都不能应付，后来的工作表明问题比任何人所想到的要难得多，冯·布劳恩为此建立了他自己的制导实验室，甚至研制了一枚完全新型的A-5火箭，主要测试制导系统。专门用于研究制导的火箭，也就只有在运载火箭早期才会有吧！

在V-2飞行时，施图林格（Ernst Stuhlinger，图15.1）应该已经到佩内明德开展制导和控制系统设计工作了。还记得玛丽·尤肯达修女的信吗？她问道：目前地球上还有这么多小孩子吃不上饭，美国为什么能舍得为远在火星的项目花费数十亿美元。那封广为流传的著名的回信《为什么要探索宇宙》就是这位施图林格写的，时任马歇尔太空飞行中心的科学副总监。

图15.1　施图林格

苏联最早从事控制系统为尼古拉·阿列克谢耶维奇·皮留金（Nikolay Alekseyevich Pilyugin，图15.2）。网上没有搜索到他的资料，只搜索到皮留金科研生产联合体[Academician Pilyugin Center（NPO AP）]，成立于1946年，主要研制火箭、导弹与飞船的惯性控制系统，包括捷联惯导系统（SINS）、机械平台式惯性导航系统（GINS）、捷联式惯性测量单元（SIMU）等，涉足自主控制系统、机器人系统与智能化机械技术，从事国家太空项目，如GLONASS导航卫星。同时还生产民用产品，如汽车诊断系统。

梁思礼，梁启超之子，火箭系统控制专家，中国导弹控制系统研制创始人之一。他曾领导和参加了多种导弹、运载火箭控制系统的研制、试验，曾对航天可靠性工程提出精辟论述，成为航天可靠性工程学的开创者和学科带头人之一、航天CAD的倡导者和奠基人。著名的"导弹的质量和可靠性首先是设计出来的，不是统计计算出来的；是生产出来的，不是检验出来的；是管理出来的，不是试验出来的"，就是由梁思礼提出来的。

图15.2　皮留金

看来与搞发动机不同，一个格鲁什科，一个洛克达因公司，就有料让大家说半天。而搞控制的，不跨跨界，大多数人都不知道。

15.3　GNC的生活化描述（导航）

怎么导航呢？开车时靠GPS刷出位置，或根据路标认出位置。但这并不是火箭导航的方法，因为在火箭飞行中，GPS刷新率太慢了，还存在搜不到卫星、GPS被关掉的可能性，不够用。火箭导航首选惯性器件，GPS只是辅助方法。

在连姆·尼森主演的《飓风营救2》中，连姆·尼森被装在袋子中随车拉走，这时候他读秒边记住转向，希望依靠这些信息找到被关起来的位置。这是典型的惯性导航，即它是不依赖外部参考，仅仅依靠自身的加速度、角速度等，通过积分得到当前所在位置的导航方法。

可以想见的是，这种积分式方法，累积误差必然越来越大。电影中尽管他一直在默念，看起来很牛的样子，但在和女儿的电话中，连姆·尼森还是说不知道自己在哪，最后让女儿扔了一颗手雷，通过手机中的爆炸声和外部声音传播的时间差，进行了定位。

作为一个专业找人并打架的影片，《飓风营救》系列电影中使用了太多的定位方法（带着这个观点看电影会很有趣），上述是它在短短10 min内就对两种导航方法进行了绝佳诠释：

（1）靠惯性自主定位。在运载火箭中对应的是平台、惯组、速率陀螺等。

（2）靠外界信息定位。在运载火箭中对应的是GPS、无线电、图像匹配等。

以上是导航（N），为到达目标还需要制导（G）和姿控（C），用图15.3来概述GNC。

图15.3　GNC示意

晚上客厅的电话响了，睡眼蒙眬，没有开灯，只依稀知道要穿过沙发去接电话，这个过程从GNC的角度怎么描述？

（1）心中默念穿过沙发去接电话，这条设计好的线路，就是弹道。

（2）到茶几前转弯，这就是大家在看我国火箭发射时常听到的"程序转弯"。

（3）先转个弯，再走上一段，再转弯，就可以拿到电话。从0°转到90°，再转到0°，再转120°，这些不同时刻对应的角度就是弹道设计中的重要概念："程序角"。

（4）在需要拐弯的地方实施拐弯，确保在各种时刻按需要的角度前行，是制导；在达到电话时停止脚步，称为关机，也是制导。

（5）摸黑走过去看不了时间，在这里步数是测量元件（脚步还是执行部件，这与火箭不同，火箭的执行部件是伺服机构和发动机），相当于火箭飞行中的平台、惯组等惯性器件。

（6）如果初始走的方向不对，再按原先的程序角，就会撞到墙，或走到别的地方。正如蒙眼睛走路，走路前如果先转几圈，则走的方向就会有问题，从而无法到达目的地。惯性器件是积分式的，它不知道初值是什么，除非提前告诉它，这在火箭中称为瞄准。还记得2018年1月26日阿里安那次事故吗？原因说起来很绕口，但其实就是"瞄歪了"。

（7）众所周知，用脚步度量没有那么准，总会差那么一步、两步。就像人为什么会走不出沙漠？因为人的两条腿不一样长，最后会走出一个超级大圆而不是直线。测量中这就是惯性器件的工具误差。值得注意的是，这里由于脚步既是惯性器件又是执行机构，此处特指的是用脚步测量，而不是执行，不要产生误解。在《飓风营救2》中，连姆·尼森计算转向，原本转120°的分岔路口，他如果当成了90°，走到了另一个路口，也是工具误差。

（8）带三根棍，让三条棍保持一条直线，人就能走出沙漠了，这相当于更高精度的惯性器件。据称，世上最高精度的惯性器件是和平卫士导弹所用的高级惯性基准球（AIRS）。

（9）图中，脚步走不准没关系，走到沙发摸一下修正，就能更容易地找到电话，这就是组合导航。像火箭飞行中，用GPS修正惯性器件误差，最后会飞得更准。

开车时路线有两大类，一是走什么高速，另外是哪条车道。当然可以不变车道走到黑，也可以变道，譬如躲避障碍和超车。走哪条高速是一个很长周期的事情，不用时时刻刻调整，而躲避障碍或超车等则需要时时刻刻注意力集中并调整，是短周期。

在火箭中进行了类似细分，一是由于参数的不确定性或干扰的随机性引起弹道的偏离，这是一个围绕理想弹道的振荡，是长周期运动；另一个是火箭绕自身轴的偏转，或称为姿态，它同样在干扰下存在振荡，这个振荡周期短，是短周期运动。在GNC的框架中前者属于制导（G），后者属于姿控（C）。

15.4　GNC的物理描述（制导）

15.4.1　反馈控制

在火箭中一种是长周期的控制，称为制导，一种是短周期的控制，称为姿控。说起来还是隐晦，这两个到底是什么东西呢？有什么区别？

首先，它们两个都闭环控制。

在《动态系统的反馈控制》一书中举了自动调温器控制壁炉的例子（图15.4）。在系统工作过程中，若房间温度低于要求温度时，自动调温器点燃壁炉，房间吸热量大于散热量，温度上升，直至达到设定值，关闭壁炉；房间朝外界散热温度下降，当下降到低于要求温度时，再重复此过程。

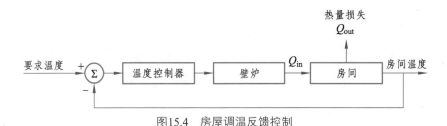

图15.4　房屋调温反馈控制

注意图15.4下侧的那条回路，因为该回路的引入，可对系统的输出进行测量并反馈回来加以利用，构成了闭环控制，或反馈控制。反馈控制的基本组成如图15.5所示。

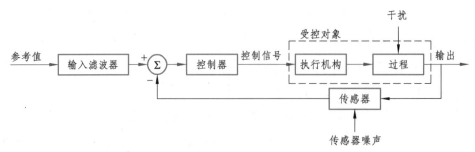

图15.5　反馈控制基本框图

图15.4中，过程就是房间，它的输出是房间温度，对这个过程的干扰是外界的换热。过程的设计对控制效果有很大影响，如关上窗户就比开着容易稳定温度。壁炉是执行机构，执行机构应能以满足要求的速度和范围快速改变过程输出。如果壁炉功率较小，如安徒生童话中小女孩的火柴，就无法达到需要的温度。

一般地，过程和执行机构紧密连接，控制设计主要是寻找一个合适的输入给执行机构，过程和执行机构合在一起称为受控对象，用来准备求解要求的控制信号的装置称为控制器，本例中为温度控制器，它在温度低于要求值时打开壁炉，低于特定值时关闭壁炉。本例中温度计对房间温度进行测量，是传感器。

火箭控制系统框图（图15.6）也别无二致，这里箭体是过程，伺服机构/配电器（控制关机）是执行机构，箭机是控制器，惯性器件是传感器。

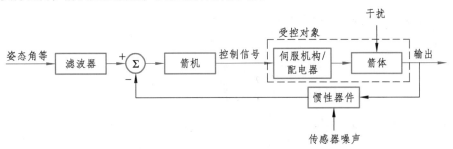

图15.6 火箭控制框图

15.4.2 制导概述

制导和姿控有什么区别呢？

各种偏差下，真实弹道都是标准弹道下的扰动，制导的目的是将火箭导向目标。向标准弹道靠近不一定好使，因为需要保证7个参数（$t, x, y, z, v_x, v_y, v_z$）等于预订值，这很困难，而且如果发动机不调节推力，控制量是不够的，不可能保证。另外，导向目标也不是一定要导向标准弹道。如图15.7所示，在标准弹道附近存在一个弹道族，在这里的7个参数只要满足一定关系，就能导向正确目标。

问题是，飞行中，射程怎么测量？

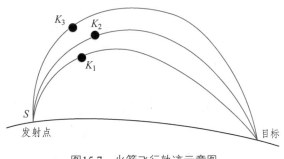

图15.7 火箭飞行轨迹示意图

没法测！这就是制导面临的问题：没法测量。传感器可以测出当前的加速度、速度、位置，但就是没有传感器可以测出射程。

既然没办法测量射程，那么可以算吗？能不能写出计算方程？仍然很难，但我们可以确定，射程是一个关于关机点时间、速度、位置的确定性函数，也即$L=L(t, x, y, z, v_x, v_y, v_z)$。只是这个函数难以写出来。

怎么办呢？制导设计很多时候就是在处理测量问题。两种思路：

（1）精读法。在标准弹道基础上，采用泰勒展开，在每一时间点上写出一个近似函数，对函数直接求解，对应摄动制导。

（2）通读法。不管标准弹道，对所有时间点写一个统一的近似函数，这个函数可能开始不准，但会越来越准，对应闭路制导。

前者书上说是隐式制导，后者书上说是显式制导。

15.4.3　摄动制导

在标准弹道附近可对关机时刻的射程进行泰勒展开！

$$\Delta L = \frac{\partial L}{\partial t}\Big|_t \Delta t + \frac{\partial L}{\partial x}\Delta x + \frac{\partial L}{\partial y}\Delta y + \frac{\partial L}{\partial z}\Delta z + \frac{\partial L}{\partial V_x}\Delta v_x + \frac{\partial L}{\partial V_y}\Delta v_y + \frac{\partial L}{\partial V_z}\Delta v_z$$

这里的偏导数是指关机时刻偏导数，ΔL是实际射程与理论射程之差，Δx是实际位置与标准弹道位置之差。

现在目标明确了，实际射程与理论射程相等，即$\Delta L=0$是需要的控制目标，将上式右侧的Δ项展开成实际值和理论值的部分可得

$$\frac{\partial L}{\partial t}t + \frac{\partial L}{\partial x}x + \frac{\partial L}{\partial y}y + \frac{\partial L}{\partial z}z + \frac{\partial L}{\partial V_x}v_x + \frac{\partial L}{\partial V_y}v_y + \frac{\partial L}{\partial V_z}v_z$$

$$= \frac{\partial L}{\partial t}\bar{t} + \frac{\partial L}{\partial x}\bar{x} + \frac{\partial L}{\partial y}\bar{y} + \frac{\partial L}{\partial z}\bar{z} + \frac{\partial L}{\partial V_x}\bar{v}_x + \frac{\partial L}{\partial V_y}\bar{v}_y + \frac{\partial L}{\partial V_z}\bar{v}_z$$

从公式里可以看到7个偏导数，它们都可以根据标准弹道提前算好，称为偏差系数。

方程右侧的值，即偏差系数与标准弹道中时间、位置、速度相乘再求和，可以提前算好，称为关机特征量。导弹中只需要装订这7个偏差系数加1个关机特征量，然后时刻将传感器敏感到的时间、位置、速度进行计算，再与关机特征量比较，即可确定是否关机。显然，由于

是泰勒展开，要求真实弹道离标准弹道不要太多，它的精度终有瓶颈，同时也无法适应发动机推力下降等故障模式。

之前给出的对于射程10 000 km的导弹，在关机点大约有

$$\frac{\partial L}{\partial V_x} \approx 5\ 000 \sim 6\ 000\ \text{s} \qquad \frac{\partial L}{\partial x} \approx 1 \sim 2$$

$$\frac{\partial L}{\partial V_y} \approx 1\ 500 \sim 2\ 500\ \text{s} \qquad \frac{\partial L}{\partial y} \approx 2 \sim 10$$

$$\frac{\partial L}{\partial V_z} \approx 100 \sim 200\ \text{s} \qquad \frac{\partial L}{\partial z} \approx 0.1 \sim 0.5$$

这几个就是上面的偏差系数。

15.4.4 闭路制导

火箭飞行中，后面推力朝什么方向，落点在哪儿，无法计算。但任何时刻只要关机（图15.7中K_1、K_2、K_3点），都对应一个落点。那换个角度，为让导弹飞行到落点，先不考虑后续发动机怎么推，假设只需在当前时刻推一下，后面不推了，可以计算一个速度增量和推的方向，那发动机就照这个方向推吧，只要不犯方向性错误总能到达目的地。

于是，复杂的导弹运动近似成了一简单的二体问题（不考虑落地前大气阻力和地球非球形摄动，真实应用时需要修正一下）。只要发动机还在工作，这个近似就不准。但随着离落点越来越近，剩余发动机工作时间越短，就越准。当发现不需要速度增量落点就重合时，就可以关机了，关机时刻的近似方程终于准确了。

这就是闭路制导，原方程写不出来，那就做个近似，这个近似开始不准，但会越来越准。

15.4.5 制导和姿控异同点

如前所述，制导和姿控都是闭环控制，但两者侧重点不同。

（1）制导控制长周期运动，诸如射程、半长轴之类的量，这些量没法测、难以算。制导的特点为：特征量无法测量，但稳定性不关键。因此，制导系统的设计要点在处理特征量问题。

（2）姿控控制短周期运动，诸如箭体姿态角等角度，这个角度在火箭上装上一个传感器很容易测量，但姿控的问题在于，就像开车，要保证不翻车，需要对开车的方法，以及车的特

性有比较好的理解。姿控的特点为：特征量容易测量，稳定性特别关键。因此，姿控系统的设计要点在处理稳定性问题。

制导特征量传感器测不出来，方程太复杂也无法写出来，有两种处理思路：

（1）精读法。在标准弹道基础上，对每个时间点上写一个近似函数（使用泰勒展开）的摄动制导。由于是泰勒展开，要求真实弹道离标准弹道不要太多，它的精度终有瓶颈，同时也无法适应发动机推力下降等故障模式，一般认为是第一代制导算法。

（2）通读法。不管标准弹道，对所有时间点写一个统一的近似函数，这个函数开始可能不太准，但会越来越准，这就是闭路制导。闭路制导紧盯一个目标，能在一定程度上适应发动机推力降低等故障模式，同时需要的地面计算和装订值少，一般认为是第二代制导算法。

15.5 GNC的数学描述（姿控）

15.5.1 由开环到闭环

图15.8所示的火箭，重心位于图中O_g处，忽略气动力、阻尼等，则仅有发动机摇摆（摆角为δ）可让火箭转弯，由转动惯量×角加速度=外力矩，运动微分方程为

$$J\ddot{\varphi} = PL\sin\delta$$

进一步，将发动机摆角线性化，方程写为$\ddot{\varphi} = k\delta$。

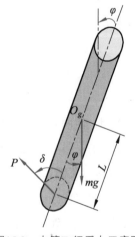

图15.8　火箭飞行受力示意图

假设所需的姿态角规律为 $\varphi_c = 90\cos(t/40)$，则给定发动机摆角 $\delta_c = -\dfrac{90}{1600}\cos(t/40)$。

姿态角误差较小，即在给定摆角下，可以实现预定的姿态角。现实都是有干扰的，带干扰的箭体控制模型如图15.9所示，其Simulink模型如图15.10所示。

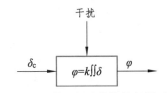

图15.9　带干扰的箭体控制模型

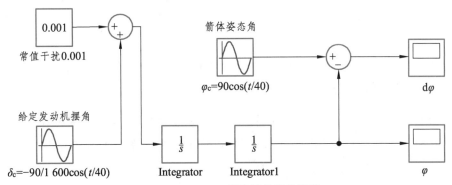

图15.10　Simulink搭建箭体姿控模型

假设干扰为最大值0.001的平均分布函数，则给定上述发动机摆角时，偏差曲线如图15.11所示，累积误差已经不可接受。

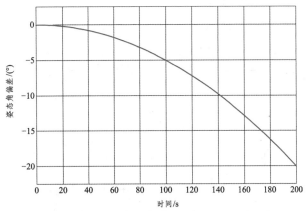

图15.11　姿态角偏差（工况1：开环）

怎么办？采用反馈控制！

15.5.2 由直连到网络

反馈控制就是将输出与需要的输入比较，求差后计算出发动机摆角，从而达到需要的姿态角（图15.12）。

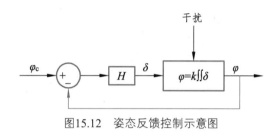

图15.12 姿态反馈控制示意图

求差之后直接作为发动机摆角感觉总是有点别扭，假设有个转换函数H，只是暂时不知道取什么，在没有思路时就先用1试试。

由于存在回环，方程不那么容易求解了（譬如采用拉普拉斯变换求解，会发现最后的解涉及一个卷积计算）。这里直接用MATLAB的Simulink求解（图15.13和图15.14），计算时假设$k=1$，另外积分运算拉普拉斯变换后就是$1/s$。

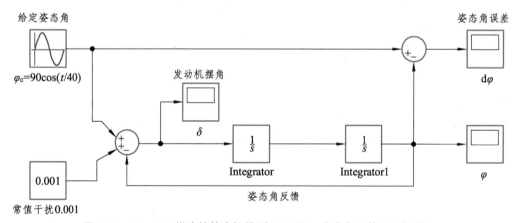

图15.13 Simulink搭建箭体姿控模型（工况2：姿态角反馈闭环控制）

将带反馈的闭环框图与之前开环的框图比较。开环中，发动机摆角δ_c必须事先从输入的姿态角计算得到。而在闭环中，事先根本不需要知道输入姿态角是什么！

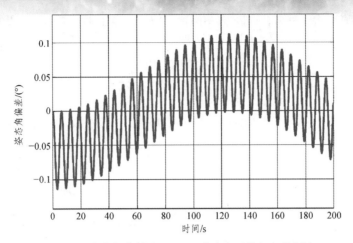

图15.14　姿态角偏差（工况2：姿态角反馈闭环控制）

此处$H=1$，也就是给定姿态角和输出姿态角的差值就是发动机摆角。

问题是，此处得到的摆角存在振荡，还有很多其他例子摆角会直接发散，如要设计出稳定、平稳的摆角，还需要进行深入研究。首先引入几个名词。

传递函数：指零初始条件下线性系统响应（即输出）量的拉普拉斯变换与激励（即输入）量的拉普拉斯变换之比。传递函数是复变量s的有理分式。

零点：有理分式中分子多项式等于0时的根。

极点：有理分式中分母多项式等于0时的根。

开环传递函数：人为断开反馈后的传递函数。

写出输出对输入的传递函数：

$$\frac{\varphi}{\varphi_c} = \frac{1/s^2}{1+1/s^2} = 1/\left(s^2+1\right) = \frac{1}{s+i} \cdot \frac{1}{s-i}$$

公式的右半部分可以写成如下通用形式，这里p_j为极点，z_i为零点。

$$T(s) = \frac{\sum_{i=1}^{m} a_i s^i}{\sum_{j=1}^{n} b_j s^j} = \frac{\prod_{i=1}^{m}\left(s-z_i\right)}{\prod_{j=1}^{n}\left(s-p_j\right)}$$

闭环系统输出稳定，要求极点全部在左半平面（实部全部小于等于0），只要有一个实部大于0，系统频域就不稳定。而在本例中，实部正好等于0，此处是一种临界稳定状态，其稳定性需要更多信息进行判断。

为了让振荡衰减得快一些，可以增加传递函数H，这个传递函数一般称为增益和网络，增加后闭环传递函数为

$$\frac{\varphi}{\varphi_c} = \frac{H/s^2}{1+H/s^2} = \frac{H}{s^2+H}$$

如果$H=2s+1$，两个闭环极点均为-1。如图15.15和图15.16所示，振荡已经没有了，而且误差降低到$0.06°$。

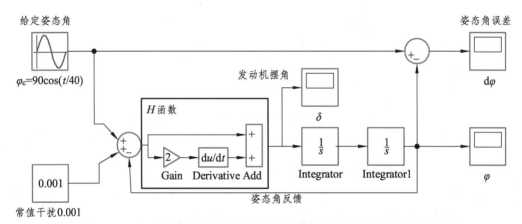

图15.15　Simulink搭建箭体姿控模型（工况3：增加H函数的闭环控制）

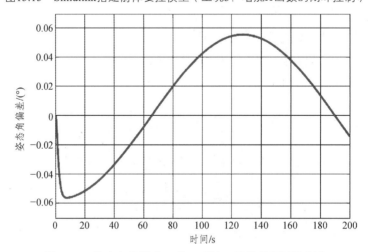

图15.16　姿态角偏差（工况3：增加H函数的闭环控制）

由于这里的H函数是一个微分环节，在实际应用时直接采集姿态角速度进行反馈控制，如图15.17所示。

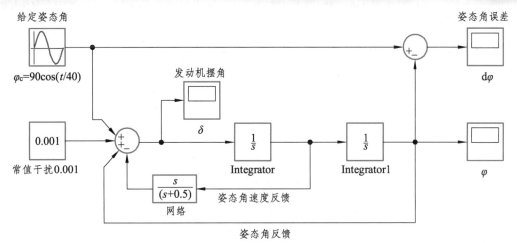

图15.17 姿态角偏差（工况4：增加姿态角速度的闭环控制）

容易计算闭环系统极点实部为−1和−0.25，均为负值，因此系统稳定。

15.5.3 由加法到乘法

现在问题是，计算闭环极点很麻烦，闭环传递函数

$$T(s) = \frac{\varphi}{\varphi_c} = \frac{GH}{1+GH}$$

真实的动力学模型$G(s)$极为复杂，这时的$H(s)$难以设计。因为在多项式分解中，加法是个很讨厌的东西，它改变了原有方程的解，而乘法不会。如$s^2=0$的解与$s^2+1=0$完全不同，而与之相比$s^2 \times (s+2)=0$只是多了一个解而已，原有的解没有变。

如何处理$1+GH$？能不能从GH本身反映出系统的特性？进行变换如下：

$$T(s) = \frac{\varphi}{\varphi_c} = \frac{GH}{1+GH} = \frac{\dfrac{\sum a_i s^i}{\sum b_j s^j}}{\dfrac{\sum a_i s^i}{\sum b_j s^j}+1} = \frac{\dfrac{\sum a_i s^i}{\sum b_j s^j}}{\dfrac{\sum a_i s^i + \sum b_j s^j}{\sum b_j s^j}} = \frac{\sum a_i s^i}{\sum a_i s^i + \sum b_j s^j}$$

上述公式中，从标蓝色处看，闭环传递函数的极点等价于$1+GH(s)$的零点，还是有个讨厌的加法。

再看看标红处，有个好消息，即使有"1+"，GH的极点并没有变化！即$1+GH$和GH的极点一致。终于摆脱加法了！

可是，我们要的是零点，给极点有什么用？这里不做太多描述地引入辐角原理，它架设了极点和零点间的桥梁。

辐角原理：对于函数$F(s)$，如果复平面上一条封闭曲线内包含了它的Z个零点、P个极点，则s沿封闭曲线顺时针转一圈时，$F(s)$映射到复平面上的曲线绕原点逆时针转过的圈数$R=P-Z$。

很拗口，直接上案例

$$F(s) = \frac{3s+1}{4s^2+s+1}$$

它的零点为$-1/3$，极点为$x = \frac{1}{8}\left(1 \pm \sqrt{15}i\right)$。图15.18中○为零点，×为极点，左侧为$s$转一圈，右侧为$F(s)$曲线。

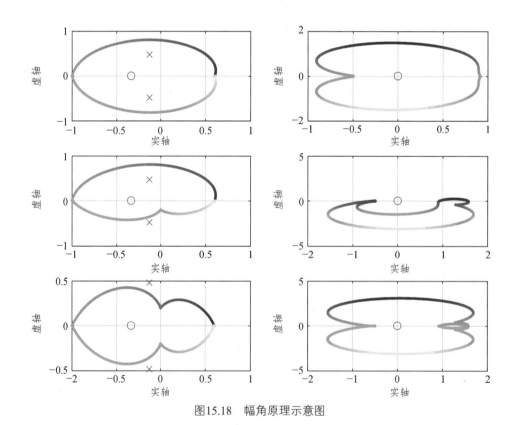

图15.18　辐角原理示意图

（1）上图中，极点比零点多1个，右图曲线绕零点逆时针转了一圈。

（2）中图中，极点与零点个数相同，右图曲线不过零点。

（3）下图中，极点比零点少1个，右图曲线绕零点顺时针转了一圈。

因此，理一下逻辑：

闭环系统稳定

<=> 1+GH的零点实部小于0

    利用：① 封闭曲线画在右半平面（从而无零点）；

           ② 曲线内有1+GH的P个极点。

<=> s沿曲线走时，1+GH(s)曲线逆时针绕0点正好为P圈

    利用：① 1+GH的极点和GH极点相同；

           ② 1+GH平面内逆时针绕0点，等价于GH逆时针绕（–1, 0）点。

因此，闭环系统稳定等价于在右半平面画个封闭曲线，开环传递函数（GH）映射到复平面上的曲线逆时针绕–1点转P圈，此处P为GH的极点个数。

终于没有加法了！

15.5.4 由数圈到穿越

我们需要一个什么样子的封闭曲线呢？如图15.19所示，虚轴从$-\infty$到$+\infty$，之后再顺时针兜一个无穷大的半圆。

这里对如下两个问题不做过多阐述：

（1）如果零点在虚轴上怎么办？兜一个无穷小的半圆绕过去，这个半圆对应的$GH(s)$性质此处不细研究。

（2）任何物理系统在无穷大频率处的响应都为0。因此，兜无穷大半圆时，$GH(s)=0$，Nyquist曲线都是始于0，终于0的曲线。

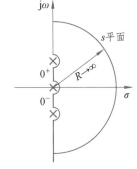

图15.19　俯角原理使用的封闭曲线

现在进一步简化了，不再去费心找什么封闭曲线，只需将$F(s)$中的s从$-j\omega$走到$+j\omega$即可，这就是Nyquist图。

直接看$GH(s)=\dfrac{3s+1}{4s^2+s+1}$的Nyquist图吧（图15.20），它在右半平面无极点，Nyquist图不

过−1点，因此形成的闭环系统也是稳定的。也就是不用计算，就可以肯定$(4s^2+s+1)+(3s+1)=0$的根实部均小于0。

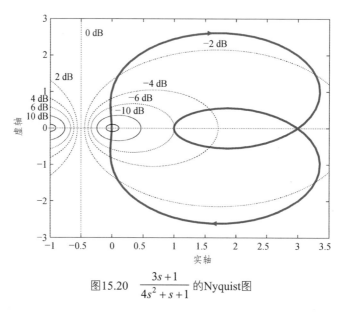

图15.20　$\dfrac{3s+1}{4s^2+s+1}$ 的Nyquist图

再来一个例子（图15.21），这里Nyquist图绕原点两圈，但由于$F(s)$在右半平面有两个极点，闭环系统还是稳定的

$$F(s)=\frac{s^2+2s+1}{0.6644s^3+0.2348s^2+0.0403s+0.7277}$$

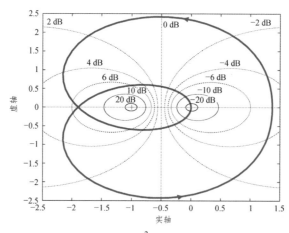

图15.21　$\dfrac{s^2+2s+1}{0.6644s^3+0.2348s^2+0.0403s+0.7277}$的Nyquist图

数圈比较麻烦，来三个技巧：

（1）$F(j\omega)$ 和$F(-j\omega)$ 共轭，Nyquist图均关于横轴对称，因此只需将$F(s)$中的s从0ω走到$+j\omega$即可，再将数出来的圈数乘以2。

（2）由于关于横轴对称，上半平面有半圈，下半平面必有半圈，因此圈数等价于穿过横轴的次数。

（3）曲线总是从0点出发并闭合，在（-1，0）点右侧，无论穿横轴多少次，对总圈数没有影响（当然，直径小于1的圆内更不用数，这个特性在Bode图中会用到）。

图15.22画出它的半部分，它在-1点左侧向下穿越横轴1次，右边穿越次数不用数，因此总圈数为1×2=2圈。

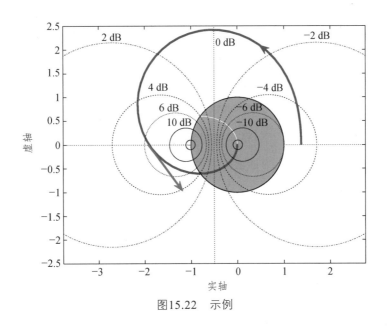

图15.22　示例

Nyquist图建立了从开环到闭环传递函数的桥梁，不需要求解闭环系统的根，直接从图形和开环极点数目即可判断稳定性。这里的困难在于图形的绘制。如图15.23所示，蓝色和绿色分别为G和H的Nyquist图，从中能简单画出红色的GH吗？恐怕难！

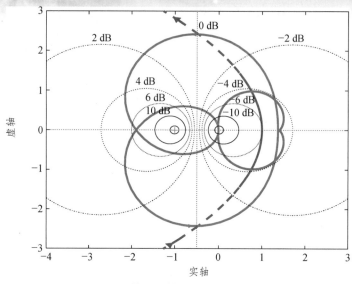

图15.23 传递函数乘法及其Nyquist图

15.5.5 由乘法到加法

Bode将上图表述为两张图，一是幅值对数$20\lg|GH|$，二是GH的辐角。对于G和H的乘法，取对数和辐角后，全部转化为加法。如图15.24所示，从蓝色的G和绿色的H，叠加即可得到GH。

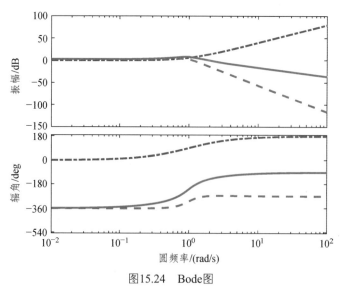

图15.24 Bode图

有了G的Bode图，大脑中再有几个典型传递函数的Bode图，就可以直接在大脑中设计增益和网络了。

判读方法也未变：

（1）Bode图幅值小于0 dB（图15.25上半部分红线右侧），它代表在Nyquist图的以0点为圆心，直径小于1的圆（见前面的图），它肯定在-1点的右侧，因此对圈数无影响。

（2）幅值大于0 dB，而且辐角等于180°（或-180°）时（图15.25下半部分箭头所指方向），代表在Nyquist图上穿越了横轴负半轴，仍可以按上下穿越次数判读。

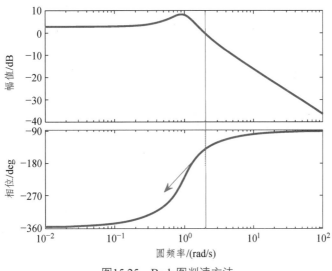

图15.25　Bode图判读方法

实际上我们在用Bode图时，使用的是更为蜕化的情况，即工程中如果G、H的极点实部均小于0时，闭环系统稳定要求Nyquist图绕-1点0圈，此时稳定性等价于幅值大于0 dB时，辐角图180°的上穿越次数等于下穿越次数

15.5.6　总　结

总结一下逻辑：

（1）由开环到闭环。在有干扰情况下，开环如误差过大，只能诉诸闭环。

（2）由直连到网络。直接闭环反馈，输出特性未必好，需要增加增益和网络，使闭环系统极点位于复平面左侧。

（3）由加法到乘法。求闭环极点涉及一个加法，使得原传递函数信息无法应用，辐角原理将极点、零点数目联系起来，消除了此加法环节。

（4）由数圈到穿越。稳定性转化为开环传递函数的Nyquist图绕-1点圈数，数圈较为复杂，而圈数等价于穿越-1点左侧横轴次数。

（5）由乘法到加法。Nyquist图不好画，采用Bode图，只需要将所有传递函数叠加起来即可，而判读时仍只需计算穿越次数。

以上就是Bode图解释以及判读方法。方法来来回回变换多次终于达到目的，非常巧妙，它是任何一本经典控制原理书中都会有的内容，产生于1932年（电子计算机出现之前，有了计算机后，我们的动手能力上升了，但动脑能力有可能是下降了）。

15.6 GNC的算法描述（回收）

猎鹰9火箭回收控制靠谁呢？在领英上有这么一组简历：剑桥本科和硕士，麻省博士，随后在JPL干了4年火星着陆。然后，被SpaceX挖走了！

他就是Lars Blackmore，SpaceX火箭着陆工程负责人，入轨火箭一级着陆第一人。

Lars Blackmore曾撰文说：SpaceX使用CVXGEN生成定制的飞行代码，采用高速在线凸优化算法。

凸优化是啥？当然，这不妨碍我们一步一动、慢慢实践，只是其中定有很多错漏，也特别期待大家指出。

15.6.1 问题模型和简化

忽略地球曲率，忽略大气阻力，假设发动机比冲恒定，第一步不考虑横向运动，只考虑垂向，可将问题描述为

$$\dot{x} = v$$

$$\dot{v} = a = \frac{F}{m} - g = \frac{-\dot{m} \cdot \text{Isp}}{m} - g$$

这里F为发动机推力，模型简化为：通过流量（$\dot{m}$）调节，实现位置为0时，速度为0。

这里流量怎么调节有无穷多可能性，加载个遗传算法、粒子群算法包暴力寻优？不会有好结果。

也无法做出一个解析解，先将问题蜕化！

若假设为常流量，问题转化为了流量为多少的问题，只有一个优化变量。但此时仍写不出位置解析公式，难以进行一般结论分析。

若假设为常加速度，通过不断降低发动机推力，与箭体重量匹配，达到常加速度下降，此时公式可写为

$$v = v_0 + at$$

$$x = x_0 + v_0 t + \frac{1}{2}at^2$$

从双过零条件，即末位置和末速度均为0，可以解出着陆时间 $t = -2h/v_0$，过程中加速度为

$$a = \frac{v_0^2}{2x_0}, a_F = a + g = \frac{v_0^2}{2x_0} + g$$

从上式可知，对于简化模型，给定初始位置和速度，存在恒加速度，可以实现双过零！

采用文献给出的猎鹰返回参数（r_0=[5582 2100 450]; v_0=[−353 −190 −40]; m_0=38 963），此处只考虑 X 方向，从图15.26中可以看到在可变推力下，位置和速度同时到达0。

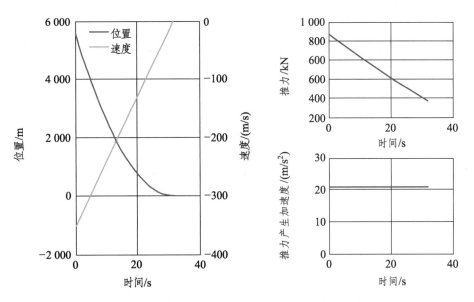

图15.26　下降过程中位置、速度、推力曲线（恒定加速度工况）

从图15.26中也可以看出，返回初始条件的给定比较讲究。如图，推力正好从800 kN左右调节到650 kN，而对应梅林1D发动机推力调节范围为592～845 kN。

15.6.2　简化模型在干扰下的适应性

在上述计算中，如果只用初始点的位置和速度，是无法适应干扰的。观察此式发现，对于任何时刻，都可将此时刻作为起始时刻，都可以重新计算一个加速度，这时候，算法就具备了一定的干扰适应能力。

如发动机点火时推进剂剩余量多500 kg，同时发动机推力比指令值少5%。计算表明，此偏差下仍能双过零，只是着陆过程中给出的指令已经不是常值加速度了（图15.27）。但总体而言，一维情形下的返回是件简单的事情。

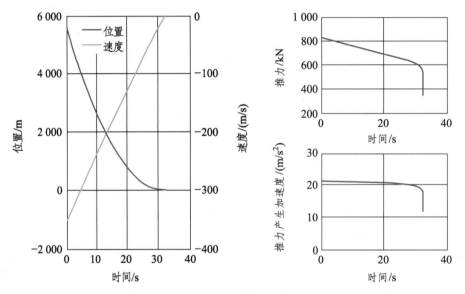

图15.27　下降过程中位置、速度、推力曲线（恒定加速度+重量和推力干扰）

15.6.3　三维情况

仍采用公式 $a = \dfrac{v_0^2}{2x_0}$，三个方向分别施加。采用文献参数（r_0=[5582 2100 450]; v_0=[−353 −190 −40]; m_0=38 963），可以看到在位置和速度同时到达0。图15.28中的推力产生加速度在初始时刻不是常值，这是因为发动机推力存在最大值限幅。

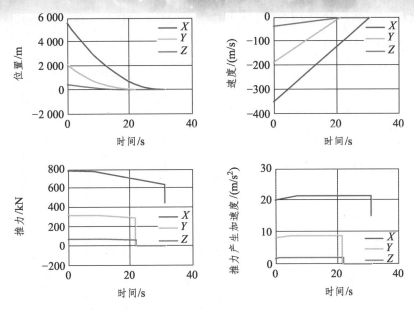

图15.28　下降过程中位置、速度、推力曲线（恒定加速度三维工况）

从图中可以看出，Y和Z向速度比X向先到达0。这是靠合理的XYZ位置、速度起始值组合保证的，在算例组合下，$t=2r_0/v_0=$[31.6261　22.1053　22.5000]s。

这个组合要求非常高，也意味着猎鹰返回的气动减速段，栅格翼一定不仅仅在调姿态和减速，同时也在进行制导，为反推点火点寻找较好的位置和速度组合（图15.29）。

如果点火时条件存在偏差怎么办？以速度为例，假设反推点火时X向速度仍为-353 m/s，若：

（1）Y/Z向速度偏小，此时Y/Z方向需要调节时间增加，若超过X向时间，返回时必然大幅偏离返回点。如Y向速度为设计值的60%，计算表明落点偏离42 m（图15.30）。

（2）Y/Z向速度偏大，需要更大的调节推力，从而造成推力

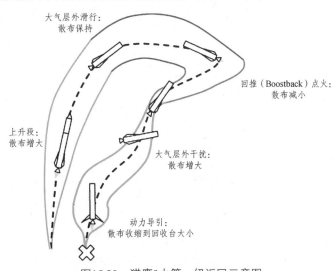

图15.29　猎鹰9火箭一级返回示意图

限幅，使得X向无法达到需要加速度。如Y/Z向速度为设计值的110%，计算表明火箭将以100 m/s的速度砸向地面（图15.31）。

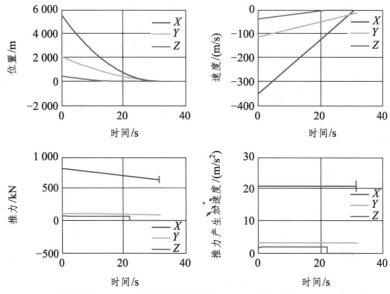

图15.30　Y向速度为设计值的60%，落点偏离42 m

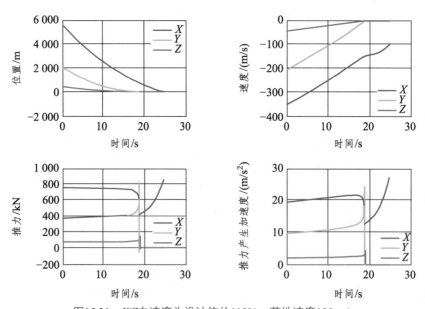

图15.31　Y/Z向速度为设计值的110%，落地速度100 m/s

15.6.4 凸优化

上述例子中，偏差大的原因是算法中，对于X/Y/Z三向独立考虑，没有估计它们之间的联系。可以转向Lars Blackmore在文中所说的凸优化吧。

方法其实很简单和程式化：将原始模型

$$\max_{t_f,T_C(\cdot)} m(t_f) = \min_{t_f,T_C(\cdot)} \int_0^{t_f} \|T_C(t)\| \mathrm{d}t \quad \text{subject to}$$

$$\ddot{r}(t) = g + T_C(t)/m(t), \dot{m}(t) = -\alpha \|T_C(t)\|$$

$$0 < \rho_1 \leqslant \|T_C(t)\| \leqslant \rho_2, \|r_d(t)\| \leqslant \beta r_v(t)$$

$$m(0) = m_{wet}, m(t_f) \geqslant 0, r(0) = r_0, \dot{r}(0) = \dot{r}_0, r(t_f) = \dot{r}(t_f) = 0$$

转化为如下凸模型：

$$\min_{t_f,u(\cdot),\sigma(\cdot)} \int_0^{t_f} \sigma(t) \mathrm{d}t \quad \text{subject to}$$

$$\ddot{r}(t) = u(t) + g \quad \dot{z}(t) = -\alpha\sigma(t), \|u(t)\| \leqslant \sigma(t)$$

$$\mu_1(t)\left[1 - (z(t) - z_0(t)) + \frac{(z(t) - z_0(t))^2}{2}\right] \leqslant \sigma(t) \leqslant \mu_2(t)\left[1 - (z(t) - z_0(t))\right]$$

$$z_0(t) \leqslant z(t) \leqslant \ln(m_{wet} - \alpha\rho_1 t), \|r_d(t)\| \leqslant \beta r_v(t)$$

$$z_0(t) = \ln(m_{wet} - \alpha\rho_2 t), \mu_1(t) = \rho_1 \mathrm{e}^{-z_0(t)}, \mu_2(t) = \rho_2 \mathrm{e}^{-z_0(t)}$$

$$z(0) = \ln m_{wet}, r(0) = r_0, \dot{r}(0) = \dot{r}_0, r(t_f) = \dot{r}(t_f) = 0$$

进而离散

$$\min_{u_0,\cdots,u_N,\sigma_0,\cdots\sigma_N} -z_N \quad \text{subject to,for } k = 0,\cdots,N$$

$$r_{k+1} = r_k + \frac{\Delta t}{2}(\dot{r}_k + \dot{r}_{k+1}) + \frac{\Delta t^2}{12}(u_{k+1} - u_k)$$

$$\dot{r}_{k+1} = \dot{r}_k + \frac{\Delta t}{2}(u_{k+1} + u_k) + g\Delta t$$

$$z_{k+1} = z_k - \frac{\alpha\Delta t}{2}(\sigma_{k+1} + \sigma_k)$$

$$\|u_k\| \leqslant \sigma_k$$

$$\mu_{1,k}\left[1 - (z_k - z_{0,k}) + \frac{(z_k - z_{0,k})^2}{2}\right] \leqslant \sigma(t) \leqslant \mu_{2,k}\left[1 - (z_k - z_{0,k})\right]$$

$$z_{0,k} = \ln(m_{wet} - \alpha\rho_2 k\Delta t), \mu_{1,k} = \rho_1 e^{-z_{0,k}}, \mu_{2,k} = \rho_2 e^{-z_{0,k}}$$

$$z_{0,k} \leqslant z_k \leqslant n(m_{wet} - \alpha\rho_1 t)$$

$$\|r_{dk}\| \leqslant \beta r_{vk}$$

$$z_0 = \ln m_{wet}, r(0) = r_0, \ r_N = \dot{r}_N = 0, N\Delta t = t_f$$

对照上述离散模型，可以直接写出计算程序。

在设计工况下的返回情况如图15.32所示，与之前算法结果最大的不同在于，推力大小不再连续变化，而是在最大、最小推力处切换，即bang-bang控制。

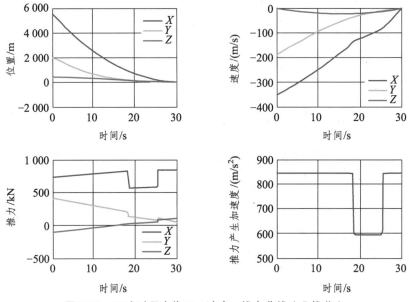

图15.32　下降过程中位置、速度、推力曲线（凸优化）

对于之前的Y/Z速度增加10%（图15.33），或Y速度降低40%工况（图15.34），采用凸优化算法仍然可以得到较好的结果，即算法对偏差适应能力更强。

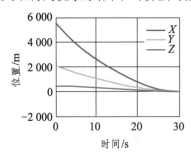
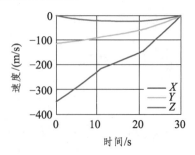

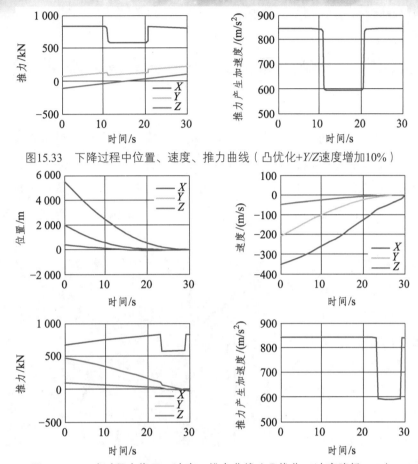

图15.33 下降过程中位置、速度、推力曲线（凸优化+Y/Z速度增加10%）

图15.34 下降过程中位置、速度、推力曲线（凸优化+Y速度降低40%）

另外，与之前比，采用凸优化后，Y/Z速度趋向零的过程稍慢，可能导致箭体落地前有点倾斜，在工程应用中，需要再加凸约束。

在真正飞行中，在每一个制导周期都需要优化一次，获得当前推进力和方向，随后按此值推进，并在下一个制导周期重新计算。凸优化算法的优点在于，可在确定时间内给出满足指定精度的优化解，从而具备在线求解可能性，如SpaceX使用CVXGEN生成的凸优化算法实现在线实时求解。

看来在前人现成理论和工具包面前，火箭返回不难嘛！但别忘了，以上只是最简单情况下的示例。Blackmore曾说：地球大气密度是火星100倍，气动力成为大的量而不是干扰，在地球上返回是一个复杂的问题。

人类盗取的天火——运载火箭穿越雷电

众神之王宙斯俯视人间，把他的怒火化为雷电，惩戒一切盗火者。普罗米修斯勇敢地盗取天火，给人类带来光明和智慧，但被宙斯囚禁于高加索山，每日忍受风吹日晒和鹫鹰啄食。

运载火箭，盗取的也是天火，是当前人类离开地球的唯一工具，给人类带来星际文明和未来，免不了面临大自然风、雨、雷、电的侵扰。1987年，美国宇宙神-半人马火箭因雷电发射失利。

2019年5月27日，一枚联盟-2.1B也许因为是在普列谢茨克发射的，而不是离高加索山脉更近的拜科努尔，得以幸免，当一道闪电贯穿箭体后（图16.1），仍继续顽强爬升，将格洛纳斯卫星送入地球低轨道，终获自由。

普列谢茨克航天发射场负责

图16.1　联盟-2.1B遭遇闪电

人称，"天气对我们来说不是障碍，我们是全天候的部队。这再一次证明，闪电不可能损害我们的火箭航天武器。"

雷电是什么？雷电对火箭的飞行有什么影响？火箭可以抵抗雷电吗？本节对此进行阐述。

16.1 雷电电荷的获取

积雨云是所有类型的云中最活跃的一种，也被称为云中之王。单朵积雨云的形状像一座巨大、垂直、顶部呈铁砧状的塔（图16.2），故被称为云砧，高度在6～18 km，0℃等温线在4～5 km高度（图16.3）。在云砧内部，气流速度可达30 m/s。

图16.2 积雨云

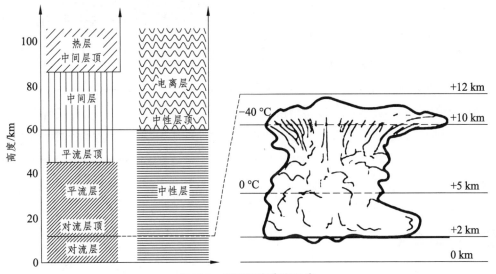

图16.3 积雨云高度和温度

当对流发展到一定阶段，云体伸入0℃层以上高度时，云中就有了过冷水滴（低于0℃未结冰）、霰粒（雪状结构的冰相粒子组成的固态雪丸）、冰晶等。雷达回波显示强烈的上升气流将固体冰晶维持在高处。

积雨云带电的机理有很多种解释，但相关资料中都明确地指出，所有这些机制都未能对雷暴电场的形成和发展过程做出合适的令人满意的解释。

一种比较被认可的解释是：水中有一定含量的氢自由基（H$^+$）和羟自由基（OH$^-$），离子数随温度升高而增多，高温端的自由离子多于低温端，离子会从高温端向低温端迁移。离子迁移时，带正电的H$^+$速度较快，而带负电的OH$^-$较慢，一定时间内出现高温端为负电。

过冷水滴被轻轻振动会马上冻结，称为撞冻，发生撞冻时，过冷水滴外部立刻冻成冰壳，并将冻结热传到内部，造成内部温度高、外部温度低，温度差异使过冷水滴外部带正电，内部带负电。当内部也发生冻结时，水滴膨胀分裂，外表皮破裂成许多带正电的冰屑，随气流飞到云层上部，带负电的冻滴核心则附在较重的霰粒上，使霰粒带电并留在云层中下部。

一般霰粒温度高，冰晶温度低，霰粒和冰晶在大量碰撞过程中，温度较高的霰粒就带上了负电，而温度较低的冰晶带正电。在重力和上升气流作用下，较轻的带正电的冰晶集中到云层上部，较重的带负电的霰粒停留在云层下部。

根据测定，积雨云中存在正负的电荷，以及正下方的袖珍正电荷。如图16.4所示，当积雨云生成时，10~50 C（有时达300 C）的正电荷散布在积雨云上部，负电荷相对集中于中部约1 km厚的云层中，一个准中性区将负电荷与上部正电荷隔离开，形成电偶极子结构。在云的底部，0℃等温线之下，有一个较小的正电荷区，电量通常在1~5 C。在积雨云成熟阶段，带电积雨云底部对地的电势约为100 MV。

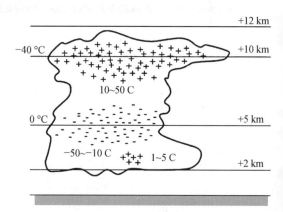

图16.4　单朵积雨云电荷分布

16.2　大气的放电

介质中的电压和电流在通常情况下符合欧姆定律，但介质中的电场强度达到某一数值时，通过介质的电流突然猛增，电介质由绝缘状态极快地变到导电状态，即介质击穿。在海平面空气中，均匀场的介电强度为3 MV/m，超过此值，空气将被击穿并导电。在非平坦地面，任何凸起物都会导致局部地面电场的增强，如长短轴之比等于30的尖椭球体上，电场增强因子为300，10 kV/m就足以在其顶部引发电晕放电。

积雨云之间及积雨云对地的迅猛放电称直接雷击，其放电方式有如图16.5所示的4种。在积雨云内，由于击穿，最常见的放电是云内放电①，极少情况下发生云空放电②，有时放电跨越两块积雨云形成云际放电③。这三者统称云闪，还有一种是地闪④，即云地之间放电。云闪发生最频繁，地闪的发生概率比云闪小。火箭飞行中，两者均可能被触发。

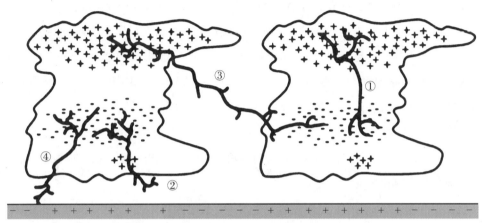

①—云内放电；②—云空放电；③—云际放电；④—云地放电。
图16.5　积雨云中的放电

实际观察表明，54%的闪电发生在北半球，平均的陆地总闪电密度为8.3/（km·d），是海洋上总闪电密度的3.4倍。在大陆，潮湿地区的平均年雷暴日一般大于同纬度干旱地区。

肯尼迪航天中心坐落于佛罗里达州，是公认的雷电活动比较强烈和频繁的地区。卡角年平均雷电日达75天，在美国居第二位。

阿波罗12在肯尼迪航天中心的第39号发射架上准备发射时，在距地面240~250 m及650~33 000 m有两层云，发射场周围细雨绵绵，在发射前后6 h内，周围无雷电，地面风速7 m/s。基本符合允许发射的气象条件。火箭发射时，一切正常。飞行到第36.5 s、火箭飞行高度达到1 920 m时，从云层到火箭再到地面之间发生雷电现象，两道平行的闪电从云中直劈下来，发射场上的4台摄像机都拍下了瞬间出现的雷电现象。至52.5 s，飞船高度达到4 300 m时，又一次闪电击中飞船。由于雷击，飞船的电源被破坏，飞行控制中心的遥测信号突然消失，飞船的制导导航系统失效。幸亏飞船上装有备用电源，宇航员们及时修复了被损坏的设备。使"阿波罗"12号飞船按计划完成了飞行。此事促使航天部门开始研究雷电机理。

本次发射时，地面电场为3 000 V/m，云中电场为10 000 V/m，火箭起飞后，由于火焰和气流导电，火箭顶端和地面之间的电场达2 MV/m，从而触发闪电。

火箭放飞时，面对复杂的状态，人们对于成败并非那么笃定，在巨大的不确定面前，出现了大量的充满宗教和仪式感的活动。如俄罗斯发射前请神父开光、俄罗斯宇航员在巴士轮胎上撒尿，NASA有每次探测器着陆之前吃花生的传统。航天界起名字也有点玄学的味道。

本次，太阳神阿波罗最终得以幸存；而盗火的普罗米修斯最终被赫拉克勒斯解救，但为了满足宙斯的条件，赫拉克勒斯把半人半马的喀戎作为替身留在悬崖上。1987年，宇宙神-半人马座火箭从卡角升空，起飞38 s时，雷电使箭上计算机存储器出现翻转，导致发出错误的游机摆动指令，50 s时箭体因气动载荷过大而折断，地面人员不得不用无线电指令引爆火箭及卫星，损失高达1.7亿美元。这次的半人马作为替身，被永久地留在了悬崖上。

我国的西昌卫星发射中心比起终年有雷雨、年平均雷电日特别高的华南地区要好，冬季基本无雷，但年平均雷电日也高达74.1天，与卡角基本接近。我国运载火箭在西昌也曾经遭遇过雷击，好在最终顺利入轨。

文昌发射场地处沿海地带，暴雨频繁，平均每年雷电天数高达91.3天（图16.6和图16.7），频繁程度高于酒泉、太原和西昌等国内其他航天发射场，受到雷电危害的概率更大。

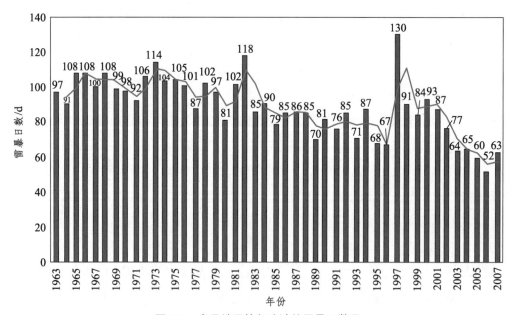

图16.6　文昌地区按年统计的雷暴日数量

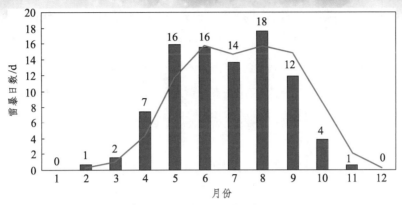

图16.7　文昌发射中心月平均雷暴日

1752年7月，富兰克林用风筝捕捉了闪电，证实闪电是一种放电现象，同时发明了避雷针。100年后，开尔文男爵建议用照相方法研究闪电。沃尔特用移动照相机实现了这个设想，认识到闪电是一步步发展的，由梯式先导开始，然后地面接闪，全过程包括多次闪击放电。

雷电流具有单极性的脉冲波形，地闪中大约有90%的雷电流是负极性的。如图16.8所示，雷电从云层发起，以相对较低的速度（100 km/s）逐级传播（每级10～200 m），每级可在1 μs内形成，梯级时间间隔20～50 μs。当先导接近地面时，电场急剧增强，引发了接闪进程。地面平坦时向上迎面接闪长度可达数十米产生回击（或称主放电）。回击以光速的1/3～1/2传播到云上，中和先导电荷。

一般情况下，单次雷击不能将雷雨云电荷完全释放掉，在持续平均约60 ms（一般为几毫秒到几百毫秒）的暂停后，另一个先导，在同一通道连续（不再是逐级）传播，传播速度为

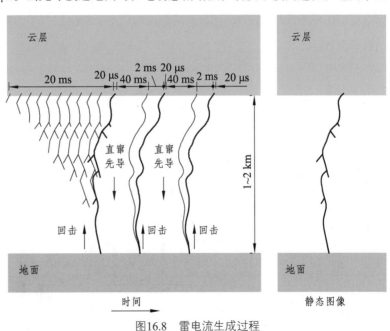

图16.8　雷电流生成过程

1000 ~ 10 000 km/s，产生第二次回击。同样的过程会重复3 ~ 5次，最多的纪录曾经达到26次。

图16.9所示为典型的负极性雷电流（单次雷击或多重雷闪的首次雷击部分）波形和正极性雷电流（几乎总是单次雷击）波形。这些电流是不同持续时间的脉冲波，由相对陡的波前（从零到电流峰值的上升部分）和较长的波尾（在峰值之后）组成。有的冲击电流部分之后会有幅值相对较低的所谓续流，持续时间可达数百毫秒。

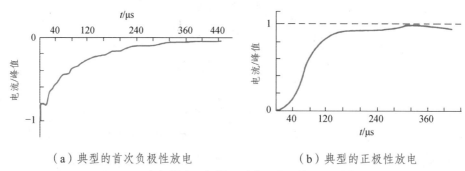

（a）典型的首次负极性放电　　　　　　（b）典型的正极性放电

图16.9　负极性和正极性雷首次雷击电流的典型波形

国际电工委员会第81技术委员会（IECTC81：防雷）用图16.10所示的两条直线简化全世界所记录的正极性和负极性首次雷击分布。横轴为电流幅值I（kA），纵轴为雷电流超过横坐标电流值的概率为P。例如，记录到的电流峰值小于3 kA的概率为98%，电流峰值超过200 kA的概率为1%。

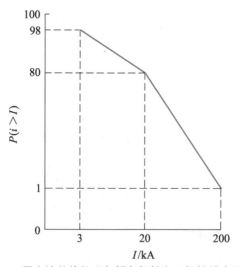

图16.10　雷电流的峰值（包括负极性和正极性首次雷击）

除了电流幅值（kA）外，其他记录参数包括：

（1）电荷（C）。

（2）电流波形的波前时间（μs）。

（3）电流波形的最大陡度（kA/μs）。

（4）每个回击持续时间（μs）。

（5）负极性雷闪各回击之间的时间间隔（μs）。

（6）雷闪的总持续时间（ms）。

（7）单位能量，即雷电流在单位电阻上耗散的能量（A·s），有时也称作用积分。

其中，最重要的4个参数是电流幅值I、电流波形最大陡度di/dt、电荷量Q，以及在一个1Ω电阻上耗散的能量$\int i^2 dt$。

瑞士科学家卡尔·贝格（Karl Berger）耗尽整个职业生涯（20世纪40年代到70年代），在瑞士卢加洛附近圣塞尔瓦托山他的实验站中，观测和研究雷电放电。贝格获取的雷电参数数据仍然是雷电研究和防护中使用的主要原始参考资料。表16.1以卡尔·贝格收集的数据为基础，并被国际大电网会议（CIGRE）采用，包含了从所测得的雷电流得出的对应于概率95%、50%和5%的不同参数值。

表16.1 从测量的雷电流推导出来的参数

参数	单位	超出表中所列数值的概率		
		95%	50%	5%
峰值电流				
首次负极性雷击和负极性雷闪	kA	14	30	80
后续负极性雷击	kA	4.6	12	30
正极性雷闪	kA	4.6	35	250
电荷量				
首次负极性雷击	C	1.1	5.2	24
后续负极性雷击	C	0.2	1.4	11
负极性雷闪	C	1.3	7.5	40
正极性雷闪	C	20	80	350

续表

参数	单位	超出表中所列数值的概率		
		95%	50%	5%
波前时间				
首次负极性雷击	μs	1.8	5.5	18
后续负极性雷击	μs	0.22	1.1	4.5
正极性雷闪	μs	3.5	22	200
最大上升率（$\mathrm{d}i/\mathrm{d}t$）				
首次负极性雷击	kA/μs	5.5	12	32
后续负极性雷击	kA/μs	12	40	120
正极性雷闪	kA/μs	0.2	2.4	32
脉冲持续时间				
首次负极性雷击	μs	30	75	200
后续负极性雷击	μs	6.5	32	140
正极性雷闪	μs	25	230	2 000
间隔时间				
负极性雷击之间的间隔时间	ms	7	33	150
雷闪持续时间				
负极性（单个或者多重）	ms	0.15	13	1 100
负极性（多重）	ms	31	180	900
正极性	ms	14	85	500
$i^2\mathrm{d}t$积分				
首次负极性雷击和负极性雷闪	$A^2 \cdot s$	6.0×10^2	5.5×10^4	5.5×10^3
后续负极性雷击	$A^2 \cdot s$	5.5×10^2	6.0×10^2	5.2×10^4
正极性雷闪	$A^2 \cdot s$	2.5×10^2	6.5×10^2	1.5×10^7

注：数值与国军标值不太一致，未追根溯源。

在雷电环境模拟中，除了模拟电流波形外，也模拟电压波形，如1.2/50 μs波形（图16.11）常用于电气设备绝缘耐受性能试验。

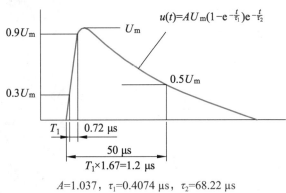

$$u(t) = AU_m(1 - e^{-\frac{t}{\tau_1}})e^{-\frac{t}{\tau_2}}$$

$A = 1.037$，$\tau_1 = 0.4074$ μs，$\tau_2 = 68.22$ μs

图16.11　1.2/50μs过电压脉冲波形

16.3 雷电的效应

雷电发生时，产生的瞬时功率极大，瞬间损耗的雷暴电场能以热能、机械能（包括冲击波、声波）、电磁能（包括光能）等形式在极短时间内释放。例如，地闪的回击阶段对地放电的峰值电流可达几万安培，瞬时功率在1×10^{11}W以上。

观测闪电的发光部分，用照片数据判断，数值在3~23 cm，从地面因雷击烧灼形成的坑洼直径，雷电能量集中的区域不足5 cm。

闪电内部是高温、高密度的等离子状态，内部密度最初是空气分子密度的1/10，在1/20 000 s后，会降至空气分子密度的1/100左右，内部压力从8个大气压剧烈降到1个。根据对氧气、氮气波长分析，闪电最初发生时的温度约为30 000℃，当雷电电流变为一半的时候，温度变为10 000℃。当闪电功率为20 000 MW，电流为20 kA时，电阻为50 Ω。将这一次闪电的能量传到50 m长，直径5 mm的铜避雷针，避雷针温度将升高12℃左右。

雷电的危害分为直接效应和间接效应。

（1）直接效应指直接雷击点及其附近产生的物理损坏，如汽化、磁力、燃烧及腐蚀、火与爆炸作用、声学冲击作用等。

（2）间接效应是由雷电流、雷电压产生的电磁场作用使电气设备受损或受干扰。

16.3.1 电效应

雷击点的电位上升到一个非常高的值，会导致局部区域被击穿。此外，由于电阻耦合或传导耦合引起的电效应使传输线、通信线和接地装置上产生浪涌。

16.3.2 电动力效应

在电流方向相同的平行导体产生的力会导致机械损伤。如对于100 kA电流，导体之间相隔5 mm时，引力达到40 t/m，导体之间间距50 cm时，力仅仅相当于40 kg/m。图16.12所示为被雷电击中后爆裂的树皮。

16.3.3 声学效应

由于雷电通道的爆炸性膨胀，在雷电通道附近产生冲击波。冲击波最初传播速度大约是10 Ma，在几米后可转变为一个以声速传播的声波。

图16.12 被雷电击中后爆裂的树皮

16.3.4 热效应

大气放电可导致雷击点金属部件的熔化。一个典型的雷电（Q=30 C，U=20 V，W=600 J）可熔化约60 mm³的钢，相当于直径25 mm的导体烧蚀深度为0.15～0.25 mm（铜或铝为0.4～0.6 mm）。

16.3.5 电磁效应

由于闪电形成的放电强度大、时间短，在放电回路附近会形成很强的变化电场和磁场，在此附近的导体会出现很强的感应效应。导体回路闭合时出现感应电流；开路时在开口处形成很高的感应电动势，表现为沿导体传播的浪涌电压或电流，对设备、设施产生破坏。此外，闪电放电是很快的脉冲信号，如发射台附近100 km之内的雷电产生30 kHz以下的电磁波，通过电磁耦合传播，也会对通信、测量、自动控制等设备构成干扰。

16.4 雷电的防护

雷电流是一种电流，它总是好奇地四处探测，期望有大地或邻近金属导体，无论正确与否，以找到一个较容易的出口，所有雷电防护的实际方法其实归结为一点：给电流提供尽量直接的导通路径，将它与所有邻近金属部件相互连接，用障碍物对抗它还不如给它提供连接通道。

火箭避免雷击风险，一种方法是设计成能极大地减少雷击对它和它的系统所造成的不利影响，另一种方法是让火箭工作在避开雷暴和其他能导致雷击的气象条件下。

防护六字诀（笔者自封）：挡、堵、引、备、扛、躲。

16.4.1 挡——安装避雷针

挡是指安装避雷针，通过避雷针将闪电导入地下，使火箭避免遭受闪电危害。在发射场建设中，会有数座高耸的避雷塔（图16.13）用来引导雷电。在出现雷击时，让雷电优先击中避雷塔，以此来保护其他设备。

图16.13　火箭发射塔架与避雷塔

16.4.2 堵——构造法拉第笼

用容易通电的金属或细网包裹住物体，即使外部有电流，内部的物体也不会受到电磁性的损害，这是英国物理学家法拉第确认的屏蔽现象，称为法拉第笼（图16.14）。

为了验证这个效果，德国的普林茨博士把自己关入金属网笼中，并对网笼进行高压放电，实际证明了笼内是安全的。

法拉第笼起到了电磁屏蔽和电位均衡的作用，是最常用、最有效，也是必不可少的雷电防护措施。

火箭飞行中，贮箱、壳段组成了法拉第笼，为内部仪器提供了较好的屏蔽，对于在贮箱外的仪器，可通过外包金属罩与箭体相连通，构成法拉第笼。

图16.14　法拉第笼

在发射场，关闭发射塔架后，发射塔架也变成了法拉第笼，起到保护火箭的作用。

运载火箭有些仪器设备采用浮地安装（与箭体绝缘）。浮地安装在火箭壳体内的某些仪器由于箭体蒙皮的法拉第笼屏蔽保护作用，对于防止雷击已经是安全的。浮地安装在火箭壳体外的某些仪器外包金属整流罩与箭体相连通，对于防止雷击也是安全的。必须注意对于紧临遥、外测天线浮地安装的仪器，要求外包的整流罩用能够透波的玻璃钢材料制作，而不允许用有反射作用的金属材料，可以在玻璃钢整流罩外覆盖铜网，并与箭壳相连通，用以防雷电。发射前取掉铜网，以免影响遥、外测信号的传播与接收。

此外，很多时候需要将电源、信号等从外部接入，就要在法拉第笼上设置孔洞，给过电压、过电流留下了入口。当缝隙长度为电磁波波长的一半时，电磁波开始以20 dB/10倍频（1/10截止频率）或6 dB/8倍频（1/2截止频率）的速率衰减。1 GHz（波长为300 mm）的辐射若需要衰减20 dB，则缝隙应小于15 mm（150 mm的1/10），需要衰减26 dB时，缝隙应小于7.5 mm（15 mm的1/2以上），需要衰减32 dB时，缝隙应小于3.75 mm（7.5 mm的1/2以上）。使用时，需对各屏蔽的孔洞进行仔细处理，实现电磁波的衰减效果。

16.4.3　引——接地引电

使箭体结构成为良好的屏蔽体并可靠接地，是运载火箭防雷的主要措施。火箭各部段之间、舱口盖、发动机、整流罩等要有良好的等电位连接，使火箭头部至尾端之间的电阻值不大于100 mΩ。

为达到此目的，仍需要处理大量细节，如连接等电位线时需要打磨掉阳极化层；对于用得越来越多的复合材料等非导电材料，通过使用分流条或在外表面敷设导电材料；在外表面喷漆中添加导电颗粒，通过喷漆层创造多个导电路径以增大雷电耗散通道；所有的信号线和回线设计成双绞线形式，电缆端口至少与火箭金属结构连接或通过设备进行接地设计等。

16.4.4　备——备份冗余

对于重要分系统和单机，设计冗余以使雷击不能危害火箭安全。如阿波罗12飞行启用的备用电源，确保了任务的成功。对于关键的点火、火工品等电路，控制逻辑应设计成在雷电直接或间接效应下，不会产生误动作。

16.4.5　扛——单机设计加强

在以上措施辅助下，最终落实到单机设计层面：

（1）对于雷击电流入口和出口区域，为防止铝壳在直击下熔化，对铝壳表面进行加厚。

（2）增加浪涌保护器（SPD），把窜入电力线、信号传输线的瞬时过电压限制在设备或系统所能承受的电压范围内，或将强大的雷电流泄流入地，保护被保护的设备或系统不受冲击而损坏。

16.4.6　躲——气象监测

在气象方面，宇宙神-半人马座火箭失利后，NASA和美国空军修改了升空保障准则（LCC），具体如下。

发射天气官员必须清楚且使人确信的证据证明没有违反下列限制：

（1）除非产生闪电的气象条件已移出发射场或计划飞行路线10海里以外，不然在发射场或计划飞行路线的10海里内，在发射前的30分钟内测到有闪电时就不要再进行发射。

（2）如果计划飞行路线把飞行器带到下述条件（图16.15），则不要发射：

a. 经过云顶高于+5℃的积云；或

b. 经过云顶高于−10℃的积云或在其5海里的范围内；或

c. 经过云顶高于−20℃的积云或在其10海里的范围内；或

d. 经过任何积雨云或雷暴云，包括其连带的云砧或与其最近边缘不大于10海里时。

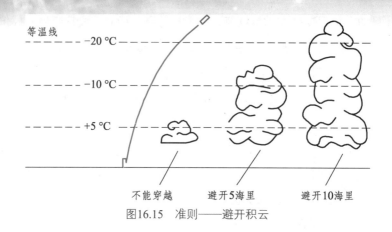

等温线

−20 ℃

−10 ℃

+5 ℃

不能穿越　　　避开5海里　　　避开10海里

图16.15　准则——避开积云

（3）对应配有地面场磨电场仪网络的发射场，在发射前15分钟内地面电场绝对值的1分钟平均值，如果在发射点的5海里范围内超过1 kV/m则不发射，除非：

a. 在发射点10海里内无云；

b. 不正常读数显然由烟或地面雾引起。

（4）如果计划飞行路线通过一有1.4 km厚度或更厚的连续云层，并且这种云的有一部分位于0～20℃层间，则不能发射。

（5）如果计划飞行路线通过任何伸展到0℃层或0℃层以上的云并且这些云又与飞行路线5海里内的扰动天气相关，则不能发射。

（6）要通过雷暴破碎云或要通过离它5海里而又没有场磨电场仪监测或产生不小于10 dB雷达回波时，不能发射。

最后还有，良好的常识性规则：

即使没有违背各种限制，如果任何危害条件出现时，发射天气官员要向发射指挥报告此威胁。发射指挥根据天气不稳定性可在任何时候中断发射。

16.5　雷电防护试验

20世纪，由于发生阿波罗12、宇宙神-半人马座等雷击事件，美国大力开展飞行器雷电研究。在NASA兰利研究中心的风暴危害计划（SHP）中，对与雷电有关的问题做了很多深入的工作。在SHP期间，一架装有特殊仪器的F-106B研究飞机飞入雷暴中去引发飞行中的雷击，以得到定量化雷击飞机的电磁特征和鉴别最易引起雷击的大气条件。使用3枚丘比特导弹进行自然引雷试验，测量了雷击时大气电势梯度、尖端放电电流等参数，并且建立雷电试验中心开展模拟试验。

1989年，在美国犹他州Thiokol雷电综合试验中心进行了航天飞机固体助推器模拟雷电电流冲击试验。试验件包括火箭前罩、前段、后段、外箱联结环、后罩、喷管等，内部安装实际使用的电缆和模拟负载。被测件放置在高9 m，面积50 m²，热量2.5 nF平行板电容器中。冲击电流包括4个电流分量，峰值电流最大为143.6 kA，为NASA规定最大量值的70%。试验中分别观测了被测件的直接效应和间接效应。

（1）直接效应：对安装在前段和后段顶部的系统通道进行雷电冲击电流试验，考察接地带的冲击效应。结果显示三个接地带出现松裂情况；电流注入点、接地带与壳体连接等附近的金属颜色有变化，但是系统通道内的线性成型装药孔没有被引燃。

（2）间接效应：对系统通道附近多个点进行雷电冲击电流试验，测试并对比内部不同电缆（电缆有/无二级屏蔽、插头处理方式不同等）感应的电流和电压值，并推出如果采用最大量值200 kA，感应的最大短路电流为92 A，最大开路电压为316 V。

美国也针对复合材料进行了专门的雷电试验研究。1995年1月，在红石兵工厂技术试验中心第五试验中心的雷电危害模拟场，进行了隔热防护材料样片的雷电冲击试验。依据MIL-STD-1757A的冲击电流试验方法T02，采用了电流分量A、B、C、D，样品固定到铝板上，针对每个电流分量，首先用一个样片进行冲击电流校准，然后对锥段和裙部使用的各三种样片进行冲击电流试验，用快速录像装置记录放电过程，记录测量的电流（图16.16）。试验后发现样片在放电点都有不同程度的损伤，分析认为损伤程度和材料与铝板的连接方式有关。

图16.16 飞机雷电试验

16.6 雷电相关标准

国内外在雷电防护领域已制定了相关的设计标准以及完备的试验验证标准及体系，见表16.2。

表16.2　国内外雷电防护领域相关标准

序号	标准名称	备注
1	SAE ARP 5412A飞机雷电环境及相关试验波形	国外雷电标准，主要针对飞机平台
2	SAE ARP 5413A飞机电气电子系统雷电间接效应鉴定	
3	SAE ARP 5415A飞机电气电子系统雷电间接效应鉴定用户手册	
4	SAE ARP 5416飞机雷电试验方法	
5	RTCA/DO-160G机载设备环境条件和试验程序	
6	MIL-STD-1541A Electromagnetic compatibility for space systems	系统级标准，部分内容涉及雷电防护要求、雷电波形定义
7	MIL-STD-464C Electromagnetic environment effects requirements for systems	
8	MIL-STD-461G Requirements for the control of electromagnetic interference Characteristics of subsystems and equipment	设备和分系统标准，在461F版上新增CS117电缆及电源线雷电感应电流注入传导敏感度试验
9	MIL-STD-1757A Lightning qualification test techniques for aerospace vehicles and hardware	规定了模拟雷击的A、B、D三种电压波形，电流分量A、B、C、D以及电流波形E，对航天运载器规定了五个试验项目和试验配置方法
10	HB 6129—1987飞机雷电防护要求和试验方法	国内航空领域的雷电标准
11	GJB 2639—1996军用飞机雷电防护	
12	GJB 3567—1999军用飞机雷电防护鉴定试验方法	

序号	标准名称	备注
13	GJB 1389A—2005系统电磁兼容性要求	导弹武器和运载火箭领域涉及的雷电相关标准
14	GJB 1804—1993运载火箭雷电防护	
15	GJB 3590—1999航天系统电磁兼容性要求	
16	GJB 8007—2013地地导弹武器系统雷电防护通用要求	

16.7 结束语

在运载火箭史上，那道划过天空的闪电，闪亮地照出了联盟号的名字，厉害不厉害？

也厉害也不厉害。

不厉害是因为这不是一个新鲜事，中美俄都经历过，而且有比较成熟的设计和试验方法，有成熟的标准可以执行。

厉害是因为雷电对火箭是全域覆盖，需要从挡、堵、引、备、扛、躲六个环节，处理好每一个细节，这需要通过培训和动员，将雷电概念和设计要素，植入每个相关设计人员、工艺人员、生产人员和操作人员的脑海中，形成认识，变成常识。而这，从来都不是一件容易做到的事情，因为这就是系统工程——从知道到做到。

火箭的魅蓝——马赫盘

看火箭发射，没有人不被震撼到。火箭起飞时，感受着空气一波一波地撕扯着你的衣服，抖动着你的皮肤，看着尾焰吐出一圈圈的魅蓝，懂行的人说，这是马赫盘（或马赫环、马赫杆）。

图17.1可能是最出名的马赫盘，来自X-1，世界上首架超声速飞机。

图17.1　X-1飞机及其马赫环

17.1　那被风吹散的声音、黑域

气流冲过物体（或物体在气流中高速运动，两者是一致的，只是换个参照系看）被扰动会产生声音，扰动以声速传播，并与来流速度合成。

（1）来流速度比声速小时，声音可以传遍空域，如图17.2（a）所示。

（2）来流速度等于声速时，声音无法达到物体前，即只有物体后面能听到干扰产生的声音，物体前面听不到，如图17.2（b）所示。这儿的声音真的是被风吹散了，彻彻底底地吹散了。

（3）来流速度大于声速时，声音进一步被压缩到一个锥面内，如图17.2（c）所示。它是奥地利物理学家Ernst Mach于1887年在分析弹丸扰动的传播图形时首先提出的，因而得名。

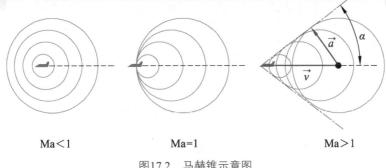

图17.2　马赫锥示意图

马赫锥是一面声音穿不透之墙，墙内汹涌呼啸，但墙外风平浪静，这是一道无形之墙。

在《三体Ⅲ》中，罗辑和程心开展了关于制造"黑域"的谈话：这就是黑域，生成容纳太阳系的黑域需要一千多艘曲率驱动飞船……它们产生的航迹在扩散中连成一体，形成一个笼罩整个太阳系的球体，这个球体中的光速为16.7 km/s，这就是低光速黑洞，就是黑域。

在《三体》中定义的黑域中，物体无法逃离万有引力，这些飞船划过的航迹，也形成了一道和马赫锥类似的无形之墙。人类就是通过这种方式，在黑暗森林中宣誓自己是无害的，因为黑域是永远无法逃离的区域。而在黑域外，幽灵般地潜行着无数带枪的猎人。

注：关于"黑域"存在的合理性，它和精细结构常数、核力强度、电子速度等均有关，具体可参看李淼的《三体中的物理学》，约翰·D.巴罗的《大自然的常数》。稍微与航天相关的是，16.7 km/s这个数用得不好，因为太阳系的逃逸速度是42 km/s，地球绕太阳的公转速度为30 km/s，合成后地球上只需要提供16.7 km/s的速度增量即可。采用16.7 km/s，难道太阳系不运动了？难道地球不公转了？

17.2　激波、一阳指、交通流、旋臂星系和社会激波

17.2.1　激波的物理解释

声音是一种扰动，也是一种通知。扰动以声速向外广播，通知有东西要来了。

当来流或来的物体速度超过声速时，通知就来不及了，在空气听到"有东西"来了之前，就被东西给撞倒了，撞击太突然，来不及躲，就产生了激波。

物理上，马赫最早给出了一个解释。如图17.3所示，在一维管道中推动活塞，活塞往前运

动时压缩附近空气，并以当地声速传递干扰。"当地声速"的意思是，空气被压缩时，温度略有升高，声速会变大。这样产生一个现象，活塞持续运动，附近空气被持续压缩，且在之前升温基础上继续升温，导致声速越来越大，活塞附近干扰传播速度比后面的快，这样，后面的扰动持续追赶前面的扰动，只要时间足够长，最终所有扰动会同时达到，形成一道激波。

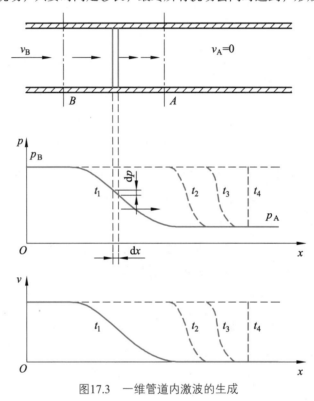

图17.3　一维管道内激波的生成

17.2.2　一阳指的科学原理是激波

一灯大师等使用的一阳指，其中的科学原理就是激波呀。

不同的是，在一维激波管中，只要存在运动终会产生激波。在三维中，波后的高压气体将向四周运动，导致波后气体压强下降，后面扰动追到前面的扰动时间就会越长，距离就会越远，甚至到无穷远处才会形成微弱压缩波，已经没有什么威力了。在三维中，只有超声速运动，才会产生对敌攻击有效的稳定激波。

因此，一阳指虽然谁都练，王重阳和一灯大师用出来是一个威力，段正淳用出来是一个威力，而朱九真用起来则又是一个威力。归根结底还是功力，还是速度。天下武功唯快不破嘛！

17.2.3 激波间断的特征线解释

在理解激波时，笔者曾思考了如下三个疑惑：

第一是后面的就不能超过前面的？这点好理解，因为后面的赶上了前面的，当地声速就和前面的一致了，因此不会超过。

第二是压缩波为什么会同时到达？就不能分两个波次、三个波次……到达吗？其实也好理解，再考虑这几个波次，后面波次速度仍比前面波次快，仍会追上前面波次。超又超不了、躲又躲不掉，最后只能无限叠加形成一道激波了。

第三是形象归形象，物理归物理，数学上这个间断解怎么理解？可以采用反证法。

考虑无黏Burgers方程（方程与描述流体运动的Navier-Stokes方程之间关系不再详述）

$$\frac{\partial u}{\partial t} + u\frac{\partial u}{\partial x} = 0, \quad u(x,0) = f(x)$$

反证法中，假设解u是连续（一阶可导）的，则在曲线，或称为特征线$\frac{\mathrm{d}x}{\mathrm{d}t} = u$上，存在

$$\frac{\mathrm{d}u}{\mathrm{d}t} = \frac{\partial u}{\partial t} + \frac{\partial u}{\partial x}\frac{\mathrm{d}x}{\mathrm{d}t} = \frac{\partial u}{\partial t} + u\frac{\partial u}{\partial x} = 0$$

所以在曲线上

$$u = C_2, x = ut + C_1 = C_2 t + C_1$$

即上述特征线为直线，在特征线上，u为常数

以如下初值$u(x,0) = 1 - \cos(x)$为例

以x为横轴，t为纵轴画出特征线，特征线的斜率为$u=u_0$的倒数，它以2π为周期，因此总会相交（图17.4）。在所有特征线上，u均为恒值，在上述初值下，这个恒值同样以2π为周期。

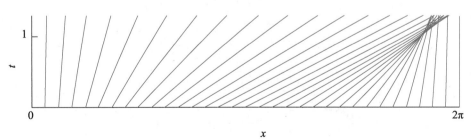

图17.4　$t > 1$时特征线相交

记下u在t=0时的初值，再以一条平行于x轴的直线往上推，它与每条特征线的相交，记下此时的x坐标，就刷出了此时刻方程的解$u(x, t)$。

因此，在t=0时，$u=1-\cos(x)$，当t>0时，u的值不变，但同一值对应的x值已随着特征线移动了，感觉就像特征线被一股力在往右拉，可是再怎么拉，x=2π时总有u=0（图17.5）。因此，随着时间推移，因此在t>1，在同一x点上存在两个值，如两个速度、两个压力等。显然这不是物理真实的解。

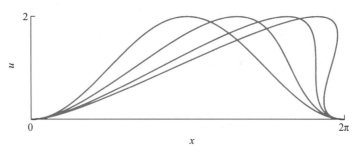

图17.5　t=0, 0.5, 1, 1.3时刻时u的形状

此时产生了矛盾，即在上述初值下，假设u是连续的不成立，它必然是不连续的，即存在间断。真实的解将在特征线相遇后合并（图17.6），此时参数不再连续，而是出现前后断崖式变化的波间断（图17.7）。

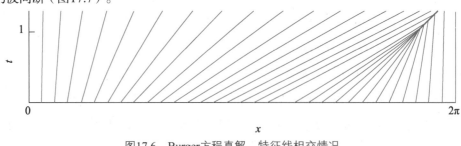

图17.6　Burger方程真解，特征线相交情况

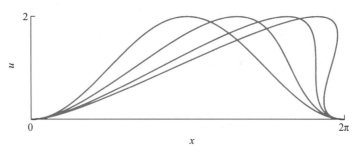

图17.7　Burger方程的真解，存在间断

激波在数学上是一个没有厚度的间断，但物理上，由于黏性效应等，它会形成一个非常薄的区域，如针对空气约为10 nm厚。在这个厚度的前后，各特征线信息丰富。而在这个厚度内，这些信息被极度挤压、融合、摩擦，产生了大量的热，宛如掉进无尽的黑洞，信息消失，系统熵增。

17.2.4 交通流与激波

激波现象无处不在，图17.8所示是1975年航拍的交通图，看到中间的间断了吗？在高速路上，没有事故，没有停顿车辆，道路却会莫名其妙地突然出现"幽灵堵塞"，很长一段时间过后，车流又会毫无征兆地顺畅起来。

大量车辆组成的交通流可以看成可压缩连续流体力学进行研究。红灯时，车辆陆续停车排队形成密度高的队列；绿灯时，排队车辆陆续疏散，车流中两种不同密度部分的分界面掠过车队传输，这个密度波的波动沿道路移动的速度称为波速。

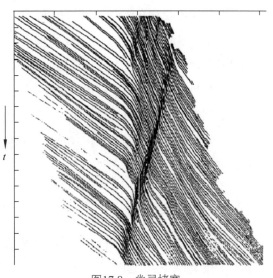

图17.8 幽灵堵塞

密度波波速是由什么决定的？是由车距、消息传播时间以及人的反应时间决定的。当车速比波速快时，就会导致激波产生。

在拥挤的公路上，很可能仅仅由于某个司机急刹车、突然变道或者超车，造成短暂的停顿，就会在这辆车的后方引发一连串的停顿——这条道路像撞上幽灵一样发生了堵车。

假设车距为50 m，哪怕第一辆车慢下来后只需要2 s就能再加速，后车反应时间为0.1 s。波动速度至少为50/(2+0.1)×3.6=86 km/h，若车速比这个快，就会产生激波。到最后一辆汽车启动时，所需的时间可能就要几十分钟了。研究显示，如果处于繁忙的高速公路上，那么一名新手司机的急刹车就可能引发一场"交通海啸"，受影响的路段可长达80 km。

从激波角度看，解决交通激波的方法有什么呢？

（1）一是降低车速，车速降到波速之下，反而不容易大堵车。

（2）二是加大车距，从而在相同的再启动时间内，加大波速。

（3）三是减少反应时间，如采用自动驾驶等。

自动驾驶的极限情况是一段道路范围内的所有车共享消息，所有车同时刹车、同时启动，此时相当于将车距增加到这段道路范围，同时将启动时间降低到无穷小，从而将波速提高到一个极大值，杜绝"幽灵堵塞"和其他堵车现象的发生。

17.2.5 星际空间与激波

星际空间也存在密度波，以下引自流体力学大师、密度波理论的建立者，林家翘的《星际螺旋结构理论》第39页："在恒星形成时，由于气体穿过旋臂流动，气体必须在一个比较短的时间内凝聚成恒星，为什么气体在星系内流动时还处于自由状态，而在旋臂区域会突然地塌缩称为恒星呢？我们的答案是这样：当气体流过极小引力势区域时，密度突然增加，就在星系的尺度上形成"激波"。这样一种"激波"确实预示着沿狭窄的规则"阵面"会形成恒星，并使明亮的HII区就像"一串珠子"那样分布在一条狭窄的曲线上（Morgan, Osterbrock和Sharpless, 1951）。"

17.2.6 社会学与激波

激波无处不在，以传播学为例。笔者将信息传递的速度视为运动速度，而每个人对事物都有个接受的程度，这个程度可视为声速。当信息传递比较慢或少时，第二个信息尚未到时，第一个信息已经基本被淡忘，此时就不会产生多大反响。但信息纷至沓来，一波未平一波又起，这些信息在心中大幅激荡，就形成了激波。众口铄金、积毁销骨、三人成虎、曾参杀人，就是信息传播上的激波。

如嫦娥五号落月，如猎鹰重型首飞等，都是传播学上的激波。传播学激波怎么防？显然一是降低信息传递速度，如断网等；二是提高声速，即提高对信息的耐受度。如秦武王派遣甘茂前去攻打韩国重镇宜阳，甘茂临行前和秦武王讲了曾参的故事，秦武王明白了甘茂的意思，便与甘茂以息壤发誓，势必不惜一切代价支持甘茂作战。战事一打就是半年，朝中果然流言四起，而秦武王也在一场场流言之中意志松动，有心召回甘茂。甘茂接到秦武王的命令之后，仅仅在回书中写道："吾王可忘息壤之盟乎"，秦武王听后羞愧难当，命令大力士乌获孟贲统军五万，增援甘茂，终于打开了通往洛阳的大门。史书上都说，这是"人言可畏"的典型案例。

但笔者从科学角度看，可将甘茂类比为古代的流体力学大师，在无法改变运动速度的情况下，通过改变当地声速，找到了预防"社会激波"的手段，通过科学的应用，成功地获得了战争的胜利。

同理，"七年之痒"是什么，无非就产生和消解矛盾这两个速度的不匹配导致的激波间断。要解决七年之痒，一是通过成长减少矛盾产生速度，二是通过增加修养增加矛盾消解速度，懂点科学咱就好办事了。

17.3 脱体激波、如来神掌、激波反射和马赫盘

17.3.1 附体激波与脱体激波

马赫盘是怎么回事？还得再铺垫一下。

其实前面的两段有个矛盾，第一段说干扰下形成马赫锥，即如图17.9所示。

而在活塞的描述中，在一维空间内，被压缩气体在活塞之前形成一个激波；在三维空间内，由于被压缩气体向两侧移动，激波将向两侧延伸。但越靠外侧，波后气体的压强越小，激波强度越弱，所以激波运动的速度也变小，故形成两侧逐渐向后倾斜的激波，即弓形脱体激波（图17.10）。

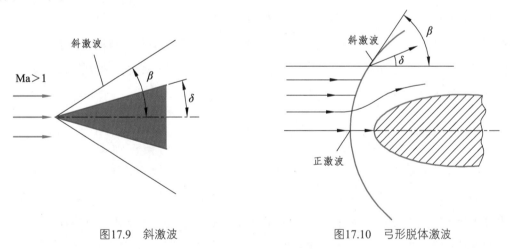

图17.9 斜激波   图17.10 弓形脱体激波

在普法战争期间发现，大炮射击速度高时能听到两声响，而速度低时仅能听到一声。同时发现，法国军队新式高速子弹射击时会产生火山状云。比利时弹道学家Meslen将后者解释为子弹之前的弓形激波（图17.11），Ernst Mach对此十分惊奇，并通过试验验证了这种解释的正确性。

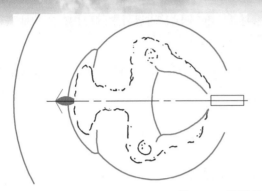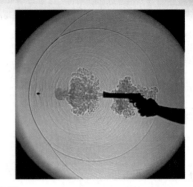

图17.11　子弹前弓形激波

两段说的激波，一个是附体的，一个是脱体的，到底哪个正确？两个都正确，马赫锥代表了无穷远处的行为，而在物体局部，则既可以形成附体激波，也可以形成脱体激波。

（1）当物体的尖顶角不很大时，物体对气体的压缩作用较小，如果激波运动速度小于物体的运动速度，激波会附在物体的前端，形成附体激波。

（2）当物体的尖顶角增大时，物体对气体的压缩作用变强，激波强度与激波运动速度随之增大，它起初表现为β角的增大，大到一定程度，当激波中间部分的运动速度超过物体运动的速度时，激波会跑到物体的前面，形成脱体激波。

具体可看图17.12，附体激波只能存在于彩色区域。当偏转角δ与马赫数匹配时，形成附体激波，当偏转角δ太大，或同一个偏转角，但马赫数较小时，都无法找到对应的激波角β，此时只能存在脱体激波。

17.3.2　激波反射

气体从过膨胀喷管（出口压力小于环境压力）中喷出时，被环境压力压缩，形成一道斜激波。如图17.13所示，Ⅰ区气流经过AC和BC两道斜激波，气流内折角度δ进入Ⅱ区和Ⅲ区。如果M_2和M_3仍大于声速，气流相交于C点。以AC激波为例，为认识清晰，可假设上下完全对称，考虑对称性，它相当于以偏转角δ冲到壁面，于是会再产生一道激波CD。

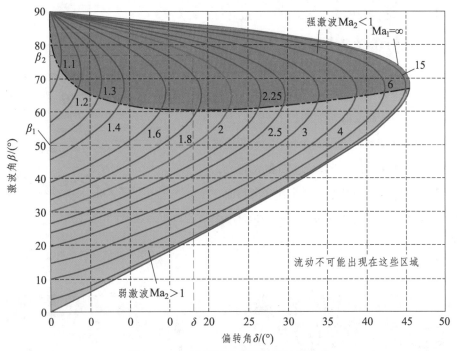

图17.12　二维斜激波角度与偏转角关系

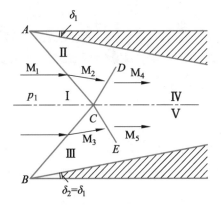

图17.13　激波反射示意图

17.3.3 马赫反射和马赫盘

如果气流的偏转角 δ 较大，或者来流马赫数 M_1 较小，那么气流通过激波 AC 和 BC 后，M_2 和 M_3 进一步降低，如果在"二维斜激波角度与偏转角图"的彩色区域中找不到激波角时，将在相交点 C 之前形成脱体激波，即马赫反射，如图17.14所示。

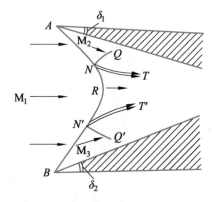

图17.14 激波马赫反射及马赫盘的形成

激波达到 AN 和 BN'，之后变为 NR 和 NQ 两道激波，NR 与中心面垂直，由于激波经过 NR 和 NQ 汇合，两侧速度不等，会形成 NT 交会面这个速度滑移面。同时，由于 NQ 和 NR 均为曲线激波，因此经过这两个面后气体参数不同，波后将会形成有旋流场，也就是马赫盘后面会看到的拖尾的形状（图17.15）。

图17.15 火箭发动机点火后形成的马赫盘

17.3.4 第二、三道马赫盘

这也是图17.16中的第一道红色弓形激波，即第一道马赫盘。气流经过 NQ 斜激波后经过压缩，压强大于大气压，在边界与大气相遇时，形成膨胀波 QS，压力降低，此时气体与外界压力和流向相同，但上下气流间又不同了。在 S 点，气流分别向上下流动，会形成一道真空。为避免此道真空产生，气流会产生膨胀波 SC，压力继续降低，并再次重复喷管出口的故事，形成第二道马赫盘。

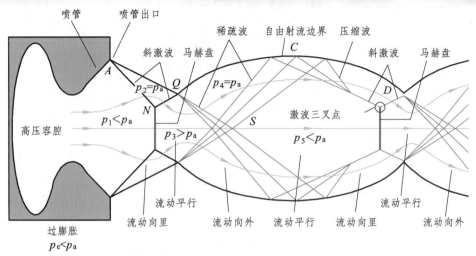

图17.16 过膨胀喷管及其马赫盘

当喷管为欠膨胀，即出口压力大于环境大气压时，相当于少了上图的 $A \sim Q$ 部分，气流经过膨胀和压缩波后，仍会形成马赫盘（图17.17）。

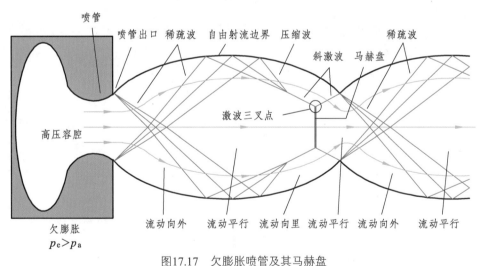

图17.17 欠膨胀喷管及其马赫盘

按温度画出马赫盘如图17.18所示，红色表示温度更高。

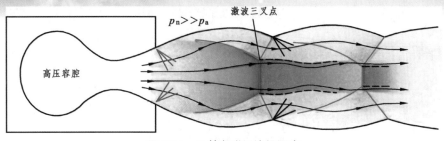

$p_n \gg p_a$

激波三叉点

高压容腔

图17.18　马赫盘附近流场温度

随着流速的降低，以及空气阻尼，马赫盘将逐渐消散，如图17.19所示。

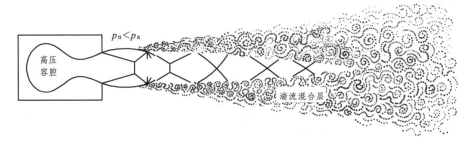

$p_n < p_a$

高压
容腔

湍流混合层

图17.19　马赫盘的消散

这就是火箭发射的斑斓——马赫盘。它除了吐出一圈圈魅蓝外，还会一波一波地撕扯着你的衣服，抖动着你的皮肤，震撼着你，让你感受到地动山摇，你一定会拜服在这种伟力之下！

人，一辈子，一定要去看一次火箭发射！

运载火箭的模态

18.1 本征值——此名有真意

小时候，我们做图18.1所示的题目。

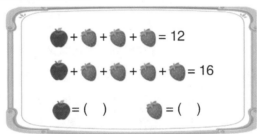

图18.1 参数代换

长大点，我们做图18.2所示的题目（解题的诀窍在于兔子和鸡都把一半的脚提起来）。

图18.2 鸡兔同笼

再长大，原来这类题目可用一般的形式求解——方程组：

$$\begin{cases} x+3y=12 \\ x+4y=16 \end{cases}$$

$$\begin{cases} x+y=35 \\ 2x+4y=94 \end{cases}$$

读大学时，我们知道了还有更一般的形式——矩阵：

$$\begin{pmatrix} 1 & 3 \\ 1 & 4 \end{pmatrix}\begin{pmatrix} X \\ Y \end{pmatrix}=\begin{pmatrix} 12 \\ 16 \end{pmatrix}$$

$$\begin{pmatrix} 1 & 1 \\ 2 & 4 \end{pmatrix}\begin{pmatrix} X \\ Y \end{pmatrix}=\begin{pmatrix} 35 \\ 94 \end{pmatrix}$$

采用矩阵 T 和向量 x、b，可将线性方程组表达为一般形式

$$Tx = b \Rightarrow x = T^{-1}b$$

有一天闲来无事我们也许会好奇地想，反复用矩阵 T 相乘会怎么样？即 $T(T(T(\cdots x)))=T^n x$ 结果是什么？

这种反复自乘还不仅仅是出于兴趣，有理由这样做：假设有 $ABCDEF$ 六个人，其中 A 认识 B，B 认识 C，C 认识 D，D 认识 E，E 认识 F，经过多少次引荐，A 可以认识 F？

当然对于这道题，我们很容易获取答案，而更一般的答案则蕴藏在矩阵自乘里面。

定义 T 为邻接矩阵，横和纵坐标均代表 $A \sim F$，矩阵大于0代表两人认识，否则为0代表不认识。

$$T = \begin{bmatrix} 1 & 1 & & & & \\ 1 & 1 & 1 & & & \\ & 1 & 1 & 1 & & \\ & & 1 & 1 & 1 & \\ & & & 1 & 1 & 1 \\ & & & & 1 & 1 \end{bmatrix}$$

在这个矩阵中，一开始，A 和 C 不认识。我们可以一个个问 B、D、E、F（以及 A、C 本身），只要找到一个他们都认识的中间人，就可以通过介绍认识。将所有查询过程加起来，即

$$T_1(u,v) = \sum_i T(u,i)T(i,v)$$

就是可以通过一次介绍认识的人，而且 T_1 对应每一个值表示引荐方式。

碰巧，这里的 T_1 运算正是矩阵乘法：$T_1 = T \times T = T^2$。同理，通过两次介绍认识对应矩阵 $T_2 = T^3$。

计算发现 $T_4(1,6) > 0$，所以需要4次引荐 A 才可以认识 F。

搜索引擎干的事情就是将各种网页引荐给读者，第一代搜索引擎只基于网页所包含的文本进行排序，第二代搜索引擎则将隐含在超链接中的质量判断考虑在内，即被其他网页链接得

多的排在前面，被权威性权重多的网页链接的排在前面。这样反复地进行链接分析，反复地进行改进，就是自乘。这项技术就是Google首倡的pagerank技术。

问题是，矩阵自乘结果很复杂，如 T_4 为

$$
\begin{matrix}
21 & 30 & 25 & 14 & 5 & 1 \\
30 & 46 & 44 & 30 & 15 & 5 \\
25 & 44 & 51 & 45 & 30 & 14 \\
14 & 30 & 45 & 51 & 44 & 25 \\
5 & 15 & 30 & 44 & 46 & 30 \\
1 & 5 & 14 & 25 & 30 & 21
\end{matrix}
$$

怎么从混乱的信息中找到规律？怎么降低计算量？

很早的时候，人们知道有个特殊的矩阵和向量乘法

$$
\begin{pmatrix} 8 & 8 \\ -3 & -2 \end{pmatrix} \begin{pmatrix} 4 \\ -3 \end{pmatrix} = \begin{pmatrix} 8 \\ -6 \end{pmatrix} = 2 \times \begin{pmatrix} 4 \\ -3 \end{pmatrix}
$$

这让大家豁然开朗，如果我们运气好，存在$Tv=\lambda v$，则矩阵的自乘就完全等价于数字乘法了，即

$$
T^m v = T^{m-1}(Tv) = T^{m-1}\lambda v = \lambda T^{m-1} v = \lambda^m v
$$

不能指望每次都能碰到这种矩阵和向量乘法，但幸运的是，所有的n维矩阵都能找到n组这样的标量λ和非零向量v，使得$Tv_i = \lambda_i v_i$。

以上的λ和v，分别称为eigenvalue和eigenvector，这两个词一半是德文，一半是英文。eigen是德文形容词，意思为"特有的"，德国数学家希尔伯特首次对之进行了命名。也有些数学家用术语characteristic value来命名，但不如短词根eigen来得那么深入人心。中文将之翻译为本征值和本征向量，或特征值和特征向量。

如果可以将x表示为这些非零向量的线性组合$x = a_1 v_1 + \cdots + a_n v_n$，从而

$$
Tx = T(a_1 v_1 + \cdots + a_n v_n) = \lambda_1 a_1 v_1 + \cdots + \lambda_n a_n v_n
$$
$$
T^m x = \lambda_1^m a_1 v_1 + \cdots + \lambda_n^m a_n v_n
$$

$Tv = \lambda v$隐含着这样一个观念，即一个矩阵与v相乘，或者说，对v进行某种变换，与将向量v直接拉伸效果一致。T有横向和纵向两个维度，v有纵向一个维度，λ只是一个数，从这个角度，问题被降维了。在数学术语上，v是T的一维不变子空间。

一维不变子空间打开了一扇隐秘的门，一个纯粹的空间。

18.2 模态——一把空间秘匙

暂时放下本征值，切换到弹性振动。如图18.3所示，一个无阻尼弹簧质量系统。

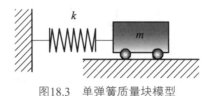

图18.3　单弹簧质量块模型

弹性振动方程可以表述为

$$m\ddot{x} + kx = 0$$

这个振动方程很容易理解，它反映出简谐振动如图18.4所示。

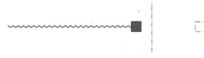

图18.4　单弹簧质量块的振动

当滑块增多时，方程表述变得复杂，如图18.5所示。

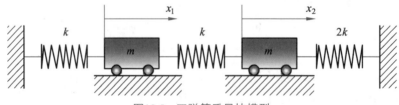

图18.5　双弹簧质量块模型

对应方程为

$$\begin{pmatrix} m & 0 \\ 0 & 2m \end{pmatrix} \begin{pmatrix} \ddot{x}_1 \\ \ddot{x}_2 \end{pmatrix} + \begin{pmatrix} 2k & -k \\ -k & 3k \end{pmatrix} \begin{pmatrix} x_1 \\ x_2 \end{pmatrix} = 0$$

它可以写成：$M\ddot{X} + KX = 0$

这里，由于弹簧的相互牵制，K矩阵各元素交织在一起，即弹性耦合，使得方程很难解。

我们尝试一下将K解耦：

$$\begin{pmatrix} 3 & 1 \\ 1 & 2 \end{pmatrix}\begin{pmatrix} m & 0 \\ 0 & 2m \end{pmatrix}\begin{pmatrix} \ddot{x}_1 \\ \ddot{x}_2 \end{pmatrix} + \begin{pmatrix} 3 & 1 \\ 1 & 2 \end{pmatrix}\begin{pmatrix} 2k & -k \\ -k & 3k \end{pmatrix}\begin{pmatrix} x_1 \\ x_2 \end{pmatrix} = \begin{pmatrix} 3m & 2m \\ m & 4m \end{pmatrix}\begin{pmatrix} \ddot{x}_1 \\ \ddot{x}_2 \end{pmatrix} + \begin{pmatrix} 5k & 0 \\ 0 & 5k \end{pmatrix}\begin{pmatrix} x_1 \\ x_2 \end{pmatrix}$$

这次又出现了惯性耦合，即M矩阵各元素交织在一起，真是按下葫芦起了瓢。

怎么同时将惯性耦合和弹性耦合按下去？

我们摆弄这个弹簧质量系统时发现，如果初始将弹簧放在不同位置松手（红色虚框处），它有不同的运动规律，如图18.6所示。

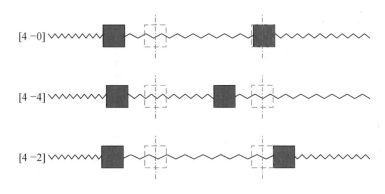

图18.6　双弹簧质量块的振动

当初始位置为[4 0]，即第一个弹簧拉到位置4，第二个弹簧在0位置，这时候两个质量块时快时慢，两者运动不协调同步。

当初始位置为[4 4]，即将两个弹簧都拉到位置4，松手后两个质量块同步同向运动，两者同时通过平衡位置，同时通过最大位置。

当初始位置为[4 −2]，两个弹簧同步反向运动，两者仍同时通过平衡位置，同时通过最大位置。

这个动画给了我们一种启示，与最上面的复杂运动相比，下面两幅同步运动理解起来像极了一个弹簧的简谐振动，在这种初始位置下，复杂问题降维了，与$Tv = \lambda v$类似的降维。

记$T = M^{-1}K = \begin{pmatrix} 2 & -1 \\ -0.5 & 1.5 \end{pmatrix}$，显然有$T \times \begin{pmatrix} 4 \\ 4 \end{pmatrix} = \begin{pmatrix} 4 \\ 4 \end{pmatrix}$，$T \times \begin{pmatrix} 4 \\ -2 \end{pmatrix} = \begin{pmatrix} 10 \\ -5 \end{pmatrix} = 2.5\begin{pmatrix} 4 \\ -2 \end{pmatrix}$，或者写到一起为

$$T\Phi = T \times \begin{pmatrix} 4 & 4 \\ 4 & -2 \end{pmatrix} = \begin{pmatrix} 4 & 10 \\ 4 & -5 \end{pmatrix} = \begin{pmatrix} 4 & 4 \\ 4 & -2 \end{pmatrix} \times \begin{pmatrix} 1 & 0 \\ 0 & 2.5 \end{pmatrix} = \Phi\Lambda$$

因此这里出现的降维现象与矩阵自乘同源，来自$Tv = \lambda v$，即特征值和特征向量。

如果将上式两边同时乘以Φ^{-1}，可以得到$\Phi^{-1}T\Phi = \Phi^{-1}\Phi\Lambda = \Lambda$，因此记$q = \Phi^{-1}X$

$$\Phi^{-1}\ddot{X} + \Phi^{-1}(M^{-1}K)X$$
$$=\Phi^{-1}\Phi\ddot{q} + \Phi^{-1}(M^{-1}K)\Phi\ddot{q}$$
$$=I\ddot{q} + \Lambda q$$
$$=0$$

这里I代表单位矩阵，Λ已经是对角阵。质量和刚度矩阵全部得以解耦。通过Φ矩阵解开了图中缠在一起的弹簧（而且由于M的对称性，还可以得到$\Phi^{-1}M\Phi$、$\Phi^{-1}K\Phi$均为对角阵）。

我们可以将每一组Φ的看成一间房子，在这间房子里，所有质量块整体同步地运动，频率一致，仅仅是幅值和相位不同。这间房子里的所有特征都与其他房子不同，完全独立。房子里能量在不停地流转，从动能转到势能，再从势能转到动能，它既不需要其他房子里的能量，也坚决不外泄一点能量。

我们称这间房子，这个纯粹的空间为模态（Modal）空间，模态包含了这间房子里面所有特征，包括频率、振型等。

18.3 模态的意义——可拼（振型叠加）、易感（共振）

当质量块任意初始放置时，可参考上节$T'''(x)$计算过程，它的振动均相当于纯模态振动的组合（振型叠加法）。这种类型的组合很像傅里叶变换，它们在抽象意义上都是一个东西，是一种酉变换，一个函数的频率空间表示看成是它的物理空间表示的某种意义上的旋转。模态空间仅和系统质量和刚度特性有关，是系统的固有特性。这是模态的意义之一：表示性（笔者称之为易拼）。

如果我们用一个固定频率的力去激振第一个质量块，然后记录在此激振力下两个质量块最大位移响应，可以描绘出一条如图18.7所示的曲线（频响曲线）。

这个曲线有两条峰值，对应频率分别为1和1.58，而实际上，它们的平方正好对应两个特征值1和2.5。再仔细观察，在1 Hz时两个质量块响应幅值接近，1.58 Hz时质量块1的响应幅值约为质量块2的2倍，而实际上，它们正好对应之前的特征向量[1 1]和[2 −1]（关于正负号此处不再验证）。

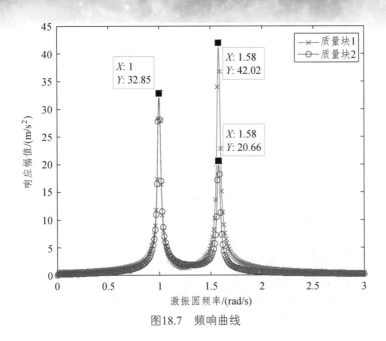

图18.7　频响曲线

因此，系统被激振时，响应最大的振型正好是固有振型，激振频率为固有频率时响应正好最大。这是模态的第二个意义：响应最大，或者说，最容易被激发，即共振（笔者称之为易感）。就像我们摇一棵小树，当用手推动时，经过尝试，我们能找到一个摇的时机（周期），能更容易地摇动这些小树。这个摇的时机就是小树的频率。

我们可以将两个质量块对应振型表述为图形，分别为一阶振型和二阶振型。

质量块、梁、板、实体等的振型均可用图形表示。从图18.8可以看出，除去弹簧两端，二阶振型与x轴有一个交点，这个交点称为节点，这个位置的弹簧位置始终不动。

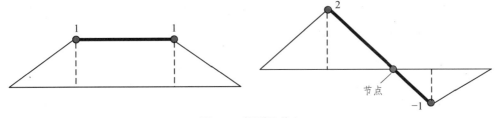

图18.8　振型及节点

一个非常有趣的实验揭示了节点，即克拉德尼图形，又称"克拉德尼声音图案"，18世纪，德国物理学家恩斯特·克拉德尼做过一个实验，他在一个小提琴上安放一块较宽的金属薄片，在上面均匀地撒上沙子。然后开始用琴弓拉小提琴，结果这些细沙自动排列成不同的美丽图案，并随着琴弦拉出的曲调不同和频率的不断增加，图案也不断变换和越趋复杂——这就是著名的克拉德尼图形（图18.9）。

图18.9　恩斯特·克拉德尼及克拉德尼图形

克拉德尼图形描绘出的就是模态的节线，节线处留住了由附近振动区域抖来的沙子。这样，薄板上便出现一幅独特的沙子图形，由此能得出有关振动的许多推断。不必动用Abaqus、Nastran等软件，采用MATLAB就可以简单地描绘这种图形。

这个振型可以计算：

（1）在MATLAB命令行窗口敲击如下命令弹出PDE Toolbox窗口（安装了PDE模块）：pderect（[–1 1 –1 1]）; pdecirc（0, 0, 0.02）。

（2）菜单中选择Draw/Draw Mode，将Set formula中的SQ1+C1改为SQ1-C1，代表从平板中去掉中心圆（为了给中心圆施加位移边界条件）。

（3）选择Boundary/Boundary Mode，用鼠标选择平板的四条边后（按住"Shift"键多选），选Boundary/Specify Boundary Conditions，将之设为Neumann边界条件。

（4）选择PDE/PDE Specification/Eigenmodes。

（5）选择Mesh/Refine Mesh，可多点击两次以加密网格。

（6）选择Plot/Plot Selection，选择Eigenvalue为49.63 Hz，点击"Plot"绘图。

在这种绘图模式下，可以得到对应的振型和节线图（图18.10）。

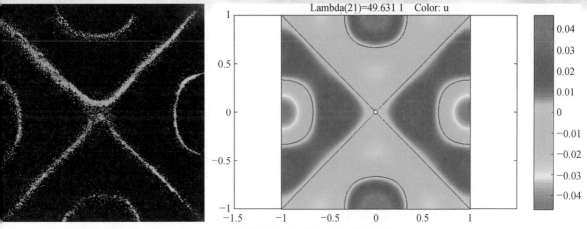

图18.10　计算振型、节线与克拉德尼图形

模态在工程中广泛应用，以下摘自《工程中的振动问题》。

案例1

1983年，渤海公司埕北油田A平台（图18.11），钻机开动时，平台振动强烈，生活区工人很难入睡，强烈振动有可能影响平台的寿命。

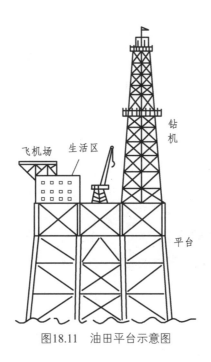

图18.11　油田平台示意图

平台高度为 20 多米，面积有如半个足球场大，实测固有频率 1.1 Hz，为一阶扭转频率。钻机转速有三挡，分别为 n=90 r/min，120 r/min，150 r/min。当使用第一挡时，产生 90/60=1.5 Hz 激振，与平台固有频率接近，后将钻机改为第二挡运行，激振频率提升到 2 Hz，平台振动大大减小。

案例 2

沈阳风机厂生产的平顶山矿 2K58-30 型通风机，1988 年 11 月至 1989 年 10 月，14 支叶片开裂。

叶片中空，用钢板卷成，然后铆上支杆（图 18.12），开裂部位在叶片下边（轴向），铆钉孔处（45°向），裂纹长度 30～190 mm，最长达 190 mm。

经过分析，前导叶数 z_1=13，后导叶数 z_3=13，中导叶数 z_2=17，机器转动频率为 n=10 Hz。扰动频率带为红色区，能激起叶片第二阶频率（扭转）共振（图 18.13）。叶片开裂的形态和扭转疲劳破坏相吻合。后将前、后导叶数改为 11、中导叶数改为 19，从而避开固有频率区（图 18.14）。

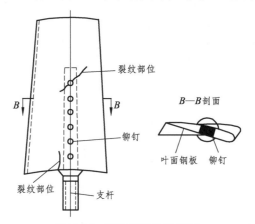

图 18.12　通风机叶片示意图

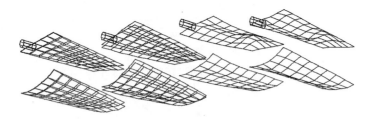

模态 No.1：弯曲型　模态 No.2：扭转型　模态 No.3：壳体型　模态 No.4：壳体型
频率：79.69 Hz　　频率：146.87 Hz　　频率：232.81 Hz　　频率：265.63 Hz
阻尼：0.10%　　　阻尼：0.46%　　　阻尼：0.76%　　　阻尼：0.99%

图 18.13　通风机叶片振型

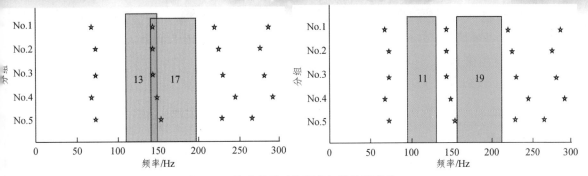

图18.14　修改前后叶片频率与扰动频率带

18.4　火箭飞行——当模态遭遇姿态

火箭飞行中，可将箭体视为一个弹性体，在固有频率附近它也是易感的。

国内DF-2型导弹首飞时，因未考虑箭体弹性，飞行姿态发散。

麦道公司的德尔塔3火箭首飞时1 min内火箭就出现了振荡性滚转并在72 s自毁。

对于15.5节给出的火箭模型，考虑实际飞行时火箭存在弹性振动，如图18.15所示。

即发动机作用力，以及测量角速度时除了敏感到箭体转动外，还敏感到箭体自身振动。

如将火箭视为梁，则其前四阶振型如图18.16所示，对于两端自由的火箭，第n阶振型存在$n+1$个节点。

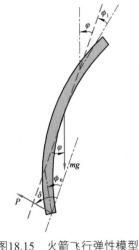

图18.15　火箭飞行弹性模型

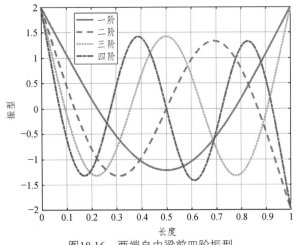

图18.16　两端自由梁前四阶振型

当火箭存在弹性振动时，角速度传感器除敏感箭体转动外，还混入了箭体弹性振动信息。在Simulink模型中引入计算框图（图18.17），可以看到在图中配置下，箭体姿态跟踪出现大幅振荡（图18.18）。

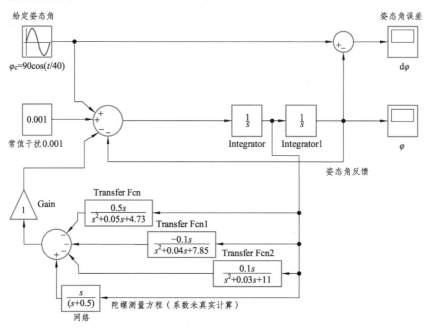

图18.17　Simulink搭建箭体姿控模型

（工况1：考虑弹性下闭环控制）（图中仅为示意，此处运动方程未含弹性，只是在姿态角反馈中增加了弹性项）

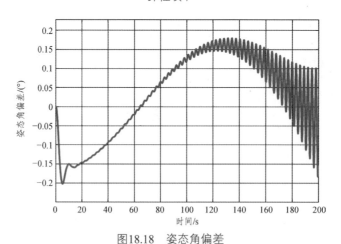

图18.18　姿态角偏差

（工况1：考虑弹性下闭环控制）

绘制这个例子的开环伯德图（图18.19）可以发现，增加惯组处角速度测量方程后，伯德图上出现了几个峰值，其中一阶弹性频率不稳定，二阶弹性频率为相位稳定，三阶弹性频率为幅值稳定。

为了避免这种不稳定的产生，有数学和物理两种处理方法。

数学方法指对测量信号进行带阻滤波（陷波网络）或低通滤波，减小弹性分量占比（图18.20和图18.21），但如果箭体弹性频率和转

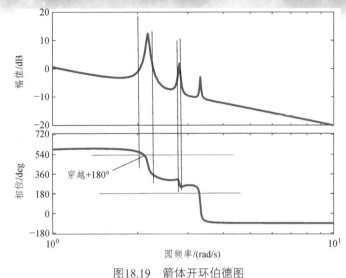

图18.19　箭体开环伯德图
（工况1：考虑弹性下闭环控制，角速度测点位于惯组处）

动频率接近，这种方法在削弱弹性分量的同时，对转动频率敏感度也变差，导致火箭飞行控制迟钝，对于给定快速变化的姿态角无法跟踪。

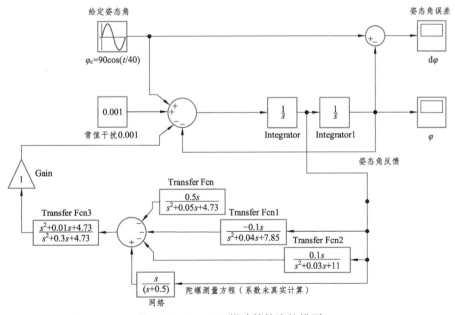

图18.20　Simulink搭建箭体姿控模型
（工况2：考虑弹性下闭环控制，角速度测点位于惯组处+陷波网络）

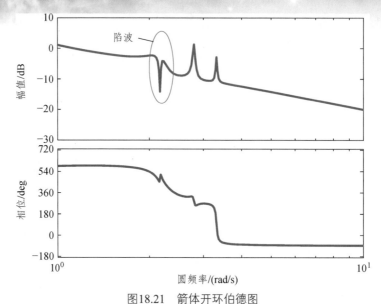

图18.21 箭体开环伯德图

（工况2：考虑弹性下闭环控制，角速度测点位于惯组处+陷波网络）

物理方法指将角速度传感器安装在接近一阶节点处，此时传感器对一阶弹性振动不敏感。本例的系统开环伯德图如图18.22所示，即使不采用陷波网络，姿态控制已经稳定，且不影响对箭体转动的敏感。

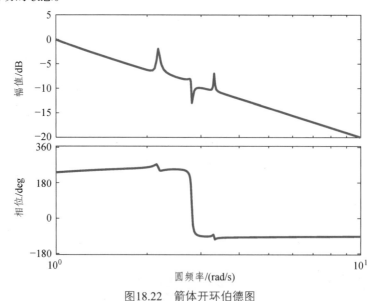

图18.22 箭体开环伯德图

（工况3：考虑弹性下闭环控制，角速度测点位于一阶节点处）

18.5 火箭模态试验——让箭体飘起来

全箭模态试验，就是通过试验获取箭体模态，以发现结构设计薄弱环节，为姿控稳定性设计提供依据。

整体而言，运载火箭模态试验的做法源于模态的易感性，通过激振器扫频，找到共振点，用传感器采集相应频率下的振型。

但对于火箭模态试验，一个问题是，飞行中为两端自由边界条件（研究表明发动机外力对箭体模态影响较小），地面无法模拟飞行状态，需找到一种方法让火箭飘起来。

早期采用了如图18.23所示的悬吊系统，它由作动筒、蝶形弹簧、调节拉杆、钢丝绳及连接件组成，并悬挂于振动塔内的井字梁上，此外还有横向稳定系统确保箭体处于垂直状态不倾覆。

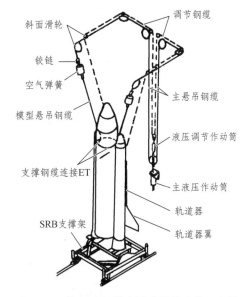

图18.23 航天飞机模态试验悬吊系统示意图

（图中标注：斜面滑轮、铰链、空气弹簧、模型悬吊钢缆、支撑钢缆连接ET、SRB支撑架、调节钢缆、主悬吊钢缆、液压调节作动筒、主液压作动筒、轨道器、轨道器翼）

火箭被悬吊系统底部的工装托住，有点像坐在"秋千"上。当悬吊系统基频小于箭体弹性的1/5时，基本对弹性频率无影响。但由于要将整个火箭悬吊得很高，使得基础设施十分庞大。

用于CZ-2F载人运载火箭的振动塔（位于北京）有效高度53.6 m，有效面积24 m×24 m，基础承载能力1 000 t。而且根据文献，即使是这个高度，仍无法装下整个CZ-2F火箭（短了2 m）。

因此，我国为开展新一代运载火箭研制，在天津新建了振动塔如图18.24所示。

天津全箭振动塔建筑面积为10 230 m²，高93 m，相当于30多层楼房的高度。全箭振动塔是国内单层最高厂房，最大承载力为1 500 t，支撑体系用钢量约1 200 t，最大施工高度为90 m，技术难度大，危险程

图18.24 全箭振动塔（天津）

度高，在国内尚无先例，被誉为"亚洲第一高塔"。图18.25
所示为CZ-5型火箭在塔内开展全箭模态试验。

　　未来航天发展需要运载能力更大的火箭，如重型运载火
箭，采用悬吊系统已经难以为继。从2015年开始，北京强度
环境研究所就开始了火箭全箭模态试验从"悬吊"改为"悬
浮"的攻关工作，研制了一种油气支承系统，将整个火箭支
撑起来，使其达到一种"悬浮"的状态（图18.26）。其间，
研制人员在结构设计、工艺实现、平稳控制等方面，进行了
反复攻关，攻克了多通道气液伺服联合控制、多型静压支撑
设计、多路变流量自适应回油等一系列关键技术，研制出
"100吨油气支承系统"（图18.27）。目前，该系统已经通
过试验考核验证。这也是美国土星5火箭采用的试验技术。

图18.25　CZ-5进行全箭模态试验

图18.26 油气支撑系统下的全箭模态试验

图18.27 100吨油气支承系统

　　随着国内商业航天发展，目前在试验方法上又有新的创新。

　　中国长征火箭有限公司的捷龙1号固体运载火箭采用了水平悬吊方式进行模态试验（图
18.28）。在水平方向箭体类似于单摆系统，测量精度高，有力地保障了飞行试验的圆满成功。

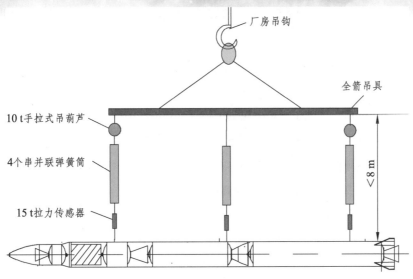

厂房吊钩

全箭吊具

10 t手拉式吊葫芦

4个串并联弹簧筒

15 t拉力传感器

<8 m

图18.28　捷龙1号运载火箭全箭模态试验示意图

本次试验时，虽然采用了弹簧筒进行悬吊降低工装基频，但试验时仍出现了吊梁与箭体的组合模态。

实际上，还有一种比弹簧筒更软的结构，那就是空气弹簧（图18.29）。

图18.29　空气弹簧系统

中科宇航助推运载器采用空气弹簧多点水平支撑的方式进行模态试验，是国内迄今为止最大的固体运载器水平支撑模态试验。研制团队通过将总装架车进行改造，增设空气弹簧以实现箭体的自由状态模拟，使模态试验的总装最大程度上接近靶场总装流程，降低了试验实施难度。

助推运载器模态试验通过多点水平支撑使试验产品处于合理的受力状态，若仅在振型节点上支撑产品，则产品上将产生较大的非设计工况剪力和弯矩，并且截面会受到较大的弯矩使得产品刚度不均匀，将对试验结果产生难以评估且很难消除的影响。通过采用多点支撑的方式进行试验，不仅可获得相对较小的截面弯矩，还可以降低支撑载荷，进而降低支撑边界的设计难度，使其更易于达到模态试验对支撑频率的需求。

今天的故事讲完了，在火箭模态试验调研过程中，了解了油气支撑、水平悬吊、空气弹簧等新方法，在好奇和开心之余，对创新一词也有一些新的感悟。

由于重型火箭太大，因此被逼着走向了油气支撑的道路，由于场地、经费、进度等因素限制，商业航天采用了水平悬吊、空气弹簧等新技术。创新在某些时候并不是表现为一种追求，而是被逼无奈的产物。

在水平悬吊试验时出现了垂直方向箭体模态与工装耦合、空气弹簧试验时出现箭体支撑弯矩复杂等问题。基本而言，在一个地方创新，必然会在另一个地方出现问题。解决问题的过程，就是航天技术扩大化和精进的过程。即使在中国商业航天仍然很弱小的当下，它仍会在被逼无奈的情况下，不断地发展出新的技术范式，丰富中国航天的技术内涵。

难受的升空过程——载人火箭不可忽视的
POGO振动

19.1 POGO是什么

1962年3月16日，大力神2导弹首飞中，出现了
10～13 Hz，30 s左右的振动，振幅达到2.5 g，因为振动形
态很像玩具弹簧高跷（POGO，玩具发明人Max Pohlig和
Ernst Gottschall名字中两个字母的缩写，图19.1），因此被
命名为POGO。在更早的红石火箭中也出现了类似的现象，
但这是首次被命名。

图19.1　弹簧高跷（Pogo stick）

POGO表现为全箭的纵向低频振动，它是液路系统和
结构系统的"耦合"。结构本身沿纵向振动，可将推进剂
挤入发动机，推力更大，在一定条件下，使得结构振动更
大，这是个正反馈的过程，系统就强烈激振起来。要产生不稳定或振动发散，需要推进剂输
送系统振动特性与结构振动特性满足一定的条件，一般情况下为频率相近或一致（但此绝非
POGO振动的评定标准）。由于飞行中随着贮箱内推进剂的消耗，结构特性时刻在变化，因此
这种振动可能在飞行中的一段时间出现。

如图19.2所示的纺锤状曲线是经典的POGO时间历程，它有如下特征：

（1）振动发生在箭体纵向。

（2）振动发生在一个或多个不稳定时段。

（3）当这些现象在5～60 Hz时，这些频率与火箭结构一些振型的频率接近。

（4）峰值振动幅值从零点几个重力加速度到几十重力加速度（曾测量出34 g），不稳定
持续时间可达30 s。

（5）在大型液体火箭上几乎都存在。

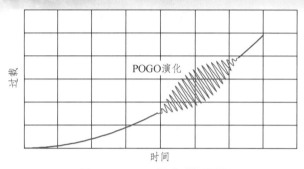

图19.2　POGO振动时间历程

表19.1为几种火箭POGO振动的频率和振幅，只是几组冷冰冰的数字，但不可忽视如下事实：法国钻石B的有效载荷被振坏了，土星5曾因为POGO振动关闭了中央发动机。

表19.1　国外知名POGO振动频率和振幅统计

火箭	频率/Hz	振幅/g
钻石B	40	17
雷神	20	4
大力神2	9～13	5
土星5	5	0.3

不载人火箭尚可以通过加固来抵抗这种振动，如雷神/阿金纳重新设计了结构，德尔塔火箭很多有效载荷增加了结构载荷的要求。

POGO是液路系统和结构系统的耦合，因此需要对这两个系统进行建模。当然了，这些模型很严肃，文献[①]通过推导，可采用图解的方法对POGO稳定性做出较为形象的解释。

图19.3的纵坐标中，Ω为结构任一阶纵向频率，ω_1为管路系统一阶频率。一般而言，容易改变的量仅有纵坐标中的ω_1，改变频率的装置叫作蓄压器（空气弹簧）。火箭每个飞行时刻都处于相平面上某一位置，我们可以称之为飞行相点。蓄压器可将飞行相点沿着纵轴平移。

---

① 汤波，于子文，张青松. 利用稳定性相图进行的POGO抑制设计[J]. 强度与环境，2009，36（1）：7.

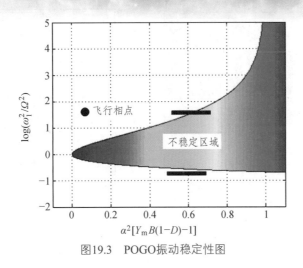

图19.3   POGO振动稳定性图

从图中可以看出稳定性区域情况：

（1）在x左半平面，无论液路频率为多少，系统总是稳定的。在右半平面，若纵向y=0，即液路频率和结构频率相等时，系统不稳定。

（2）在其他区域，为保证系统稳定，飞行每时刻所处的位置必须在不稳定区域之上（x<1时才存在）或之下（称之为上稳定区域和下稳定区域）。

（3）上稳定性区域的斜率较大，导致系统敏感性较强，尤其当x>0.6，此时沿横轴的微小平移都有可能使系统由稳定变为不稳定（或者相反）。所以在设计时，如果飞行位于此区域，则需要对参数进行仔细计算，以保证稳定裕量。

（4）下稳定区域斜率较小，沿横轴的平移对稳定性影响要小得多，此时系统有较大的稳定裕量。所以设计蓄压器时，应尽量利用下稳定区域。

但实际的火箭，如果只利用下稳定区域将需要很大的蓄压器，代价和风险都很大，如果能综合利用这两个区域，可以给POGO抑制设计带来新的思路。

19.2   POGO稳定性案例分析

图19.4所示为某火箭飞行过程中助推、芯一级管路和结构耦合的稳定性图，其中方框、圆和星号等符号上的数字表示不同秒点，从中可以看到蓄压器对POGO稳定性的影响。

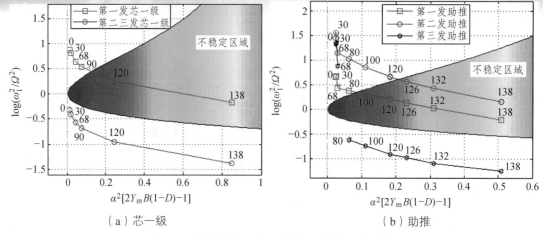

（a）芯一级 （b）助推

图19.4 某型火箭飞行中管路和结构耦合稳定性

第一发中，火箭芯级和助推在飞行中均进入不稳定区。

第二发中，芯一级增大了蓄压器容积，取得了很好的效果，此措施在后续得以继续应用；而助推减小了蓄压器容积，从而提高了管路频率，使得液路频率和结构频率不再重合（相点均位于x轴上方），但飞行中仍出现了不稳定。从中可以看出：① 频率重合不是POGO稳定性的有效判据；② 在一定条件下，蓄压器并非越大越好。

大的蓄压器可以将飞行相点沿y轴平移并进入下稳定区域，但可能需要非常大的蓄压器，工程实现难度大。小的蓄压器可以将飞行相点沿 y 轴向上平移，并有可能进入上稳定区域。

第三发助推器采用变能量蓄压器巧妙地融合了这两种设计方法，在飞行前段使用小蓄压器，在飞行后段，蓄压器变能（补充连接另一个蓄压器）扩大容积，由于此时推进剂消耗得多，结构频率较高，此时对蓄压器体积需求是可以承受的。

在前文中曾说过：发动机的大型化受工艺水平和物理规律的制约，关键是振动和密封问题的制约。

巨大的结构，除影响发动机自身外，如发动机燃烧不稳定性，还可能造成全箭的振动（局部的如伺服机构与发动机间的耦合振动，全局的包括火箭结构与推进系统间的纵向耦合振动）。而这些，靠现有商用软件是无法直接仿真的，需要对物理本质的理解，靠的是经验和设计。

蓄压器的作用表现为将飞行相点沿着纵轴平移。那么蓄压器是什么装置？为何能起到使飞行相点沿纵轴平移，即降低液路频率的作用？

可将真实管路极度简化为图19.5，上端是贮箱开口端，下面连接到泵，这是一个半开半闭的边界。忽略管壁柔性，由于流体的可压缩性形成了驻波模态。如氧化剂管路内声速为750 m/s，管路长度取为6 m，则此半开半闭驻波波长为24 m，由此管路内液体振动频率为31 Hz。

实际上，在涡轮泵入口附近存在气蚀。当泵内局部区域的静压力小于当地温度下的液体饱和蒸气压力时，该处的液体即产生蒸气泡。此蒸气泡形成一段空气弹簧（图19.6），液柱会在弹簧支撑下做整体往复运动，运动频率为

$$f = \frac{1}{2\pi}\sqrt{\frac{1}{IC_a}}$$

其中，$I = h/Ag$ 为液体惯性，C_a 为泵气蚀柔度，若泵的气蚀柔度为 $2 \times 10^{-6} \mathrm{m}^2$ 左右，则对于150 mm管路，代入公式可计算液体频率约为20 Hz，这就是整个输送系统的一阶频率。

图19.5　推进系统振动频率原理　　图19.6　推进系统振动频率原理（考虑涡轮泵气蚀）

从公式可以看出，它基本由输送管长度、面积，以及泵气蚀柔度确定。

蓄压器相当于更大的气体弹簧，它能大幅地降低管路频率，而且它本身的柔度可以用来抵消气蚀带来的不确定性。从气体状态方程、绝热泊松方程和振动方程可以导出加蓄压器后管路频率为

$$f = \frac{1}{2\pi}\sqrt{\frac{A_g}{h}\frac{\gamma p^2}{\rho g p_0 V_0}\frac{T_0}{T}} = \frac{1}{2\pi}\sqrt{\frac{1}{IC_a}\frac{T_0}{T}}$$

其中，γ 为气体比热比，p 为蓄压器处所受压力，$p_0 V_0$ 为初始能量值。因此可以通过调节蓄压器初始 $p_0 V_0$ 值来改变降频效果。

常见的蓄压器结构实现形式如图19.7所示。

（1）活塞式蓄压器。由弹簧活塞系统吸收管路内的压力波动，降低系统管路振动频率，

在大力神2燃料输送管路上有应用。这种装置的主要问题是活塞密封与壳体空腔之间的摩擦，直接影响蓄压器的灵敏度，从而影响它在输送系统中降低压力脉动的能力。

（2）气管式蓄压器。通过贮存气体降频，在大力神2氧化剂输送管路上采用。使用中要注意的问题是推进剂对气体的吸收作用，以及发动机起动瞬间因为管路抽吸带来的气体损失。

（3）囊式蓄压器。大力神3燃烧剂输送管使用。此蓄压器设计时最困难的是起动活门打开或发动机起动瞬间产生的水击，塑料弹性袋对应变率很敏感，可能造成囊袋破裂。

（4）膜盒式蓄压器。大力神3一级氧化剂输送管路使用。缺点是大型火箭结构和推进系统动特性处在很宽的范围，有多次出现POGO情况的可能，此蓄压器对调节不具有灵活性，如某火箭使用了火工品才能在飞行中变化一次能量值。另外，在使用低温推进剂时，膜盒内气体初始温度低，初始pV值较小，需要更大的蓄压器。

（5）注气式蓄压器。土星5一级氧化剂管路使用。少量气体对发动机无影响，蓄压器在开始充填工作时令人满意，但发动机关机时把氦气释放给高压氧化剂涡轮泵，随之出现严重的气蚀与超速。此后，航天飞机设计过球形蓄压器来避免此缺点。并增加了注气补气及回流系统解决关机时氦气释放问题。

（6）恒定液位的气体蓄压器。阿里安5火箭使用的蓄压器，它可以主动调节容量。当火箭飞行接近后期时，由于过载导致输送管压力增大。使用恒定液位的气体蓄压器，与定容积蓄压器相比，可显著增加蓄压器弹性，在同等容积下大大提高了蓄压器能力。

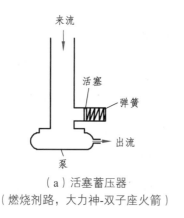
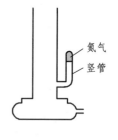

（a）活塞蓄压器　　　　　　　　　　（b）截留气体竖管
（燃烧剂路，大力神-双子座火箭）　　　（氧化剂路，大力神-双子座火箭）

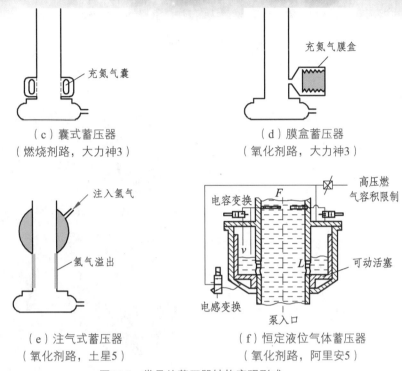

（c）囊式蓄压器
（燃烧剂路，大力神3）

（d）膜盒蓄压器
（氧化剂路，大力神3）

（e）注气式蓄压器
（氧化剂路，土星5）

（f）恒定液位气体蓄压器
（氧化剂路，阿里安5）

图19.7　常见的蓄压器结构实现形式

　　天顶号前期研制时曾构想过一种超级气蚀蓄压器，在发动机涡轮泵出口端引出一段管路，在管路内人为产生气蚀，再在气蚀区之后人为消灭气蚀，最后将这段管路再次导入涡轮泵入口。通过气蚀，在管路中并入了一个气体区域，从而类似一段气管式蓄压器（无须维护的蓄压器）。想法十分吸引人，但工程实现非常困难，最后天顶号因为各种原因放弃了这种方案。

19.3　POGO研究历史

　　到航天飞机为止，NASA在POGO研究方面走过了近30年的历史，尤其在载人航天的双子座和阿波罗计划中[1]，POGO的研究历经了数学建模的从无到有，模型正确性的逐步完善，蓄

---

① LARSEN C E. NASA Experience with Pogo in Human Spaceflight Vehicles[Z]. Johnson Space Center Rept Rto, 2003.

压器方案的提出和正确使用等核心问题，从而对POGO有了一个较为全面的认识。仔细研究此段历史，对于POGO抑制设计的研究，有着极大的启发价值和借鉴意义。

19.3.1 大力神2的POGO研究历史——从无到有

由于宇宙神火箭的逃逸系统设计不完善，NASA决定，在以后的双子座计划中将逃逸塔改为弹射座椅。但宇宙神助推级的液氧煤油推进剂易爆，弹射座椅来不及动作。使用了常规推进剂的美国空军的新导弹大力神2（图19.8）引起了NASA的注意，NASA也全程关注并参与了这枚导弹的飞行试验。

大力神2的管路比宇宙神助推级长了近一倍，因此也就引出了后面的问题。

1962年3月16日，大力神2导弹首飞中，出现了10~13 Hz，30 s左右的振动，振幅达到

图19.8　大力神-双子座

2.5 g，超过了美国空军1 g载荷的设计要求，更遑论NASA载人的0.25 g要求。

契机发生在1962年7月，大力神2第4次飞行。这次飞行中，一级燃料箱压力增大，结果无意中发现POGO幅值减弱到1.25 g，这也给POGO研究带来了新的方向。导弹承包商Martin公司建模认为POGO可能由推进管路振荡压力而不是泵振荡产生的，并建议在氧化剂管路上安装一个充气氮的涌流抑制竖管。NASA和军方采纳了此方案。

1962年12月6日，大力神2第8次飞行中安装了竖管，始料未及的是，载荷处振幅达到5 g，导致一级发动机过早关机，任务失败。从失败后的总结，NASA认为看到了希望：增加抑制管影响振动的事实表明工作正在朝正确的路上努力。

此时，空军要求NASA参加大力神2改进计划，领导人就是著名的Sheldon Rubin。Rubin小组审查了一年前发动机静态点火时的压力记录，发现Martin公司模型中缺少关键元素：氧和燃泵入口空穴，即气蚀区。以前的分析表明燃路频率在结构之上，氧路和结构接近。但如果考虑气蚀柔度，燃路反而和结构更为接近。

1962年12月19日，这次没有加蓄压器而是借鉴了第4次飞行的经验，即增加了贮箱压力，

对燃箱进行增压，并且氧路材料钢改铝，POGO振幅减弱。

1963年1月10日，星箭交界面振幅为0.6 g，再创新低，至此空军已经很满意，这个载荷战斗部完全可以接受。

1963年1月29日，美国空军大力神项目办公室冻结了导弹的POGO设计，3月初空军表示不能再接受降低振幅带来的代价和风险。此时，NASA通过协调再次重申，大力神2必须继续设计以服务于载人航天。

第19次和第20次飞行接连两次失败。导弹要加入美国战略威慑力量，在计划试验飞行次数一次次减少的情况下，军方很不情愿再探讨POGO抑制问题。

但NASA不满意，1963年夏在NASA的阿莫斯研究中心进行了宇航员的振动试验，试验在一个叠加了11 Hz振动的离心机上进行，发现此振动频率会造成内脏的晃动，振动频率也在标准的脑电波范围之内，使得决策混乱、手和胳膊运动困难，甚至语言受阻。振动量级达2 g会使人感觉十分痛苦，5 g是人体能够承受的极限。NASA的实验结果表明，低频振动0.25 g是载人航天的一个谨慎的上限。由于久攻不下，NASA一些人对大力神2能否达到此目标表示怀疑，马歇尔空间飞行中心开始调研用土星1火箭替代大力神2的方案。

通过对以前的结果的回顾和再分析，导弹供应商提出了方案：提高燃箱压力，在氧路使用抑制竖管，在燃路使用机械蓄压器来解决。

可能是在NASA敦促下，1963年10月空军开会讨论以后飞行是否采用蓄压器方案。实际上，在8月开始就进行了一系列实验，引擎试车表明是燃路共振导致了第8次飞行失败，并证明燃路蓄压器能解决此问题。通过大量的实验来得到并修正以前的模型，如结构动力学、管路系统和引擎的方程。泵试验表明由于气蚀，入口压力减小，泵开始充当放大器并造成推力室压力脉动巨大。在讨论会上关于加不加蓄压器的问题争论得很激烈，但会议最终得到一个关键的决定：加，按计划飞行。

1963年11月1日，按计划飞行，振幅0.11 g，1963年12月12日和1964年1月15日两次飞行，振幅同样达到要求。

至此，导弹研制完成，满足载人航天要求。

笔者认为，这是POGO抑制设计的第一个里程碑，它证明了POGO分析模型的有效性，从此对POGO抑制设计有了指导性的方案。

1964年4月8日，星期三11:0:1，第一个无人双子座发射，数据显示助推分离时存在小幅振动，并轻微增大，但都不严重。1965年1月19日，第二次无人飞行，振动和第一次一样。

1965年3月23日9:24，GT-3平滑地起飞以至宇航员Virgil Grisson和John Young都没感觉到，事后他们回顾说比在Dallas的移动地基模拟噪声都低。前4次飞行都没有POGO，直到GT-5（也称为双子座5）。

宇航员Gordon Cooper和Pete Conrad报告说在126 s感觉到了明显的POGO，读取仪表面板不能达到所需精度，且语言困难，宇航员估计幅值为0.5 g。

飞后数据分析表明POGO在92 s开始出现，持续46 s，在飞船和火箭界面上达到最大的0.38 g，振动持续13 s。

进一步分析表明，振动仅在氧化剂路出现，在燃烧剂路没有出现。调查发现这是由于对氧竖管的不正确操作所致。正常情况下，是在起飞前不久充入氮气，但在此次飞行中，充气后倒计时有个停顿，氮气在N_2O_4中被溶解了。竖管中仅剩余了正常量10%的气体。

在此后的双子座-大力神飞行中再也没有明显的POGO，尽管宇航员仍能感觉此振动，Michael Collins在他的书*Carrying the Fire*中举了与John Young的第8次飞行中的例子。数据表明双子座10和12有间歇的振动，分别为123 s时的10.9 Hz/0.1 g和126.1 s时的11.2 Hz/0.14 g。

回顾双子座的经验，认识到以前的红石和宇宙神火箭上的纵向振动也是POGO，但没有达到严重的量级。红石在地面起飞即显示出POGO，宇宙神在助推引擎关机前几秒遭遇12 Hz振动，并在起飞后的前20 s振动频率为5～6 Hz，这种振动认为是气枕耦合POGO，它仅在宇宙神压力稳定的不锈钢结构中产生，其他飞行中的都没有发生。

大力神-双子座飞行中POGO振动数据如图19.9所示。

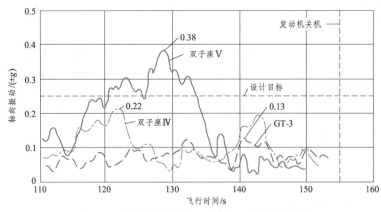

图19.9　大力神-双子座飞行中POGO振动数据

19.3.2 土星5的POGO研究历史——查漏补缺

与双子座任务并行，NASA开始了登月的阿波罗计划，开发土星火箭（图19.10）将飞船送上月球，土星1没有发生POGO，这也是双子座计划里NASA曾研究土星1作为替代方案的原因。

图19.10 土星V火箭

1967年11月9日，第一发土星5（AS-501），载无人的阿波罗4飞船，此次飞行被认为近乎完美。

1968年4月，状态基本相同的第二发土星5（AS-502）在飞行的105～140 s，在第一级（S-IC）助推处产生5 Hz振动，指令舱产生最大0.6 g的加速度，箭尾0.33 g（图19.11）。第二三级同样产生问题，导致J-2引擎失效。

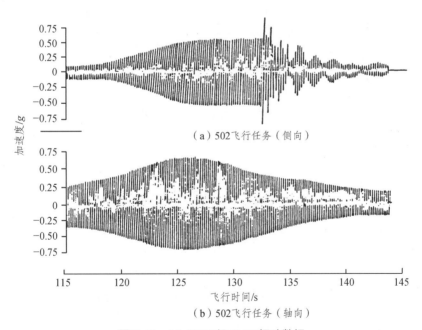

（a）502飞行任务（侧向）

（b）502飞行任务（轴向）

图19.11 AS-502飞行POGO振动数据

随后的阿波罗6飞行前，重新审查了阿波罗4的数据，发现火箭还是有微小变化，此变化导致的POGO不会剧烈到损坏火箭结构，但幅值变大。因为是微小变化，就涉及敏感性问题了。土星子级的供应商认为他们完全研究了土星5对POGO的敏感性，并证明他们各自的设计是不会有POGO的。但实际上他们的数学分析是建立在不充足的数据基础上的。当时还认为，如果POGO问题随后发生，可以通过在适当的推进剂管路顶部注入氦气泡以进一步减小管路频率来纠正。

NASA从工业界和大学召集了一个特殊的POGO工作组来集中研究。POGO研究一度有1 000个工程师在处理此问题。NASA离心机实验否定了注气计划，决定在阿波罗8中引入蓄压器。实际上否定注气方案不是由于它影响发动机的性能，而是由于注气方案大幅改变液路高阶频率，影响不可控，而蓄压器方案对高阶频率影响较小。

对AS-501和AS-502任务的进一步分析表明POGO敏感性的重要。阿波罗4有一个登月舱的质量模拟器，它的质量较小，而阿波罗6有一个更逼真的。在逃逸系统、指令舱和服务舱同样存在质量差异，但总净质量差别只有100 lb。这个微小的差异导致模态的微小移动，但闭环系统增益却增大了50%（图19.12）。

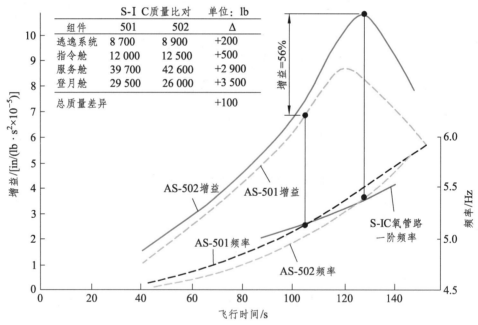

图19.12 AS-501和AS-502任务POGO闭环增益变化

阿波罗8（AS-503），第三发土星5以及第一次载人飞行（土星1B的阿波罗7）使用了图19.13所示的蓄压器，成功证明了S- IC一级的POGO减小。但没料到的是，指令员报告S-Ⅱ二级在引擎关机前50 s产生POGO。数据分析显示5个J-2引擎的中央引擎存在18 Hz振动。从一个横梁发起，中央发动机拉着管路和流体氧箱底部一起振动，幅值在宇航员舱很小，没有威胁，但局部振幅对结构是个威胁。阿波罗9（AS-504）增加贮箱压力，从而提高氧路频率，想通过此来进行系统解耦。但阿波罗9的飞行和预测相反，在497～520 s产生了17 Hz振动，在局部管路框架幅值增大到12 g（图19.14）。

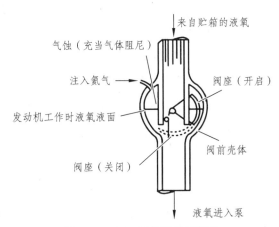

来自贮箱的液氧

气蚀（充当气体阻尼）

注入氦气

阀座（开启）

发动机工作时液氧液面

阀座（关闭）

阀前壳体

液氧进入泵

图19.13　AS-503使用的蓄压器

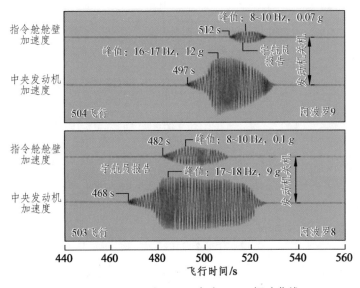

图19.14　AS-503和AS-504任务POGO振动曲线

随后分析表明气枕压力增大会引入非线性并可能增大增益和不稳定性。为避免最坏情况，阿波罗10号任务时，在前60～75 s时关闭中央J-2引擎而让余下4个引擎工作得更久一点。阿波罗10号飞行正常。

有趣的是阿波罗10（AS-505）S-ⅣB三级在50～100 s实际上经历了20 Hz的POGO，但不认为是典型的POGO问题，因为以前和以后都没有发生过。

阿波罗11（AS-506）第一次登月，第二级75 s产生轻微振动（数据见图19.15）。

阿波罗12（AS-507）发生4次POGO，中央引擎振幅达到8 g。

同时，在J-2引擎氧路研究了氦流环形蓄压器。蓄压器并非没有风险，因为它在泵前围绕氧路，在引擎打开后充满，氧路频率与隔板和横梁可能形成短暂共振，引起灾难性的非线性振动。另外，蓄压器部分充满这种失效模式对飞行也是个威胁。在工作组确信蓄压器可飞之前仍有大量详细设计和分析需要进行。

1970年4月11日，阿波罗13（AS-508）用了此蓄压器，二级点火，中央J-2引擎发生两次POGO（正如事前预测的那样），但第三次振动剧烈发散，在引擎燃烧室底层压力传感器敏感到压力并指令关机前，引擎振动达到34 g（传感器超量程）。这也给NASA敲响了警钟，由于复杂的非线性行为，POGO是要被消除的，而不是减小振幅就行了。后续任务中在中央引擎安装POGO蓄压器后解决了此问题。

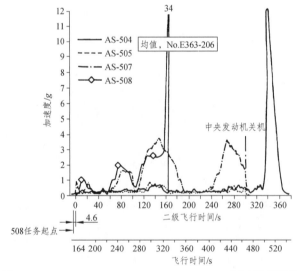

图19.15　AS-504、AS-506、AS-507、AS-508振动遥测数据

注：（1）限幅20 g。

（2）508任务采用了35 Hz低通滤波。

1970年10月，NASA空间飞行器设计规范系列总结了以前的经验，写出了"Prevention of Coupled Structure-Propulsion Instability（pogo）"（NASA SP-8055）设计规范，作者正是 Sheldon Rubin。此策略表明NASA想法的转变，将POGO视为一个要避免的自激振动问题，是和机翼震颤以及控制系统不稳定一样的问题，而不是一个加固结构和管路的振动环境问题。

笔者认为这是POGO研究上的第二个里程碑，规范总结了POGO研究的发展水平，提供了数学建模、飞行前测试、稳定性分析、校正设计和修改。飞行评估的规范，揭示了小参数偏差的敏感性问题，提出了抑制而不是对抗的POGO策略。

19.3.3　航天飞机的POGO研究历史——厚积薄发

1972年，航天飞机（图19.16）计划提出POGO要一揽子解决，不能再像AS-501和AS-502那样，改点负载，火箭的稳定性就发生变化。

在NASA SP-8055指导下，发展了POGO抑制计划，计划分为5个部分：理论分析、试验、抑制装置、验证和文档。抑制装置第一次被设计成推进系统的一部分，位于SSME的氧预压泵和主泵间，而不是在输送管上。因为研究表明主泵入口才是最优位置。抑制装置是一个篮球大小的球形容器，充以200 ℃的高温气氧。隔板将气氧和液氧隔开，防止推进剂溅起来凝结气体。它本质上是一个带通滤

图19.16　航天飞机

波器，可减弱推进系统5～50 Hz的振动，气液混合物在抑制装置持续流动，控制气体体积及推进系统特性以抑制POGO，最后混合物被引入发动机上游，凝结所有气体。

设计中规定系统闭环阻尼对于所有恶劣工况组合必须大于0。如重要模态阻尼取50%，同时振型取最坏值（结构增益），以及结构频率和推进系统频率最坏组合。STS-1和STS-5飞行前的POGO分析表明航天飞机整个飞行段无POGO，事实也正如此（笔者按：航天飞机采用外贮箱结构，POGO抑制应该比土星5简单吧）。

再后来，Oppenheim和Rubin发表了*Advanced Pogo Stability Analysis for Liquid Rockets*，采用状态空间法解决POGO问题。笔者认为，这是POGO抑制的第三个里程碑。就像自动控制理论从古典频域法变到状态空间法的现代控制理论。

19.3.4 小 结

对POGO的研究中，国外走过了大力神、土星5以及航天飞机三个台阶，有三次里程碑式的标志。

每次飞跃和里程碑都是由于认识的修正和深化带来的。在大力神2上，主要出现的问题是振动的机理问题，在成功使振动降到0.11g后，大家认为已经掌握了抑制POGO的方法。但到了土星5，又发现以前很多不足的地方，一是缺乏敏感性分析，其次是对POGO非线性行为有了更深刻认识。

NASA的研究还告诉我们，POGO是一种推进剂、泵、发动机系统和结构耦合的自激振动。研究的是耦合系统的稳定性，需要对结构和推进系统动力学的深入了解和分析。它需要结构设计、结构动力学分析、低温流体分析、涡轮机性能动力学分析和试验、火箭发动机设计和性能分析、推进剂系统设计分析和试验、结构和结构动力学试验、结构和流体传感器技术、地面和飞行试验设备系统设计、数据获取、激励响应和随机响应数据的谱分析、控制系统/结构交互和稳定性分析、飞行器轨道和载荷性能分析、POGO稳定性分析、POGO抑制设计等多学科的协作，这需要长期的过程和不懈的努力。

图19.17所示为NASA经历过的POGO振动。笔者按：只有把该看的都看了，该经历的都经历了，才能成为第一流的组织或人。

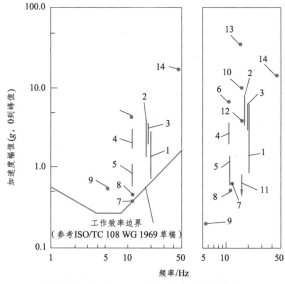

1—雷神-阿金纳D；2—大推力雷神-阿金纳D；
3—雷神-德尔塔；4—大力神2（早期）；5—大力神2；
6—大力神2（N-11）；7—大力神-双子座5；
8—大力神3 C-7；9—土星5-阿波罗6；
10—土星5-阿波罗8；11—土星5-阿波罗12前；
12—土星5-阿波罗12；13—土星5-阿波罗13；
14—钻石B（二子级）。

图19.17 NASA经历过的POGO振动

四两拨千斤——栅格翼

栅格翼（Grid Fin），尽管已在CZ-2F、快舟火箭上应用多年，但网上讨论者寥寥无几，仍属养在深闺人未识。自从全民航天科普小王子猎鹰9火箭完成芯级返回以来，突然间火遍大江南北，真是"忽如一夜春风来，千树万树梨花开"。

20.1 栅格翼是什么

栅格翼是什么？这是一个问题。但笔者没有关于栅格翼的定义。没得抄，咱们就自己想一个。大家都知道，像猎鹰9火箭那样，栅格状的，打开后利用气动力进行控制的是栅格翼（图20.1）。但这是一种举例而不是定义，定义的文法需要反过来。类似：栅格翼是栅格状的，打开后利用气动力进行控制的装置。这样可以吗？

图20.1 猎鹰9火箭使用的栅格翼

在定义中，反例很重要。箭羽（图20.2）与火箭的尾翼（图20.3）作用一样，它使火箭压心后移，增加火箭静稳定性。箭羽巧妙利用了自然界更轻及更容易获得的羽毛，是否就是栅格翼呢？

图20.2　箭羽

图20.3　土星5火箭（注意左上方的尾翼）

如图20.4所示，联盟号逃逸塔上使用了栅格翼。飞船逃逸时，栅格翼会顺时针旋转90°打开，类似图20.5的效果，起到调整压心以及减阻等作用。

图20.4　联盟号载人火箭逃逸塔上的栅格翼

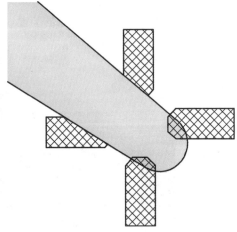

图20.5　栅格翼打开示意图

与尾翼相比，箭羽位置好像不太一样：逃逸塔上的栅格与箭体中心平行，而箭羽中栅格与中心垂直。平行的效果，使栅格上作用的气动力可以累积增加，形成放大效应；而垂直的栅格，气动力不会增加。因此两者有着本质的区别：栅格的目的是使气动力可以累积。此外，逃逸塔上的栅格翼展开后直接被锁死，而猎鹰的栅格翼可以活动。有些人把可以通过调整栅格角度改变控制力的称为"栅格舵"，而把固定栅格角度的称为"栅格翼"。笔者在这里不做区分，统一称为栅格翼。因此，笔者对栅格翼定义如下：栅格翼是指通过有序排列翼片产生累加气动力的装置。

20.2 栅格翼简史

栅格翼是翼的一种。飞机利用空气产生升力，在空中飞行。在给定速度下，为了产生良好的升力，可以采用更大的机翼，或者，更多的机翼。俄罗斯航空之父茹科夫斯基创立了飞行器升力定理："单位翼展上机翼升力值是空气密度与速度环量和飞机飞行速度的乘积。"他在书中写道："人类没生翅膀。就人的体重与肌肉之比而论，人类要比鸟类弱72倍……然而，我认为，人类凭借自己的智慧而不是依靠自己的肌肉，定会翱翔于天空。" 根据茹科夫斯基定理，当飞行速度较小时，在同样机翼面积下产生的空气动力也较小，但是飞机质量不能减小，因此需采取增大机翼面积的措施，但受到机翼结构和材料方面的限制（早期以木材为主，翼展不能太大，木质翼容易折断），采用更多的翼面是非常自然的逻辑。譬如，莱特兄弟发明的首架飞机（图20.6）就具有两个翼面。

图20.6 莱特兄弟发明的首架飞机——飞行者一号

既然能叠加，2片怎么够？正如茹可夫斯基在《航空学理论基础》中写道："从前人们期望用栅格型机翼获得良好的升力"。英国人菲利普斯在1904年制造了20片机翼的飞机（图20.7），这是不是很像现在的栅格翼了？但飞机的稳定性很糟糕，反复尝试最多也只能"跳"出15 m远。后来菲利普斯变本加厉制造了200片机翼的飞机，稳定性依旧糟糕。有方就有圆。1908年法国贵族德·埃奎维利侯爵投资建造了一架圆形多翼飞机（图20.8），但是飞不起来。

图20.7　20片机翼的"百叶窗"飞机

图20.8　法国贵族德·埃奎利侯爵
投资的多翼飞机

　　看起来更多机翼并不好控制，而且随着飞行速度以及材料强度的提高，人们对多面翼和双面翼系统的兴趣减少了，航空业向单面翼方向发展了。那么，为什么有今天的栅格翼？今天的栅格翼怎么就能控制了？这源自苏联人的不懈努力。20世纪40年代末，苏联开始研究在亚声速条件下工作的可折叠的栅格翼的空气动力学，看其是否有可能用于鱼雷。苏联科学院研制的栅格翼靠飞行中产生的空气动力打开，结构小巧轻型。后来，进一步证明，在超声速情况下，栅格翼工作得很好，具有重要的空气动力学性能，有时还优于单面翼。这些研究的肯定性结论为进一步研究栅格翼奠定了基础。1955年后，苏联一系列科学著作中都对栅格翼做了不少论述，内容包括栅格翼的气动力学、结构、强度、质量和工艺制造等方面的理论和实验的研究。20世纪70年代，苏联导弹设计中出现了栅格翼，特别是SS-12、SS-20、SS-21、SS-23和SS-25等弹道导弹（图20.9）。栅格翼也被用于航天器，包括N-1登月火箭（图20.10）和联盟号载人火箭的逃逸系统。

图20.9　SS-20导弹上的栅格翼

图20.10　N-1运载火箭上的栅格翼

与20世纪40年代栅格翼开启于亚音速的研究不同，所有这些应用都是在超声速飞行器上实现的。正是在这个速度范围内，栅格翼最具吸引力。在这个应用区间内，栅格翼在空气动力学、强度、结构等方面展示了优良性能。可谓失之东隅，收之桑榆。

20.3　为什么用栅格翼

图20.11所示为几种不同的栅格翼。首先引入几个名称，最直观的是图20.11（a）中的框架式栅格翼，想象一下连接点在图中底部，又称为根壁，上部称为端壁，左右称为侧壁。l 像每个机翼的长度方向，称为展；b 是宽度方向，称为弦；t 是翼间距，H 为翼高。定义 $\bar{t} = t/b$ 为翼的相对间距，$\bar{H} = H/l$ 为翼的方形度，$n = H/t + 1$ 为翼的个数。对于栅格翼，基本无量纲参数是 $\bar{H}$，$\bar{t}$ 和 n。

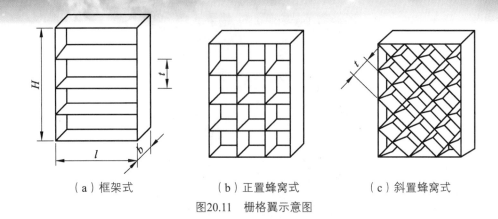

（a）框架式　　　　　　　（b）正置蜂窝式　　　　　　（c）斜置蜂窝式

图20.11　栅格翼示意图

图20.12中标出了一组配置下升力系数导数与马赫数的关系曲线，升力系数导数$C_y^\alpha = \alpha L/nlb$，其中$nlb$代表栅格翼总面积，$\alpha$为攻角，在小攻角范围内，升力与攻角成正比。虚线代表的展弦比为5的矩形翼，实线代表无穷薄板，其他则代表不同相对间距的栅格翼。栅格翼有几个显著特点：

（1）在马赫数足够大时栅格之间无相互影响，栅格翼的C_y^α基本上与无穷薄板一样。

（2）当马赫数较小时，C_y^α比普通翼的小，栅格间相对间距越小，C_y^α越低。

（3）相对间距$\bar{t}$较小时，M_∞在3以下C_y^α几乎是常值，这是普通翼没有的特性。

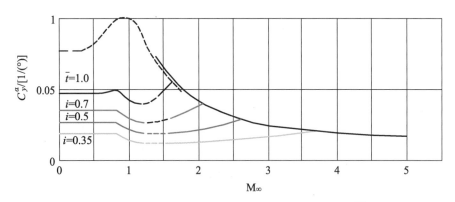

图20.12　$\bar{H}=1$，$n=25$时在各种不同相对间距的情况下，升力系数导数（C_y^α）与马赫数关系曲线

这里需要展开一下。

观察攻角为零，给定间距的栅格翼流场图（图20.13）[1]。一般情况下，栅格翼的流动性质依赖于未受扰动气流的马赫数M_∞相对间距、攻角、栅格壁剖面形状和相对厚度。

图20.13（a）：当未扰动气流的速度接近声速而仍旧为亚声速时，在剖面之间的某截面处，气流速度会等于声速，此时所对应的未扰动气流速度v_1称为栅格翼的第一临界速度。它所对应的马赫数$M_\infty = M_1$称为第一临界马赫数。图中在最窄截面处开始出现激波，从而将导致栅格翼升力的减小和阻力的增加。

图20.13（b）：随着未扰动气流速度的提高，在通道扩展的部分出现超声速区域，其后形成一个激波网将通道封住。

图20.13（c）：当未扰动气流速度达到低超声速时，在栅格翼前某距离处出现正激波。随着速度的继续增加，激波会向栅格翼各栅格壁前缘移动，当速度达到某数值v_2和马赫数$M_\infty = M_2$时，激波将贴在栅格翼各栅格壁的前缘上。此时的来流马赫数被称为第二临界马赫数，而相应的来流速度v_2被称为第二临界速度。在这种情况下，栅格翼的阻力急剧上升。

图20.13（d）：当未扰动气流速度大于第二临界速度时，在栅格壁前缘出现斜激波，这些斜激波在相邻的栅格壁之间出现一次或多次反射。全面观察流动图像就可发现，在栅格壁之间存在相互影响的区域，这将直接影响栅格翼的空气动力特性。

图20.13（e）：当未扰动气流速度增加到某一数值时，从一个栅格壁前缘发出的斜激波，不再落在另一栅格壁上，栅格壁之间不再出现相互作用，这时每个栅格壁就像彼此隔离一样。称彼此不发生干扰时的来流速度v_3为第三临界速度，相应的马赫数$M_\infty = M_3$叫作第三临界马赫数。来流速度大于第三临界速度，即$M_\infty > M_3$时，栅格翼的纹影流图不再出现实质性的变化。

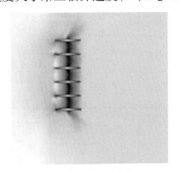
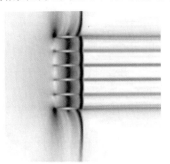

（a）第一临界速度　　　　　　　（b）第一临界速度和第二临界速度之间

[1] DESPEYROUX A HICKEY, J-P DESAULNIER, R LUCIANO, et al. Numerical Analysis of Static and Dynamic Performances of Grid Fin Controlled Missiles[J]. Journal of Spacecraft and Rockets, 2015, 52（4）, 1236-1252.

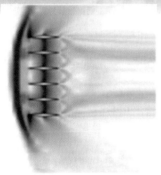

（c）第二临界速度　　　　（d）第二临界速度和第三临界速度之间　　　　（e）第三临界速度

图20.13　不同来流速度下经过栅格翼流场

上述流场分析揭示了栅格翼的最大优点。

栅格翼优点1：高超声速下升力性能几乎相当于多个单面翼直接相加，升力效果优。

从升力系数导数图上还可以读出栅格翼优点2：不同马赫数下栅格翼升力系数导数变化更小（尤其是相对间距0.5时，看图即知），可简化系统设计。不过，问题是，这在计算机时代意义大吗？姑且算吧！可惜的是，升力叠加这个优点只发生在高声速下，亚声速下气流间会相互干扰，是没有这个直接相加规律的。可以更直观地看亚音速情况的图20.14，图中横坐标是相对间距$\bar{t}$，不同曲线代表栅格数量。从图中可读出如下规律：

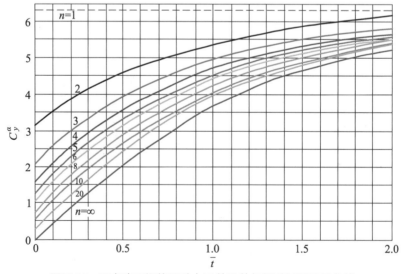

图20.14　亚声速下栅格翼升力系数导数与相对间距关系曲线

（1）亚音速下单翼的C_y^α最大，栅格数量越多，C_y^α越低。

（2）翼间相对间距越大，C_y^α越大，并趋向于单翼水平。

可以看出，德·埃奎维利侯爵投资建造的飞机机翼相对间距太小（从图中粗测小于0.2），因此看着有25对机翼，实际升力效果仅仅相当于3、4对机翼，低速下飞不起来是完全可能的。

栅格翼缺点1：低速下升力系数很低。而菲利普斯的20/200片机翼的飞机相对间距大于2（从图上粗测出），升力系数并不算差，因此可以飞起来。但是，与暴力的机翼相比，飞机尾翼翼面小、离质心近造成俯仰力矩小，且放在了机翼尾流中，也难怪难以控制了。也许这个飞机换大点的尾翼真的能够飞起来，但不能指望飞多快。从菲利普斯的例子，发现新的问题来了，栅格翼怎么控制？

自己控制，让栅格翼动起来！想象一下菲利普斯的机翼，是让机翼像水平尾翼一样上下动起来吗？不是，栅格翼是这样动的。具体可参考视频：栅格翼气动控制技术（https://v.qq.com/x/page/h08488laohy.html?spm=a2h0k.11417342.soresults.dtitle）。

从俯仰运动变成了滚转转动，带来了一个突出的优势，所需控制力（此处称为铰链力矩）要求小。因为力矩是与转轴方向的叉乘，只有垂直于这个方向的力才会产生力矩。因此影响栅格翼转动的力矩与栅格翼长（展）无关，与高也无关，只与其厚度（弦）有关。不管马赫数从低速还是到超声速变化，栅格翼的压心只在翼的内部移动，且弦的尺寸是栅格翼最窄的部分。因此，栅格翼控制机构可以在很宽的马赫数区域内具有很小铰链力矩。

栅格翼优点3：栅格翼铰链力矩很小，对伺服机构功率需求小。可将同样效果的单翼面与栅格翼比对，如图20.15所示，随着马赫数上升，单面翼上铰链力矩增加要比栅格翼剧烈得多。

此外，回顾视频，视频中栅格翼是

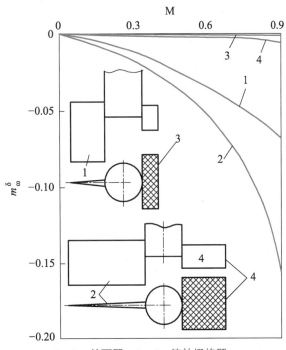

1，2—单面翼；3，4—等效栅格翼。

图20.15 单面翼与栅格翼铰链力矩对比

先打开，然后再旋转，这里蕴含着栅格翼的另一个优点——可折叠安装，省空间。折叠打开可靠性如何呢？注意到猎鹰9的栅格翼是从下往上开的，这个方向与栅格翼受到的气动力方向完全一致，这就意味着，解锁后即使出现卡滞，栅格翼仍可能在气动力下完全展开，从而提供了额外的补救手段。

栅格翼优点4：栅格翼沿主体可折叠安装，折叠后外部尺寸与主体尺寸贴合度高。思考再进一步，栅格翼最大旋转角度（图20.16）可以到多少?

图20.16　栅格翼旋转角度示意图

飞机飞行中，如果抬头过高，可能因为气流在翼面上方分离（图20.17）形成失速。

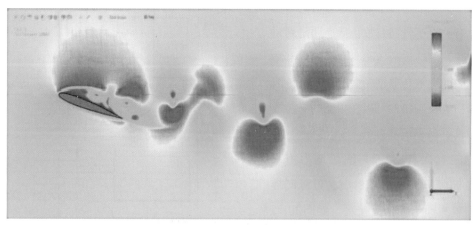

图20.17　机翼大攻角下的流场

而栅格翼中，相邻翼面影响使得翼面上表面产生比单面翼要小的正压力梯度，从而促使大攻角下分离滞后和超临界攻角下较弱的气流分离（图20.18）。除此之外，其侧壁也可以阻止气流从端部溢出，使气流趋于平行状态。也就是，多翼面可以起到整流作用，使得栅格翼的临界攻角大于单面翼。

Mach=2.5 Alpha=5 Slice Y=0.951 6

Mach=2.5 Alpha=20 Slice Y=0.951 6

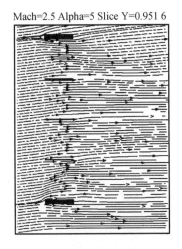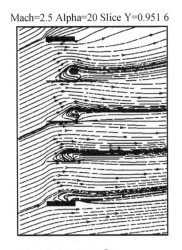

图20.18　栅格翼在20°攻角下流场示意图[①]

研究结果表明，在所有马赫数内相对间距0.3～0.7的栅格翼的临界攻角30°～35°，比单面翼约10°要大得多，在超临界攻角的情况下，栅格翼升力的降低也比单面翼要弱（图20.19）。如猎鹰9的栅格翼最大旋转角为20°。

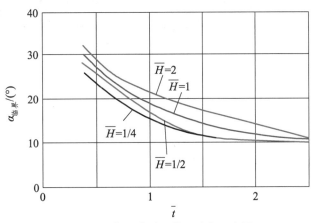

图20.19　低亚声速下临界攻角示意图

① DESPEYROUX A, HICKEY J-P, DESAULNIER R, et al. Numerical Analysis of Static and Dynamic Performances of Grid Fin Controlled Missiles[J]. Journal of Spacecraft and Rockets, 2015, 52(4), 1236 - 1252.

栅格翼优点5：在所有马赫数内栅格翼的临界攻角比单面翼要大得多，在超临界攻角的情况下，栅格翼升力的降低也比单面翼要弱。

20.4 栅格翼的形状怎么来的

栅格翼有框架式、正置蜂窝式、斜置蜂窝式三种类型，现在使用得较多的是斜置蜂窝式图20.20。三者气动力并没有区别。试验结果表明，框架式和蜂窝式栅格翼等效性几乎在全部攻角范围（包括超临界状态）内适用（图20.21和图20.22）。

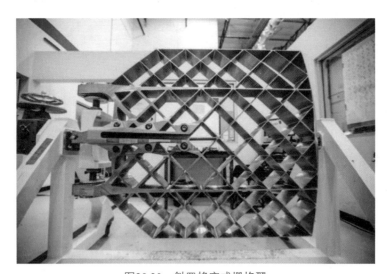

图20.20　斜置蜂窝式栅格翼

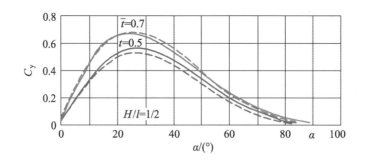

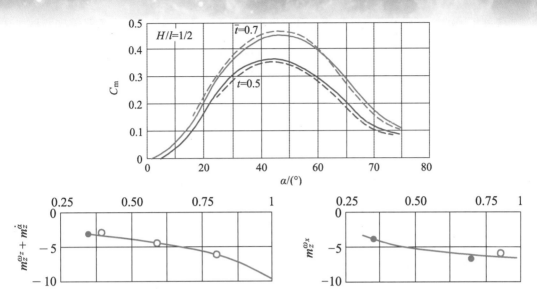

图20.21　亚声速下框架式（实线）和蜂窝式（虚线）栅格翼试验数据的比较

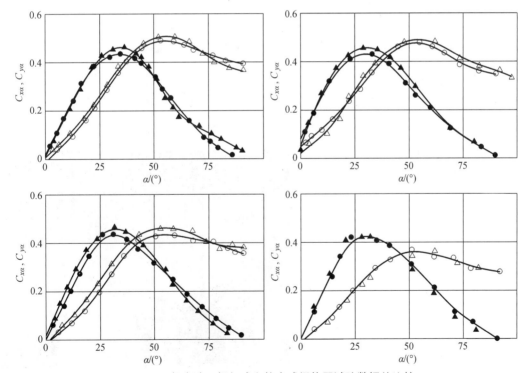

图20.22　超声速下框架式和蜂窝式栅格翼试验数据的比较

各种不同的栅格翼的空气动力特性对比指出，起决定性作用的几何参数是翼展、框架高度和相对间距。框内部件的排列形式，无论倾斜还是垂直，实际上都不影响总的空气动力特性。表20.1列出的气动计算结果表明，误差不超过百分之几。因此气动计算时，可以采用平行构件代替相交、斜置的翼以简化计算。

表20.1 蜂窝式和框架式栅格翼气动特性比较

系　数	斜　置	正　置	误差/%
C_y^α	4.093	4.031	1.5
$C_y^{\bar{a}}$	−7.322	−7.209	1.5
$C_y^{\omega_z}$	1.125	1.086	3.5
$m_x^{\omega_x}$	−1.03	−1.00	3.0

单面翼受到的升力，会在很长的且最柔软的展向形成一个大力矩，因此需要很高的强度和刚度设计。与单面翼相比，框架式栅格翼的展长变短，同时两个侧壁提供了支撑力，增加了结构刚度，大幅减轻了质量。正置蜂窝式进一步增加了支撑，将原来最柔软的展向加强为最强刚度，使得栅格翼刚度相对于最主要载荷有最合理的分布和方向。就像掰尺子，如果垂直于最宽平面掰，很容易掰弯，但如果沿着最窄的棱掰，就很难掰弯。比较栅格翼和单面翼，在只考虑升力时，栅格翼的弯曲强度比单面翼高H/t倍，刚度则高H^2/t^2倍。比正置蜂窝更好的是斜置蜂窝，它进一步增加了剪切刚度。

其次，单面翼的受力组件一般布置在壳体下面，即气动力与承力面分开设计。而栅格翼的翼面既是气动力面，又是承力面，为一体化设计，进一步减轻了质量。栅格翼优点6：结构质量远小于单面翼。

如果仔细观察猎鹰9号的栅格翼，会发现其翼面有着很多的尖齿（图20.23）。

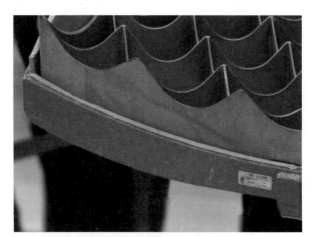

图20.23 栅格翼翼面尖齿

猎鹰9号最初的翼面是平的，后来改用尖齿，是为了克服如下缺点：（栅格翼缺点2）与具有相同升力的单面翼相比，摩擦阻力更大，且在跨声速段会因为壅塞进一步增大阻力，并导致升力系数导数减小（图20.24和图20.25）。

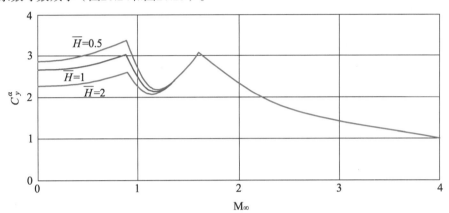

图20.24　$\overline{t}$ =1；n=20时升力系数导数与马赫数关系曲线

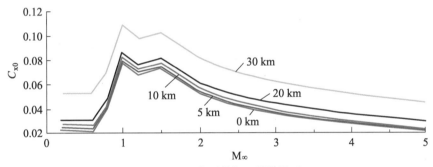

图20.25　阻力系数与马赫数关系

尖齿型其实是后掠翼的一种，可以降低翼前缘的法向马赫数，同时具有降低气动加热的效果。

文献*Swept-back grid fins for transonic drag reduction*对一种翼面前缘突出的栅格翼（图20.26）进行了分析，表明翼面突出可以减阻25%~45%（图20.27~图20.29）。

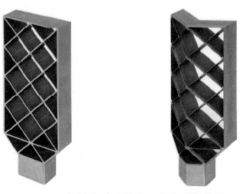

图20.26　文献中试验的平面和尖头栅格翼

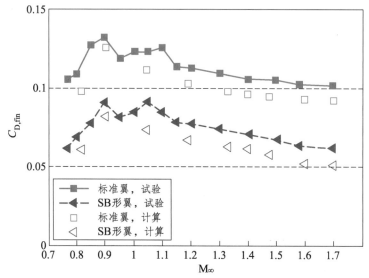

图20.27　平面和尖头栅格翼阻力系数

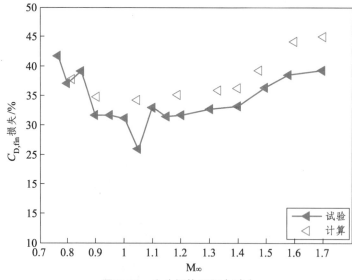

图20.28　尖头栅格翼阻力减小

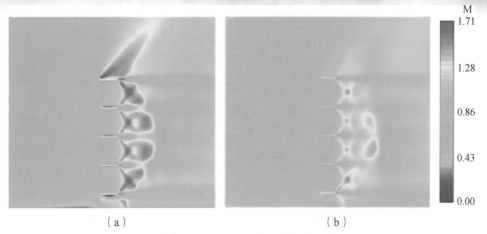

（a）　　　　　　　　　　　　　　（b）

图20.29　来流M=1.045，平面与尖头栅格翼流场对比

　　文献*Novel Locally Swept Lattice Wings for Missile Control at High Speeds*研究了平直、栅格交点突出（P形）、交点下凹（V形）栅格翼（图20.30和图20.31），在马赫数4～6，后两者可减阻30%～40%（图20.32），同时，P形升阻比损失更小（图20.33），即升力系数提升约30%。

图20.30　文献中比较的平面和P形、V形栅格翼类型

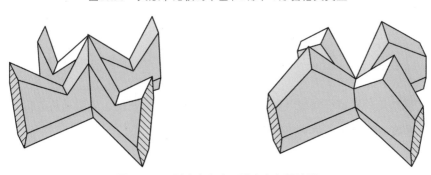

图20.31　P形（左）和V形（右）栅格翼

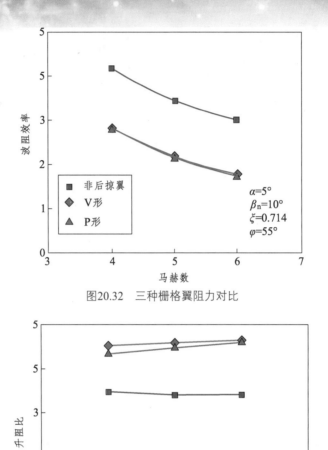

图20.32　三种栅格翼阻力对比

图20.33　三种栅格翼升阻比对比

　　文献《栅格翼外形特征对减阻影响的研究》进行了试验研究，表明马赫数1.5～4.5，P形可提高升力系数（图20.34）。

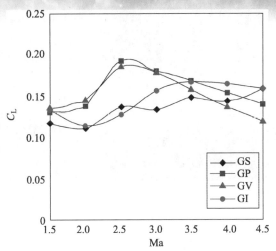

图20.34　升力系数随马赫数变化曲线（攻角8°）

猎鹰9火箭就是采用的文献中的P形栅格翼，目的是提高升力系数，提高控制力。

20.5　栅格翼怎么制造

火箭回收时速度极快，栅格翼上由于气动加热产生极高温度，约为1 600 K（图20.35来自《栅格翼》，工况未细考）。可参考猎鹰9号火箭回收时的工况（图20.36和图20.37）。

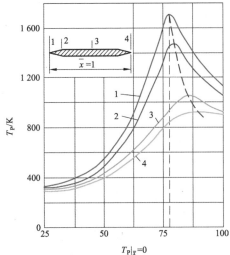

1: $\overline{x}=0$，2: $\overline{x}=0.1$
3: $\overline{x}=0.5$，4: $\overline{x}=1$

图20.35　栅格翼温度分布（工况未细考）

图20.36　猎鹰9火箭回收时的栅格翼

图20.37　猎鹰9火箭回收后轻
微烧蚀的栅格翼

为此，2017年6月猎鹰9采用钛制栅格翼代替了原铝+防热涂层材料。钛合金的熔点约为1 678℃，远高于铝合金的600℃，它的温度区间能经受住高温，回收之后不需进行大修就可再次执行飞行任务。栅格翼是由许多个薄如蝉翼的金属片组成，要制造一个这样的东西并不简单。根据《长征二号F火箭的栅格翼研制历程》报道，如果采用焊接，焊缝多达600余条，总长度超过150 m。同时，焊接变形大，外形尺寸难以控制。1995年，第一次焊接平面扭曲达17 mm，最后经过攻关选择了直流正接氩弧焊的工艺方案。1998年，工艺通过了技术鉴定，给出了填补国内空白，达到国际先进水平的鉴定意见，工艺课题研究获得国防科技进步二等奖。进入21世纪之后，工艺就更为进步了，SpaceX公司采用了一次性铸造成型工艺，CZ-4B运载火箭配置的钛合金栅格翼采用激光焊接成形。

20.6　地面开展什么试验

栅格翼集气动受力与结构承力为一体，承受着负责的空气动力、结构载荷作用，且自身结构复杂，根据航天常规做法，为了覆盖飞行工况，需要进行大量的试验。苏联开展了集中载荷静力试验、弯曲形状试验、分布载荷静强度试验、栅格翼水槽试验、栅格翼燃气流试验、栅格结构超声速燃气流试验、栅格翼及钎焊焊缝振动试验等，最终将其用于型号任务。

根据《揭秘双曲线一号验证火箭上的栅格舵技术》，气动试验方面仅选取了小部分设计工况开展了验证性的测力风洞试验，传统型号研制过程中的其他常规风洞试验，如测压试验、脉动压力试验、铰链力矩试验等都通过数值分析手段一并解决了，但飞行仍然取得了成功。那么，是现在仿真技术进步了，真的不需要做试验了吗？除去国外广泛应用给予的信心、栅格翼用于返回扩展任务时可适当降低要求外，也凸显了栅格翼优点7：栅格翼充分利用了空气动力，以较小的代价取得了很大的效果，为采用更大的设计裕度、减小资源消耗提供了可能性。在更少资源下，为达到甚至超越原先精致设计的结果，技术创新提供了这种可能性。

20.7 总 结

综上，栅格翼具有如下优缺点：

（1）优点1：超声速高效性。超声速下升力性能几乎相当于多个单面翼直接相加，升力效果优。

（2）优点2：流场均匀性。不同马赫数下栅格翼升力系数导数变化更小，可简化系统设计。

（3）优点3：负载宽松性。栅格翼铰链力矩很小，对伺服机构功率需求小。

（4）优点4：空间节约性。栅格翼沿主体可折叠安装，折叠后外部尺寸与主体尺寸贴合度高。

（5）优点5：大攻角适应性。在所有马赫数内栅格翼的临界攻角比单面翼要大得多，在超临界攻角的情况下，栅格翼升力的降低也比单面翼要弱。

（6）优点6：结构轻质性。结构质量远小于单面翼。

（7）优点7：设计灵活性。栅格翼充分利用了空气动力，以较小的代价取得了很大的效果，为采用更大的设计裕度、减小资源消耗提供了可能性。

（8）缺点1：低速下升力系数低。

（9）缺点2：与具有相同升力的单面翼相比，摩擦阻力更大，且在跨声速段会因为壅塞进一步增大阻力，并导致升力系数导数减小。

在猎鹰9火箭返回工况时，栅格翼在速度260 m/s之上起作用，规避了低速小升力系数段，同时返回对摩擦阻力不太敏感，以上特性正好处于栅格翼的优势区间，并成功避免了其劣势，扬长避短，使得旧技术焕发了新生。航天，还有多少这样的技术可供我们挖掘或等待我们发现呢？不知道。引用《栅格翼》一书前言第一段吧：

在科学和技术发展的进程中不乏这样的先例，有一些科学思想是在它出现后的很多年才在生活中得到体现，但已是在一种新的水平上和全新的领域中得到体现并应用了。

03

CHAPTER THREE

谈起商业航天，你想到了什么？想起了埃隆·马斯克？想起了 SpaceX？

短短几年，SpaceX 迅速崛起，尤其以猎鹰重型火箭首飞为标志，两枚助推器稳稳落到地面的画面，深深地震撼了全人类，几乎是一夜间向全世界普及了什么叫商业航天。

猎鹰重型火箭两枚助推器返回

商业航天，真的是一夜间崛起的吗？还是万丈高楼平地起的？

正如罗马不是一天建成的，商业航天，不仅不是一夜之间崛起的，而是走过了漫漫 60 年，才达到了今天的成就。其间美国是探索者，是先行者，也是收获者。

而这，有赖于政府立法、NASA 在经济和技术上的支持、企业的不懈奋斗，以及无数对航天有热情的人撸起袖子加油干。如今的美国商业航天，是天时、地利、人和三方因素共同作用下的产物。

21 自然从来不飞跃——美国商业航天往事

关于商业航天，根据美国联邦航空管理局（FAA）的定义，商业航天活动是指按照市场规则配置技术、资金、人才等资源要素，以营利为目的的航天活动。它与军用航天、民用航天并列，构成航天工业的三驾马车。商业航天产业涵盖范围广，包括运载火箭研制与制造、卫星研制与制造、卫星运营及应用、地面设备制造与服务等多个领域。

这里面的关键字是"按照市场规则配置"，并没有民企、国家队之分。唯一的要素是资源从哪儿来。

在商业航天出现之前，航天的资源来自政府计划，即我们常说的"立项"。立项特指建设性项目已经获得政府投资计划主管机关的行政许可（原称立项批文），可以进入项目实施阶段。这种航天可以称之为"立项航天"，或"计划航天"。

这是个充满着计划经济色彩的东西，但不要以为它专属于社会主义。对于重大工程，由于其技术跨度大、资源消耗大、社会效益高，资本主义国家也采用计划的形式实施。如美国芝加哥到洛杉矶的66号公路，就是联邦政府投资建设的；巴拿马运河、阿波罗计划，无一例外都是政府计划工程。

计划工程的特点是研究很充分、决策很缓慢、资源保障很充足、立项后要求必须成功。

日本高铁是个典型的例子：日本国铁总裁十河信二支持东海道（东京—大阪，全长515.4 km，图21.1）新干线建设，有人质疑新干线建设工期长、预算庞大，日本议会举棋不定。根据会计师测算，新干线的预算高达3 800亿日元。十河信二让会计师做假账，将预算改为1 972亿日元，上报给议会，使得建设方案顺利通过。新干线开工建设后，很快就面临着巨大的资金缺口。十河信二又骗取了世界银行的贷款。到工程建设到一半时，东挪西借的资金仍然被用光了。十河信二干脆对首相池田勇人摊牌说："反正世界银行的钱都借了，你看着办吧。"池田勇人无计可施，只好从国家财政里拿资金来给十河信二"填坑"，这才将新干线工程建设完工。

图21.1　东海道新干线路线

看看这里的要素：

（1）研究充分性：东海道铁路线虽只占日本铁路总长的3%，却承担全国客运总量的24%和货运总量的23%。

（2）决策缓慢性：东海道新干线是1956年提出的意向，并且有十河信二的强力站台，1958年12月才得到日本内阁批复。

（3）保障充足性：1958年日本GDP为11.5万亿日元，这条仅515 km长的新干线批复金额就占了当年GDP的1.7%。

（4）失败容忍度：十河信二对首相池田勇人摊牌，让看着办。池田勇人在心里骂人的同时，也知道这事没法办，国家的脸面，得继续用钱填窟窿干呀。

与之类似，在商业航天之前的计划航天也满足以上4个特点：任何一个新型号上马都是解决当前最重要矛盾，需要一个或数个"五年计划"研究立项，之后耗费巨资才能实施建设，国家立项后，项目必须要成，也就是"大家一起吹吹牛，那也必须当真"。

反者道之动。计划航天走过多年，当它发展到高峰期时，结构性矛盾也逐渐累积。

（1）研究充分性表明它只能满足最主要矛盾，而无法满足日益增长的更广大需求。

（2）决策缓慢性表明一个人一辈子可能只能从头到尾干一个型号，甚至有些型号迟迟无法决策，已无法满足现代社会"快速"的心理需求。

（3）保障充足性表明将会形成利益阶层垄断，最终系统的取向可能是以阶层利益最大化代替项目利益最大化。

（4）失败容忍度阻挡了企业的内生动力，稳字当头，反正国家最后都要继续支持，没必要那么急，要突破性创新干什么（但继承性创新一直都不会断，毕竟有大幅资源支撑）？

当技术、资源积累到一定程度，就会由于矛盾孕育出新事物。今天SpaceX的成长，就是美国航天在漫长的历史过程中不断破解矛盾的产物，这中间有政策牵引、有技术变革、有企业家奋斗、也有历史偶然，它们共同构成了美国航天商业发展史。商业航天，自始至终，都是自顶向下设计，以及自底向上生长，两者逐渐接近、交融并放大后的产物。

21.1　缘起——体制和政治的考量

商业航天诞生得非常早，它的背后是政治考量。

1958年，美国人造地球卫星一上天，贝尔实验室（当时属于美国电话电报公司AT&T）通信研究室主任约翰·皮尔斯就想：发射一颗直径30 m的镀铝聚酯薄膜的大气球，可以把无线电信号反射到地球另一边，使位于地球另一边的其他国家接收到此信号，这个回声1号大气球于1960年8月被发射上天。

图21.2　Telstar 1卫星

贝尔实验室再接再厉，1962年7月10日，通信卫星Telstar 1（图21.2）进入轨道。它的控制人员发送了世界上第一次跨越大西洋的电视广播。

Telstar卫星与当时其他空间项目有个关键不同：它的资金主要来自当时世界上最大的私人公司AT&T。这也是商业发射服务的雏形，AT&T向NASA支付了300万美元，作为雷神德尔塔运载火箭的费用。说是雏形是因为NASA垄断了发射服务，NASA可以声称Telstar是NASA支持的项目，甚至可以将实验结果报告发布为NASA出版物，并获得实验产生的任何专利发明的权利。

这个模式很吸引人并值得推广，因为作为一家美国公司的成果，Telstar由私营企业研制与苏联式的计划航天形成强烈对比。但问题是，Telstar掌握了跨地球电视转播这种强大的宣传工具，它可以控制在私人手中，还是应视为政府政策的工具？整个1962年夏天，美国国会对此问题进行了辩论，最终选取了一个折中方案：建立一个政府任命的商业组织，在政府监督下处理国际协议。

1962年8月31日，肯尼迪总统签署了《通信卫星法案》。法案指出：为了促进这种发展并为私营企业提供尽可能广泛的参与，美国对全球系统的参与应以私营公司的形式进行，但要遵守适当的政府法规。

由于政治原因，商业航天的诞生相当早，与计划航天几乎同步。但航天这个产业的特点，注定它从一开始就不可能彻底摆脱政府的监督和NASA的影子。

21.2 纯商业模式——国家队和民企的探索

雷神德尔塔火箭开启了火箭商业发射服务先河，但距离真正的运载火箭商业化研制尚有20年时间。

1978年5月11日，卡特政府签署了美国第一版《国家太空政策》，其中指出：美国应鼓励国内商业性利用太空能力和系统进行商业活动，以获取经济利益，并提高美国的技术地位（但所有美国地球定向遥感卫星都需要美国政府的授权和监管）。

既然Telstar商业卫星已经进入了市场，又有政策支持，火箭又岂甘于人后。

21.2.1 美国太空服务公司及大篷车的探索

1980年，休斯敦房地产开发商David Hannah成立了美国太空服务公司（Space Services Inc. of America, SSIA），他拉了一群富有的得克萨斯人投资做火箭。这个注册地很有意思，因为休斯敦有个约翰逊航天中心，是搞阿波罗、天空实验室、国际空间站的，搞火箭的马歇尔中心在阿拉巴马。就像在唐家岭开个公司做火箭并不适合，在北京总体还是要按南箭北星布局。

刚刚起步时，美国太空服务公司将服务对象定位为中小型卫星用户，当时航天飞机、德尔塔和阿里安只注重大、中型运载器，这个定位可填补小型运载器空白。

美国太空服务公司最早打算发展一款低成本液体运载火箭。它采用Gary Hudson设计的Percheron火箭，火箭由一系列模块构成，每个模块直径1.2 m，高11.5 m，采用挤压式煤油-氧化剂发动机，以大幅降低价格。通过将基本模块组合在一起，可以形成各种运载能力。研制过程很快，但1981年8月5日在Matagorda岛进行单模块静态点火时发生了爆炸（图21.3）。

这次失败后，美国太空服务公司全面转向固体运载火箭大篷车（Conestoga）1。大篷车1基于民兵1导弹的二级20 t固体发动机，再顶上两个小固体发动机，可以将100 kg载荷送入近地轨道。

美国太空服务公司拉了57个投资人，投入了600万美元，1982年9月9日在Matagorda岛发射了芯一级，有效载荷为500 kg的假人，在313 km处被成功弹出，大篷车1成为首个进入太空的私人投资的（探空）火箭。

美国太空服务公司在自己官网说，世界各地的祝贺涌入。里根总统和布什副总统呼吁分享他们的兴奋，有人将这次发射与航空业的兴起进行了类比。国会在收到Hannah等人的证言之后，制定了1984年《商业空间发射法》和1984年《土地遥感商业化法》，以建立管理商业发射和影像行业的监管框架。

1983年元旦，一篇评论说，这次发射的技术含量也不高，它的意义更多在心理上而非技术上。Hannah自己也说："技术是

图21.3　Percheron单模块静态点火爆炸

注：之后Hudson离开成立Pacific American Launch Systems，继续单级入轨液体火箭Phoenix研究。

一回事，要说你将要发射一些东西到太空中去，与政府机构打交道，寻找发射场和发射场并为其提供资金，这实际上是另一回事。我们已经做到了，用我们自己的钱来做到了，并且以负责任的方式做到了。"

发射后公司希望进一步吸引新投资，Hannah估计下一枚入轨的大篷车300需要耗资2 000万美元，只是下一枚火箭仍将很小。有人质疑这个市场是否有钱：谁会投资200万～300万美元来购买和发射一颗卫星？他们可以花一小时3 000美元在飞机上干同样的事情。

果不其然，之后大篷车沉寂了很久（其间美国太空服务公司被EER系统公司收购），起了个大早赶了个晚集。

直至1990年，NASA招标商业实验运输计划所用的小型运载火箭方案（839 kg，旨在开发可用于较长时间的微重力实验的商业实验运输器），1991年1月NASA选择了大篷车1620作为运载工具，才真正进行了火箭设计。

1995年10月23日，大篷车1620完成首次轨道发射（之前已经有商业火箭已经完成入轨），但飞行46 s后，来源未知的低频噪声干扰了箭上制导系统，伺服液压油耗尽，火箭空中解体（图21.4）。大篷车火箭以失败而告终，EER系统公司也退出了火箭发射领域。

图21.4 大篷车1620发射现场

技术上，大篷车采用了模块化设计方法，依托1.14 m直径、13 t装药、50 t推力的Castor 4
固体发动机，构造了一系列火箭型谱，如图21.5和表21.1所示。

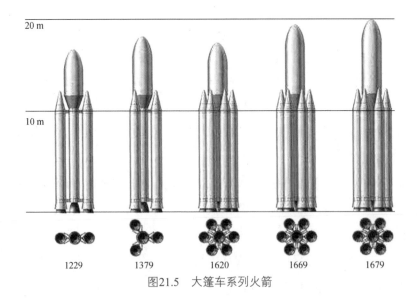

图21.5 大篷车系列火箭

表21.1 大篷车系列火箭

型谱代号	一子级	二子级	三子级	四子级	五子级	有效载荷/kg
1229	2×Castor-4B	1×Castor-4B	Star-48V	HMACS	—	363
1379	3×Castor-4B	1×Castor-4B	Star-63V	HMACS	—	770
1620	2×Castor-4B 2×Castor-4A	2×Castor-4B	1×Castor-4B	Star-48V	—	1 179
1669	2×Castor-4B 2×Castor-4A	2×Castor-4B	1×Castor-4B	Star-63D	HMACS	1 361
1679	2×Castor-4B 2×Castor-4A	2×Castor-4B	1×Castor-4B	Star-63V	HMACS	1 497

该火箭发动机按时序点火，譬如1620的7台发动机是3个子级，一级先点4台然后分离，然后二级点火2台再分离，然后三级点火中心那台。

在管理模式上，将工程转包给多年从事空间计划的美国和国外的一些公司：火箭上的电子系统转包给萨伯（SAAB）空间公司；地面控制系统转包给防务系统公司（Defense Systems Inc.）；发动机转包给莫顿·锡奥科尔公司（Morton Thiokol）；发射服务转包给麦克唐纳·道格拉斯公司（Mcdonnell Douglas）；地面保障设备转包给通用动力服务公司（General Dynamics Services）；工程保障转包给鹰工程公司（Eagle Engineering Inc.）。

通过这种途径，可以减少研制和发射费用并提高火箭的可靠性。此外，为了缩短发射设备的占用时间和减少参加发射的工作人员数量，设计上尽量减少火箭起竖后的组装工作量和发射前的测试项目。

21.2.2 轨道科学公司及飞马座的探索

大篷车的首次商业发射失败了，但在这之前，已经有商业运载火箭成功完成入轨，这就是轨道科学公司的飞马座。

轨道科学公司（Orbital Sciences Corporation，OSC）由在哈佛商学院相识的三位朋友David W. Thompson，Bruce W. Ferguson和Scott L. Webster于1982年成立。1982年9月，得克萨斯州的

石油商Fred C. Alcorn和得克萨斯州的商人Sam Dunnam提供了首批资本。1985年，轨道科学公司签署了第一份合同，向NASA提供多达4架轨道转移飞行器。1987年，当轨道科学公司开始研究使用低轨卫星收集远程数据时，埋下了后来Orbcomm星座的种子。

在研制飞行器和卫星时，轨道科学公司做起了火箭。1988年，它收购了世界领先的亚轨道火箭供应商之一、位于亚利桑那州的Space Data Corporation，从而扩大了其火箭业务和制造能力。随后，1989年在亚利桑那州钱德勒开设了新工厂，以容纳公司不断发展的火箭业务。

轨道科学公司的第一款火箭是"飞马座"，一种空射火箭（图21.6）。方案设想是轨道科学公司的埃里亚斯（A.L.Elias）于1986年提出的，1987年4月开始型号研制。火箭一子级为1.27 m直径、12 t装药、50 t推力的Orion 50S发动机。

图21.6　飞马座火箭及B-52载机

由于公司有自己的卫星，因此飞马座研制时载荷需求明确，就是轨道科学公司自己的Orbcomm通信星座和OrbView观测卫星。轨道科学公司和大力神航空航天公司（1995年被ATK技术公司收购，在这里负责一、二、三级固体发动机和整流罩）两个公司各自承担了3 000万美元（1999年币值）用于研制。

火箭于1990年4月5日发射成功，这次飞行载荷是NASA与DARPA的小飞马座卫星（203 kg）。

飞马座火箭在设计上充分利用了经过验证的技术和美国在固体推进、材料及电子等领域的最新成果，因而具有质量轻、成本低、简单可靠和使用灵活方便等优点。零件的数量和总装工作量少，试验类型与次数也被压缩到最低限度。这样，飞马座火箭的发射费用仅为对等的地面发射火箭的一半，而运载能力却提高了1倍（不到19 t起飞质量，近地轨道能力为375 kg）。由于在研制火箭方面的工作，由埃里亚斯领导的设计团队被美国总统乔治·H. 布什（George

HW Bush）授予1991年国家技术奖。

为进一步满足DARPA提出的小型标准运载火箭（SSLV）计划，轨道科学公司进一步在飞马座一子级上增加了一台锡奥科尔公司的2.34 m直径、15 t装药、150 t推力的Castor 120固体发动机，形成了金牛座火箭（图21.7），近地轨道能力提升到1.4 t。

21.2.3　马丁公司及商业大力神3的探索

1986年8月15日，美国政府因挑战者号事件重新考虑航天飞机的用途，并决定进一步发挥私人公司发射商业卫星的作用。

4天后马丁公司便以商业大力神3 火箭对政府的决定做出反应。

商业大力神3的渊源是空军立项的大力神3，与改型后的大力神34D（图21.8）相比状态变化包括：① 一、二子级发动机推力各提高3%和5%；② 一子级贮箱加长0.43 m；③ 提高姿态控制系统发动机推力；④ 增设安装双星支架的延伸舱；⑤ 增设二子级与延伸舱的对接结构——转接舱；⑥ 采用4 m大直径整流罩。

图21.7　金牛座火箭

图21.8　大力神34D和商业大力神3

商业大力神3于1990年1月1日首次发射成功，火箭出身名门技术牢靠，价格依旧坚挺，发射费用约为1.1亿美元（1989 年币值），比阿里安44L的8 500万美元贵一些（GTO能力接近），再加上换个皮肤出门估计也失去了军方青睐（倒是大方的NASA一如既往支持提供了第四发载荷），火箭在1992年退役，退役前4次发射3次成功，成功率75%。

21.2.4 洛克希德及雅典娜的探索

洛克希德公司也在行动，1993 年，美国洛克希德公司开始研制新的小型运载火箭——洛克希德运载火箭（LLV），到了1995年，洛克希德和马丁公司合并，这款火箭就改名叫雅典娜（Athena）。

火箭构型就不再具体详述了，它的特点是系列化、通用化、模块化。用锡奥科尔公司2.34 m直径的Castor 120固体火箭发动机一通组合，譬如雅典娜2就是将雅典娜1的一级来两份串联上（图21.9），搞出了一个系列构型。

火箭于1995年8月15日进行了首次发射，但由于推力矢量控制系统出现故障，在起飞160 s后由地面控制人员发出指令自毁。到目前为止一共发射了7次，2次失败，成功率71%，2001年之后20多年未再飞行。

图21.9   雅典娜1和雅典娜2火箭

21.2.5　麦道公司及德尔塔3的探索

麦道公司也入局了，1995年初开始研制德尔塔3运载火箭（图21.10）。关于这个时间点，一方面，1987年挑战者号航天飞机爆炸后，麦道公司接到了空军6.69亿美元生产20枚德尔塔2（GTO 1 ~ 2 t）的合同；另一方面，1995年麦道正在空军牵引下进行德尔塔4火箭（GTO 4 ~ 12 t）论证。在德尔塔4火箭研制成功之前，用现有技术攒一个GTO 3 ~ 4 t的商业火箭，就被麦道公司提上了日程。

图21.10　德尔塔3火箭

家里有矿，自然直接拿来用。当然作为商业火箭，该裁的裁，该省的省，它一改过去德尔塔系列火箭的三级结构，而采用二级结构（但也可根据发射任务需要增加三子级），并尽量使用经过验证的德尔塔2火箭的系统、部件和技术。与其他运载火箭不同，德尔塔3火箭还采用了很多国外部件，如二子级液氢贮箱（图21.11）由日本三菱重工业公司制造，二子级发动机可延伸喷管则由法国欧洲动力装置制造公司生产。

图21.11　德尔塔3二子级

德尔塔3 火箭GTO能力达到3.810 t，是德尔塔2火箭的2 倍多，发射费用是9 000 万美元（1999 年币值），看起来都很不错，也被麦道公司寄予厚望。

1998年8月27日，德尔塔3火箭首次发射因制导控制系统故障而失败（设计时漏了一个4 Hz滚动模态），1999年5月5日，第2次发射因发动机质量问题又遭遇失败，直到2000年8月23日，第3次发射才获得成功。由于火箭发射成功率低（33.3%），再加上当时阿里安4一年能打7～8发，麦道公司找不到用户，及时停止了该火箭的生产，而德尔塔3火箭也成为该火箭系列中最不成功的一个型号。

21.3 混合构架的COTS计划

21.3.1 COTS计划概况

2014年5月，约翰逊航天中心历史办公室发布了一份最终报告，题为《商业轨道运输服务：航天新时代》。报告记录了商业轨道运输服务（Commercial Orbital Transportation Services，COTS）计划（图21.12）的历史基础，NASA如何选择和支持其合作伙伴，合作伙伴的COTS开发工作，以及将COTS演变为商业货运服务合同和NASA的商业船员计划。

图21.12　COTS计划徽标

COTS计划产生的大背景是，布什总统于2004年制定了《美国太空探索政策》，该政策呼吁在2020重返月球，航天飞机也于2010年底退役。NASA一盘点，发现航天飞机退役后，市场上的德尔塔4和宇宙神5都是空军的，自己手上已经没火箭了，研制经费与之前比也少了很多（图21.13）。2005年迈克·格里芬（Mike Griffin）成为NASA新局长后不久，他就向美国私营企业发出邀请，要求其开发能够满足国际空间站货运以及最终的载人需求。NASA将在5年内拨款5亿美元，以刺激商业能力的发展，COTS计划得以快速启动。

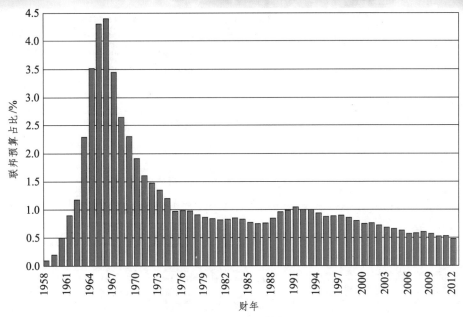

图21.13　NASA预算占比

COTS与以往NASA合同不同：

（1）COTS计划只用不到3页纸规定了几种载荷能力需求，而不再提出详细的技术指标要求。

（2）NASA不再提供全资资助，而是要求商业公司分担COTS系统开发和演示的费用，以降低NASA成本。

（3）NASA也不再将承包商设计的系统收归政府，而是允许商业公司保留知识产权。

（4）由各个中心的专家组成咨询团队（CAT），在出现特定问题时"随时待命"，提供最佳技术建议。

（5）考虑到空间任务复杂性，NASA采用了分段策略，商业公司先通过COTS证明具备能力，商业补给服务（CRS）用于购买发射服务。

如果用一句话表述，COTS采用了计划航天和商业航天之间的混合架构。NASA成了投资者而不是管理者，它给政策、给钱也给技术，被支持的公司实现了从"传统分包商"到"新型商业合作伙伴的转变"。

这个计划的执行，最终体现到与各商业公司签订的《空间法案协议》（Space Act Agreements，SAA，图21.14）中。

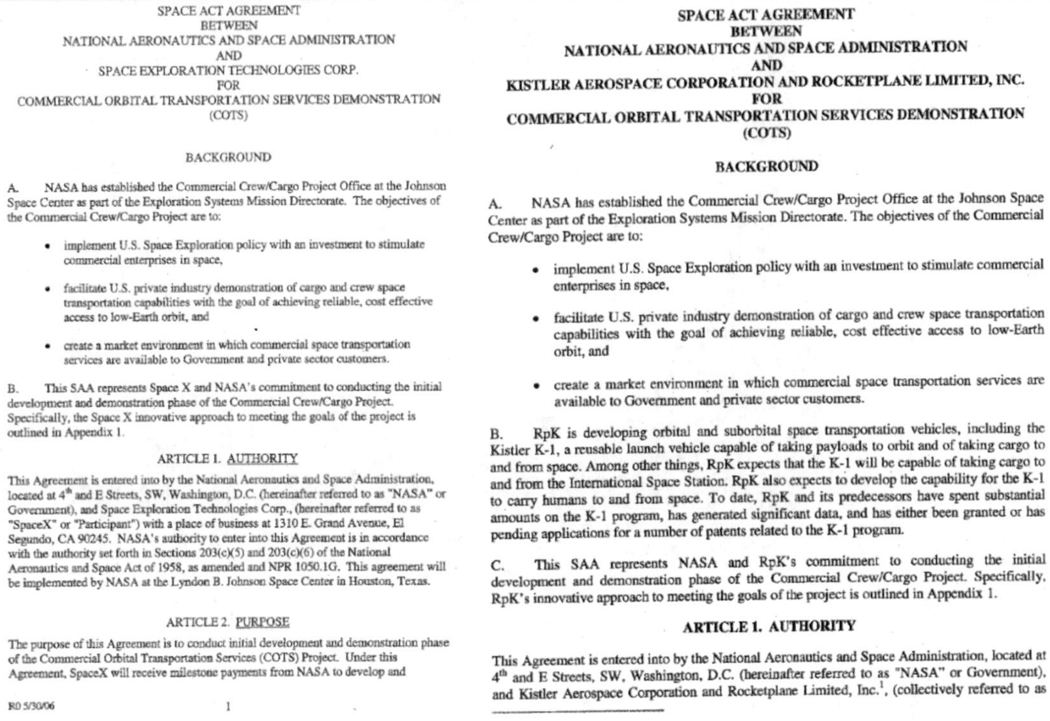

SPACE ACT AGREEMENT
BETWEEN
NATIONAL AERONAUTICS AND SPACE ADMINISTRATION
AND
SPACE EXPLORATION TECHNOLOGIES CORP.
FOR
COMMERCIAL ORBITAL TRANSPORTATION SERVICES DEMONSTRATION
(COTS)

BACKGROUND

A.   NASA has established the Commercial Crew/Cargo Project Office at the Johnson Space Center as part of the Exploration Systems Mission Directorate. The objectives of the Commercial Crew/Cargo Project are to:

- implement U.S. Space Exploration policy with an investment to stimulate commercial enterprises in space,

- facilitate U.S. private industry demonstration of cargo and crew space transportation capabilities with the goal of achieving reliable, cost effective access to low-Earth orbit, and

- create a market environment in which commercial space transportation services are available to Government and private sector customers.

B.   This SAA represents Space X and NASA's commitment to conducting the initial development and demonstration phase of the Commercial Crew/Cargo Project. Specifically, the Space X innovative approach to meeting the goals of the project is outlined in Appendix 1.

ARTICLE 1. AUTHORITY

This Agreement is entered into by the National Aeronautics and Space Administration, located at 4th and E Streets, SW, Washington, D.C. (hereinafter referred to as "NASA" or Government), and Space Exploration Technologies Corp., (hereinafter referred to as "SpaceX" or "Participant") with a place of business at 1310 E. Grand Avenue, El Segundo, CA 90245. NASA's authority to enter into this Agreement is in accordance with the authority set forth in Sections 203(c)(5) and 203(c)(6) of the National Aeronautics and Space Act of 1958, as amended and NPR 1050.1G. This agreement will be implemented by NASA at the Lyndon B. Johnson Space Center in Houston, Texas.

ARTICLE 2. PURPOSE

The purpose of this Agreement is to conduct initial development and demonstration phase of the Commercial Orbital Transportation Services (COTS) Project. Under this Agreement, SpaceX will receive milestone payments from NASA to develop and

R0 5/30/06   1

SPACE ACT AGREEMENT
BETWEEN
NATIONAL AERONAUTICS AND SPACE ADMINISTRATION
AND
KISTLER AEROSPACE CORPORATION AND ROCKETPLANE LIMITED, INC.
FOR
COMMERCIAL ORBITAL TRANSPORTATION SERVICES DEMONSTRATION
(COTS)

BACKGROUND

A.   NASA has established the Commercial Crew/Cargo Project Office at the Johnson Space Center as part of the Exploration Systems Mission Directorate. The objectives of the Commercial Crew/Cargo Project are to:

- implement U.S. Space Exploration policy with an investment to stimulate commercial enterprises in space,

- facilitate U.S. private industry demonstration of cargo and crew space transportation capabilities with the goal of achieving reliable, cost effective access to low-Earth orbit, and

- create a market environment in which commercial space transportation services are available to Government and private sector customers.

B.   RpK is developing orbital and suborbital space transportation vehicles, including the Kistler K-1, a reusable launch vehicle capable of taking payloads to orbit and of taking cargo to and from space. Among other things, RpK expects that the K-1 will be capable of taking cargo to and from the International Space Station. RpK also expects to develop the capability for the K-1 to carry humans to and from space. To date, RpK and its predecessors have spent substantial amounts on the K-1 program, has generated significant data, and has either been granted or has pending applications for a number of patents related to the K-1 program.

C.   This SAA represents NASA and RpK's commitment to conducting the initial development and demonstration phase of the Commercial Crew/Cargo Project. Specifically, RpK's innovative approach to meeting the goals of the project is outlined in Appendix 1.

ARTICLE 1. AUTHORITY

This Agreement is entered into by the National Aeronautics and Space Administration, located at 4th and E Streets, SW, Washington, D.C. (hereinafter referred to as "NASA" or Government), and Kistler Aerospace Corporation and Rocketplane Limited, Inc.[1], (collectively referred to as

图21.14　NASA与SpaceX及RpK签订的空间法案协议

　　为了保证投资的有效性，SAA协议中规定了里程碑节点（图21.15），协议签订后，一项功能就是NASA的里程碑付款，协议在三种情况下可以终止：

　　（1）NASA未收到政府拨款。

　　（2）NASA与商业合作伙伴之间的相互协议。

　　（3）商业伙伴未能达到里程碑节点。

　　大多数里程碑节点都是技术性的，但也有一些财务的，如RpK提出了5亿美元融资活动就是一个财务里程碑。当RpK无法实现财务里程碑时，NASA终止了对RpK的节点付款和后续支持。

　　整个COTS计划支持情况如图21.16所示。

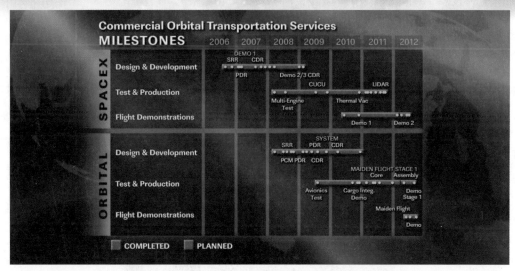

图21.15　COTS里程碑节点

图21.16　COTS计划支持情况

COTS计划在2013年已经结束，共提供8.89亿美元的资金和技术支持，取得了丰硕的成果。目前，安塔瑞斯和猎鹰9火箭平均以每年各2～3发的速度进行空间站货运任务，猎鹰9火箭更是在2020年完成了2次运送宇航员任务。

根据对计划的总结，市场力量控制着开发和运营成本，固定价格的里程碑付款最大限度地提高了控制成本的动机，并最大限度地减少了计划延迟，商业友好的知识产权/数据权和有限的终止责任鼓励了私人资本的投资，NASA购买运营服务的承诺大大提高了公司筹集资金的能力，直接促成将SpaceX Dragon首次成功停泊到ISS，公私合作伙伴关系的COTS模式奏效！

21.3.2　参与COTS计划的公司情况

1. RpK Kistler公司的陪跑

1993年，Kistler航空航天公司成立。1995年，阿波罗计划主任、航天飞机的早期拥护者George Mueller（不是研制梅林发动机的那个Thomas Ernst Mueller）加入公司担任CEO，该公司开始研发K-1火箭（图21.17），第一个完全可重复使用商业运载火箭。一子级3台发动机是从苏联登月的NK-33改来的，由Aerojet公司进行了翻新和多次试车。一子级分离后，中央发动机开机降低箭体速度，之后由降落伞和安全气囊着陆回收。

图21.17　K-1火箭

除Mueller之外，Kistler在NASA有丰富的经验和良好的人脉，总裁Brinkley于1994年至1999年担任国际空间站的NASA项目经理，副总经理Cuzzupoli在阿波罗计划中任罗克韦尔公司助理经理，首席工程师Kohrs也是前NASA经理。

1995年9月，火箭完成初步设计后，最初计划用于将铱星发射到MEO轨道，公司进行了融资，从Aerojet接收了46台俄罗斯NK-33和NK-43发动机，并获得俄罗斯所有剩余NK-33和NK-43发动机的优先购买权，签订了10次总价超过1亿美元的发射合同，与澳大利亚政府签订了运营协议，完成了奠基仪式，并签订了多个分系统研制合同并开展研制。到2004年，Kistler已经完成飞行器75%的硬件、85%的设计、100%的GNC软件。

整个计划看起来执行得很好。

但是，在铱星公司破产和MEO卫星市场崩溃之后，项目的经费和动力都荡然无存，Kislter无法向公司债权人支付超过6亿美元的债务，在2003年7月申请破产保护。2006年2月亚轨道太空旅游公司先锋火箭飞机的所有者乔治·D.弗伦奇收购了公司，改名为RpK（Rocketplane Kistler）。

中间曾有过希望，2006年8月18日，RpK公司与合作伙伴安德鲁斯航空航天公司（Andrews Aerospace）拿到NASA的商业轨道运输服务合同，提供3次飞行以发展国际空间站的供应能力。但到2007年5月，公司未筹到里程碑节点4中所需的全部5亿美元，2007年10月18日，NASA按协议终止合同。

这之后，RpK公司的K-1火箭再也没有出现在我们的视野中。

2. 轨道科学公司

在2008年的第二轮COTS计划中RpK出局，轨道科学公司进来了（3.88亿美元）。这次轨道科学公司提出的火箭是安塔瑞斯（Antares，早期被称为金牛座Ⅱ，图21.18），可能是轨道

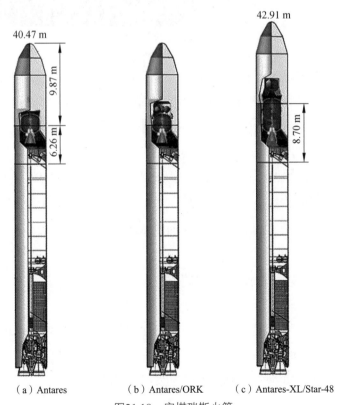

（a）Antares　　　（b）Antares/ORK　　　（c）Antares-XL/Star-48

图21.18　安塔瑞斯火箭

科学公司前期与RpK合作中积累了大量液体火箭心得，安塔瑞斯选择了NK-33发动机，并外协南方设计局进行一子级设计，二级仍是轨道科学公司擅长的Castor系列固体发动机。2013年4月21日首飞即获成功。

3. SpaceX的崛起

2006年还有一家公司与RpK公司同时获得了NASA的COTS计划合同（图21.19），这家公司的名字叫SpaceX（8月18日，NASA与SpaceX和RpK签署了《空间法案协议》，两家公司分别获得了2.78亿美元和2.07亿美元的奖金，将在完成每个商定的里程碑后以递增方式支付）。

今天如日中天的SpaceX，它的出身并不像轨道科学公司那么好，在获

图21.19　获得首个COTS计划支持的SpaceX和RpK公司

COTS计划支持前，猎鹰1已经由于螺母腐蚀和晃动失稳，经历了两次飞行失利。获COTS支持后，又由于分离碰撞导致第3次飞行失利。即使型号较小失利代价没那么大，猎鹰1号的第4次飞行时SpaceX仍处在没载荷愿意搭载、没有钱再打下一发的境地。好在第4次飞行成功，最终将铁坨子推到了太空，宣告了SpaceX时代的开启。

在2006年8月18日至2012年5月，SpaceX成功完成了公司最终的COTS任务——在国际空间站停泊，在此期间，SpaceX执行了40个里程碑。2012年5月31日，龙飞船从国际空间站返回并在太平洋被收回，SpaceX成为了历史上第一家向国际空间站运送货物的私人公司。

21.4　启示——商业竞争时代的技术路线

美国从1962年实施商业发射服务，1980年开启商业火箭研制之路，到如今SpaceX取得巨大成功，其间走过了漫长的道路。

梳理美国商业航天公司一些典型型号特点和发展见表21.2。

表21.2   美国商业航天公司及典型型号简史

序号	公司名称	型号名称	型号特点	设计运载能力	首飞日期	飞行情况	首飞载荷重量
1	太空服务公司SSIA	1980年成立，最早研究液体火箭，后转向固体大篷车系列，大篷车1620失利后公司退出火箭研制和发射领域					
1.1		Percheron	挤压式煤油-氧化剂一子级的液体探空火箭	—	1981.08.05	静态点火爆炸，公司转向固体火箭	—
1.2		大篷车1	民兵1导弹二子级作为一级的固体探空火箭	—	1982.09.09	耗资600万美元，飞行成功，国际轰动	500 kg假人探空火箭
1.3		大篷车1620	7台Castor 4并联形成一、二、三级的四级固体运载火箭	1 179 kg	1995.10.23	飞行46秒噪声干扰制导系统，伺服液压油耗尽，火箭空中解体	839 kg
2	轨道科学公司OSC	1982年成立，首飞为固体飞马座，之后研制了金牛座火箭，2008年获得COTS计划支持后（3.88亿美元），研制了安塔瑞斯火箭					
2.1		飞马座	空射三级固体火箭	LEO 375~443 kg	1990.04.05	耗资6000万美元，飞行成功	230 kg，495/680 km，94.2°
2.2		金牛座	飞马座落地版，拆除翅膀，增加Castor 120作为一子级	LEO 1 362 kg	1994.03.13	首飞成功	707 kg，540/560 km，105°
2.3		安塔瑞斯	一子级液氧煤油，二、三级固体的混合火箭	LEO 5.1~6 t	2013.04.21	首飞成功，第3发飞行因为NK-33爆炸，飞行5发后全改为RD-181发动机	3.8 t，241/260 km

续表

序号	公司名称	型号名称	型号特点	设计运载能力	首飞日期	飞行情况	首飞载荷重量
3		1993年成立，开发K-1火箭，2006年获得COTS计划支持，2007年未完成里程碑节点，合同解除					
3.1	Rocketplane Kistler	K-1	一级三台NK-33并联，二级NK-43	LEO 4.6 t	—	未完成研制	—
4		1995年与洛克希德合并为洛克希德·马丁公司					
4.1	马丁公司	商业大力神3	从大力神34D改型，两级半火箭，一二级为N_2O_4/混肼50，助推为2台600t大固体	LEO 14 t GTO 5 t	1990.01.01	价格过高，1992年退役，退役前4次发射3次成功	GTO，3 876 kg
5		1995年与洛克希德合并为洛克希德·马丁公司					
5.1	洛克希德公司	雅典娜1	Castor 120作为一子级的两级固体火箭	LEO 820 kg	1995.08.15	推力矢量控制系统故障，起飞160 s后地面自毁	127 kg
5.2		雅典娜2	在雅典娜1上增加一台Castor 120组成三级固体火箭	LEO 2 065 kg	1998.01.07	首飞载荷为NASA的月球勘探者	LTO，233 kg
6		1997年与波音合并					
6.1	麦道	德尔塔3	一级液氧煤油+二级氢氧+9台助推的二级半火箭	LEO 8.292 t GTO 3.810 t	1998.08.27	首次发射因设计丢失模态姿控发散失败，第2次发射因发动机质量问题失败，第3发成功后退役	GTO，3 713 kg

序号	公司名称	型号名称	型号特点	设计运载能力	首飞日期	飞行情况	首飞载荷重量
7		2002年成立，2006年获得COTS支持（3.96亿美元），2008年猎鹰1第4发飞行终获成功					
7.1	SpaceX	猎鹰1	液氧煤油两级火箭	LEO 570 kg	2006.03.24	前3次飞行失利，第4次成功，飞行5次后退役	20 kg，400/500 km
7.2		猎鹰9	液氧煤油两级火箭	LEO 9.9 t，后升级到22.8 t	2012.05.31	龙飞船从国际空间站返回，完成《空间法案协议》	6 650 kg，297/346 km，51.6°

从管理和技术上总结美国商业航天道路，对笔者启示如下：

管理上：

（1）商业航天从诞生的第一天，就处于政府监管和NASA支持下。

（2）有效载荷市场是商业火箭面临的首要问题，飞马座首飞有公司星座建设需求，安塔瑞斯和猎鹰火箭更有明确的空间站运营需求，与之相对的是RpK公司在铱星计划破产后也随之沉沦。

（3）COTS计划提出了明确的载荷市场需求，并以真金白银投入和技术注入，是计划航天和纯商业航天之间的极佳过渡，是美国商业航天爆发的基础。

（4）美国商业航天公司发展初期，将大量工程转包给具备火箭研制经验的成熟公司，提高火箭可靠性。

（5）美国国家队研制的商业火箭项目最终执行效果都不好，可能与正经国家立项项目比较，商业火箭在国家队不免边缘化的原因。

技术上：

（1）美国商业航天公司采用了先固后液模式，美国的商业液体火箭安塔瑞斯和猎鹰真正成熟时，以飞马座为代表的固体火箭已经成功飞行了近50发。

（2）商业火箭成功率总体不高，成功率上固体火箭高于液体火箭。固体火箭中发动机自身故障概率较低，制导和伺服系统是故障频发地带；液体火箭前3次飞行至少有一次失败（首飞基本全部失败），给商业公司运营提出了不小挑战。

（3）广泛采用模块化设计，如大篷车、雅典娜火箭均通过相同模块串并联形成系列型号，降低了设计难度和成本。

（4）在空间站货运任务之前，除了从计划航天改进火箭外，商业航天公司运载能力基本收敛到1～2 t区间，如大篷车1620的1 179 kg、金牛座的1 362 kg、雅典娜2的2 065 kg。

（5）早期构型从几个经典模块产生：2.34 m的Castor 120固体发动机（装药量50 t，推力150 t），1.2m的Orion 50/Castor 4（装药量13 t，推力50 t）。

如雅典娜、金牛座、安塔瑞斯都选择了一个Castor 120，这个模块的经典在于比较大又不那么大，从而得以支撑1～2 t的近地轨道运载能力，得以在市场上得到锤炼。飞马座和大篷车选择了Orion 50S/Castor 4发动机，但为了提高运载能力，大篷车选择了多发并联方式，飞马座采用了空射方式，后来又增加了Castor 120作为一子级形成金牛座，最终都将运载能力推向了1 t以上。

21.5　政策层面的扶持

21.5.1　政府的努力

经济学鼻祖亚当·斯密曾说，不要管，什么都不要管，有只看不见的手。这只看不见的手就是市场，是商业。

但航天多少有点不同，巨大的风险，巨大的投资，并且涉及国家安全。看不见的手伸出后，会不会出现其他问题，谁也不知道。号称自由资本主义的美国，对此认识应该是极深的。美国几乎从航天诞生之初，就开始了商业航天的立法。

对于运载火箭值得一提的两个节点：1984年，里根政府发布《商业航天发射方案》，允许私营企业有偿为政府提供货运发射服务，自此打开了商业火箭法规的大门；2004年，航天商业发射法案，则进一步从允许上升到了支持的程度，向私营航天创业者开辟单独保护期，保护私营力量健康发展。

几个重要的政策与法案见表21.3。

表21.3　商业航天重要政策与法案

政策与法律	出台时间	内容和意义
通信卫星法案	1962	打开了通信卫星私营的大门
民用和下一步航天政策	1978	明确提出鼓励私营部门投资遥感系统，鼓励技术转让，提出注重航天的服务功能
商业航天发射法案	1984	允许私营企业有偿为政府提供货运发射服务
2004年航天商业发射法案	2004	提出"学习期"概念，向私营航天创业者开辟单独保护期，保护私营力量健康发展
国家与商业太空项目	2010	《美国法典》新增第51卷《国家与商业太空项目》，将商业航天立法推向高峰
商业航天发展竞争法案	2015	将商业航天飞行"管理学习期"延长5年至2020年，延长联邦政府对商业航天发射企业进行第三方赔偿期限至2020年
关于促进私营航天竞争力、推进创业的法案	2015	将商业航天飞行"管理学习期"延长10年至2025年

21.5.2　NASA的扶持

要重点扶持，光给政策还不够，还要给钱、给技术。

2002年，埃隆·马斯克自带1亿美元，成立了SpaceX公司，并开展了数轮融资。在2008年猎鹰1飞行成功之前，花的还是自己的钱；2015年虽得到融资10亿美元，但此时的SpaceX已经功名成就了，投资的Google和Fidelity两家公司只是锦上添花，而非雪中送炭。

SpaceX融资情况：

战略投资/2018年3月17日：5亿美元；

股权投资/2017年11月29日：1亿美元；

股权投资/2017年7月27日：3.5亿美元；

E轮/2015年1月20日：10亿美元；

D轮/2012年12月21日：3000万美元；

C轮/2010年11月8日：5000万美元；

B轮/2009年8月11日：3044万美元；

风险投资/2009年3月31日：1503万美元；

A轮/2008年8月1日：2000万美元；

种子天使/2006年3月1日：10万美元。

雪中送炭的是NASA——这个被苏联逼出来的政府机构。苏联发射首颗人造卫星后，虽然久经沙场的总统艾森豪威尔没那么慌张，但无奈民意汹汹，艾森豪威尔只能出招。老辣的艾森豪威尔意识到问题是机构整合不力，一口气大手笔地将除了极少部分侦察卫星、导弹火箭等军事计划外的大部分航空航天机构整合成了民用航天政府机构，这就是NASA。

艾森豪威尔担任盟军最高司令时，很大一部分精力就在协调各军种扯皮，深知其中水深水浅。这次强力地将美国陆海空三军跟航天相关的单位，如海军研究实验室、陆军弹道导弹局、空军火箭发动机研究所等机构的航天部门，也全整合进了NASA。

NASA也争气，主持了双子座、阿波罗、航天飞机、天空实验室等计划，向全人类展现了什么叫初心，什么叫梦想。

无奈梦总有醒的时候，烈火烹油时，哪会想到繁华易逝、烟花易冷。被寄予厚望的航天飞机，这个工业皇冠上的明珠，也许是太过超前于那个时代，在2003年哥伦比亚号爆炸后，最终于2011年全体黯然退役。蓦然回首，NASA才发现自己已一无所有。不仅无法载人，甚至都没有自己的新型火箭了。

航天市场上有火箭，当时联盟-FG载人火箭成功率100%（2018年才首尝败绩，但也将宇航员逃逸了出来），无奈俄罗斯涨起价来一点都不含糊，10年涨了4倍，一年涨15%；EELV计划中研制的德尔塔4和宇宙神5虽好，但EELV是空军的，独角兽波音和洛马搞了个黑店，合起伙起来连空军爸爸都坑，更何况NASA。

打落牙齿往肚里吞，气是绝对咽不下的。NASA曾在2005年将希望放在了星座计划上，开始捣鼓战神1火箭。但战神1火箭900 t的起飞质量，25 t的运载能力，还不如德尔塔4H。还有那个五段式助推是个什么鬼？说得可好了，什么尽量采用成熟技术，但怎么看都像NASA搞个自己版本的自主可控。最终项目花钱多、碰到技术问题进度也不喜人，在国家的大统筹下，战神1和战神5都在2010年被奥巴马搞掉了，只剩下了猎户座飞船。

都说养儿防老，NASA要培养一个干儿子。波音、洛马这些已成长为军工巨头，嘴巴也刁了，店大欺客，有点不贴心了。NASA是个领导机构，也是半个实体机构，每年有钱，自己也能干，最起码知道怎么干，绝对能培养出个优秀的孩子。刚开始，不知道它看中的是轨道科学公司还是SpaceX，反正2008年给轨道科学公司的钱多。可惜2014年，随着安塔瑞斯一声爆炸（图21.20），曾经执商业航天牛耳的轨道科学公司从此只能眼睁睁看着SpaceX一骑绝尘。值得一提的是，现在普遍认为导致安塔瑞斯爆炸的是它的一级发动机，也就是NK-33，那个苏联登月时的NK-33。

图21.20　安塔瑞斯火箭爆炸

　　看看NASA的三大计划（表21.4），以及金额吧。这些年，光NASA，就给SpaceX输了72亿美元的血！尤其是2008年12月23日，SpaceX刚刚取得了首次发射成功（2008年9月28日），NASA立刻就将16亿美元砸了出去。对于NASA这叫迫不及待、时不我待，对于SpaceX这叫雪中送炭、绝渡逢舟。

　　"为NASA工作非常棒，他们的确帮了我们很多，"埃隆·马斯克于2014年4月在美国进出口银行的年会期间承认，"其实，我不知道如果没有NASA的帮助，我们会怎样。我们感激之至。"

　　NASA三大计划：

　　COTS。2006年NASA推出"商业轨道运输服务计划"（Commercial Orbital Transportation Services, COTS），以推动建立商业低轨道航天运输能力，至2013年结束共提供8.89亿美元的资金和技术支持。

　　CRS。2008年推出空间站"商业补给服务"（CRS），向商业公司竞争采购用于"国际空间站"后勤支持的轨道运输服务，2008年提供35亿美元，其中就有SpaceX在绝境中的16亿美元。

CCP。2010年推出"商业乘员计划"（CCP），以利用私营航天企业的力量为进出国际空间站提供安全、可靠和低成本的载人运输能力，包含CCDev、CCiCap、CPC等。

表21.4　NASA计划合同金额和授予企业

商业合同	授予时间	合同金额/亿美元	授予企业	合同内容
COTS	2006	3.96	SpaceX	开发龙飞船和猎鹰火箭
	2008	3.88	轨道科学公司	开发天鹅座飞船和安塔瑞斯火箭
CRS1	2008	16	SpaceX	12次国际空间站商业补给
		19	轨道科学公司	8次国际空间站商业补给
CCDev1	2010	0.2	内华达山脉公司	开发追梦者航天飞机
		0.18	波音公司	开发CST-100飞船
		0.067	ULA	改造宇宙神5火箭用于载人航天
		0.037	Blue origin	开发火箭发射逃逸系统
CCDev1	2010	0.014	Paragon空间公司	开发生命支持系统
CCDev2	2011	1.129	波音公司	CST-100飞船计划的延伸
		1.056	内华达山脉公司	追梦者航天飞机计划的延伸
		0.75	SpaceX	载人龙飞船研究
		0.22	Blue origin	开发火箭发射逃逸系统
CCiCap	2012	4.8	波音公司	CST-100飞船计划的延伸
		4.6	SpaceX	载人龙飞船计划的延伸
		2.275	内华达山脉公司	追梦者航天飞机计划的延伸
CPC1	2013	0.099	波音公司	载人安全认证
		0.096	SpaceX	载人安全认证
		0.1	内华达山脉公司	载人安全认证
CCiCap	2014	42	波音公司	CST-100飞船计划最终阶段
		26	SpaceX	载人龙飞船计划最终阶段

商业合同	授予时间	合同金额/亿美元	授予企业	合同内容
CRS 1E	2015	12	SpaceX	5次国际空间站商业补给
		4.75	轨道ATK	1次国际空间站商业补给
CRS2	2016	9	SpaceX	6次国际空间站商业补给
		14	轨道ATK	6次国际空间站商业补给

注：COTS：商业轨道运输服务；

CRS：商业补给服务；

CCDev：商业载人开发计划；

CCiCAP：商业载人综合能力；

CPC：认证产品合同；

CCtCap：商业乘员运输能力。

现在大家总说NASA堕落了，外包SpaceX，自己不搞。其实，NASA偏重顶层规划管理和基础建设两头，之前研制火箭的脏活累活也都是北美航空公司、波音这些军工企业承包的。如果说区别，有可能以前这些公司各分几级或几个系统，NASA管接口和总成。现在SpaceX全包了，接口和总成也全在SpaceX手里。接口是系统工程的核心，看来与土星5和航天飞机时代相比，NASA确实堕落了。

21.6 美国商业航天发展的分析与启示

历史说完了谈认识。

21.6.1 源于政府，兴于NASA，盛于SpaceX

没有政府支持的商业航天是先天不足的，没有企业奋斗的商业航天是无法落地的。

《资治通鉴》开篇就引用了《论语·子路》篇的一段，子路问：卫出公要老师治理国家，老师先做什么？孔子说必须先正名分，名分不正，说起话来就不顺当合理，说话不顺当合理，事情就办不成。

首先，美国政府出台了一系列商业航天法规，不仅明确了商业航天的边界，即正名，而且提供了产业保护。以下摘自《美国商业航天发展模式与管理体系浅析》：

"一是明确管理方法与流程。美国商业航天政策法规对商业航天发射、商业遥感系统运营的许可证申请流程与要求、所需承担的责任和保险等有较为详细的规定。例如，在运输部联邦航空局商业航天运输相关法律中，明确了商业发射许可证申请资格、许可证类型、需要提供的技术参数（包括运载器参数和飞行参数）、从联邦发射场发射的安全审查与批准要求、有效载荷审查要求、许可证审批时限等。

二是确定国有设施的租赁和使用原则、方法。各类航天政策与法规对国家投资的航天设施的租赁和使用进行了较为详细的规定，包括政府机构的租赁权限、企业的支付方式、政府机构如何使用租赁收益等。

三是明确政府及参与主体的责任与义务。美国航天政策法规对政府机构在商业航天活动管理方面的职责和权限，以及企业所需承担的责任和义务有不同程度的说明。例如，授权运输部长审批和发放许可证，在发射场、运载火箭生产或组装地点等，对商业发射活动进行监督，同时不得泄露申请者的任何数据或信息。发射服务提供商需购买保险和提供财务责任证明，证明其有足够的资金补偿发射活动造成的第三方最大可能损失额，以及对国家财产的损失等。"

其次，NASA的COTS、CRS、CCP计划，帮助以SpaceX为代表的航天企业走过了最难关口。正如前文所说，三个计划，给SpaceX提供了72亿美元，已经超过了土星5的64亿美元，考虑通货膨胀，也相当于土星5总费用的1/4。有钱就好办事，有钱能使磨推鬼！

最后，SpaceX以强大的决心和意志力，创新型的技术路线，取得了巨大的成功，使商业航天概念深入人心。

商业航天，自始至终，都是自顶向下设计，以及自底向上生长，两者逐渐接近、交融并放大后的产物。

21.6.2 广泛的群众基础，最终爆发于企业家

任何事物都不会凭空出现，回溯后都会发现，它是经过积累，并经过混乱、裂变，然后再聚合而成。这个过程可以短，但绝对不会没有。而这个过程，量的积累很重要，群众基础很重要。就像中国乒乓球和足球，同是14亿人，但足球只能从8万人中挑，而乒乓球则有着更为广泛的群众基础。

各国航天虽然几乎是同步发展的，但发展中营造的文化氛围却完全不同。这是因为，航天是工业的最高级形式，是机械的顶级应用。

西方国家有着很长的工业化过程，全民对机械、科技有着较高的认同度和接受度。如1980年，埃隆·马斯克在父母离婚后跟随父亲生活，在父亲的启发下，埃隆·马斯克在小时候对科学技术就十分痴迷；贝佐斯的外祖父是前原子能委员会的一位管理人员，外祖父培养了他对科学的热爱，14岁时，他就立志要当一名宇航员或物理学家。

在20世纪的60至70年代，美国的阿波罗计划进一步培养了一代人对航天的向往，为商业航天提供了丰富的土壤。这中间，既包括研制土壤，也包括消费土壤。

如1969年阿波罗登月时，全世界有超过5亿人观看了电视直播，对于这些企业家，埃隆·马斯克（1971）、卡马克（1970）、贝佐斯（1964），看他们的年龄，笔者猜测在他们孩提时，他们的父母、祖父母肯定和他们聊起过此事。

如1971年，泛美航空共收到93 000人月球旅行机票预订；如安萨里X奖吸引了26支队伍参赛，投入超过1亿美元开展竞争，孵化了维珍银河、犰狳宇航等公司；谷歌月球X挑战赛共有32支队伍参赛，孕育了天空盒子成像公司。

有意思的是，这些知名商业航天企业的创始人几乎没有航天科班出身的。如轨道科学公司是哈佛商学院的三位同事创办的、SpaceX和蓝色起源的创始人有浓厚的硅谷背景。这可能是随着技术进步，航天高科技门槛已经降低，但对系统工程管理的要求从未降低，因此在技术进步后，最终爆发于有钱、有情怀、同时具备大系统管理能力的企业家。

21.6.3　商业航天塑造了不同的价值取向，带来技术路线的分裂和重生

前面两个标题说的是历史，本处说现状。商业航天存在的意义是什么？是创新？是低成本？创新和低成本都不是意义，仅仅是结果。商业航天的意义是新的价值取向。

传统航天的价值取向是可靠性，直接后果是技术的相对保守和经费的居高不下。

商业航天是航天的一次裂变，它通过新的价值取向，将航天技术暂时导向另一个方向，之后再合并，并将技术推动到一个新的高度。

因为商业航天的价值取向是赚钱，与传统航天更关心成功甚至只关心成功的一维价值判断相比，商业航天增加了成本的第二维价值判断，这为企业家提供了强大的内在驱动力，可打破原有利益框架和技术范式。

当有了新的价值取向后，上面说的问题就迎刃而解了。因此，难的其实并不是新技术，而是营造培育新技术的土壤和环境。商业航天就是一种新环境，在这种新环境下，必然会出现新的技术，这与企业能力高低无关。因此，与波音、洛马相比，不能简单地说，SpaceX技术更先进，而只能说，SpaceX有更适合培植新技术的土壤和环境。

当反推返回已深入人心后，SpaceX也一步步向巨头方向发展，或许有一天它会成长为波音、洛马一般的存在，但只要秉持赚钱这个价值取向，总会有新的公司、技术问世。

21.6.4 商业航天是优质资产的重组，需做好与传统航天的平衡

SpaceX采用了大量的现有技术，以垂直回收技术为例，此项技术本身与麦道的DC-X有一定渊源，创造返回奇迹的梅林发动机则与NASA自有的Fastrac MC-1发动机有极大的渊源（早期梅林发动机的涡轮泵更是直接找厂家Barber-Nichols定做的），控制技术与火星登陆有极大的渊源。

有人说SpaceX是NASA的国有资产流失，但不要忘了NASA的职责，NASA是美国航天业的管理者。无所谓国企私企，能为国家贡献，没有流出国外的，也不能说是国有资产流失，而可以称为优质资产重组。

美国航天界崇尚竞争的风气由来已久。在宇宙神导弹研制时，空军尝试了"平行发展"的合同管理方法，将合同授予两个承包商，鼓励承包商之间竞争以使双方加速发展。有批评家形容这种方法是浪费地复制，但空军认为如果宇宙神依靠某一单一的承包商提供一些关键的元器件，这个公司的进度一旦延期就会引起真正的浪费。如果这种情况发生，整个计划都不得不停下来直到困难解决。相比之下，平行发展能保证有第二位承包商也许仍在快速前进。它们的系统是可以互换的，任何一家的能代替另一家的。此外，平行发展将扩大有资格参与未来导弹项目的公司的数目，从而刺激这一行业的发展。

在EELV计划中，空军让德尔塔4和宇宙神5两种火箭互相竞争发展，以营造一种良好的氛围。谁知企业稳定后，忧患意识就会越来越弱，一味地追求稳定，两家最后居然勾结出了一个尾大不掉的ULA，并维持这种稳定状态长达10年之久，这段时间两者工作积极性肯定不尽如人意，火箭价格也从1亿美元飙升到4亿美元。

从这个角度来说，SpaceX就是NASA投入池塘中的一条鲶鱼，SpaceX就是组织"鲶鱼效应"激励的需要。为什么SpaceX有着丰富的工作内容、令人来劲的责权利、充满挑战的工作期望？没有这些，能被选中当鲶鱼吗？

只是，鲶鱼固然可以激活组织，同时也有着一定的破坏性。SpaceX成长为巨头后，也会表现出嗜血本性。

航天是复杂的系统工程，涉及工业的各个环节，有着强大的产业带动能力。一枝独秀不是春，传统航天牵引了产业链的发展，而当前商业航天趋利的本性，更倾向将产业集中，对产业带动能力可能是一个破坏。以SpaceX为例，为追求快速迭代，为追求成本更低，倾向于将大量技术放到自家生产，如前面说的找Barber-Nichols定做的涡轮泵，现在就被收回来了。这对于SpaceX固然很好，但对于全美航天产业可未必是好事。因为商业航天与传统航天，如安泰俄斯与大地。

在古希腊神话中，大地女神盖亚的儿子安泰俄斯力大无穷，而且只要他保持与大地的接触，他就是不可战胜的，半人半神赫拉克勒斯发现了安泰俄斯的秘密，将安泰俄斯举到空中使其无法从盖亚那里获取力量，最后把他扼死了。

传统航天是底蕴，是丰厚的土壤，离开大地的安泰俄斯将失去力量的源泉。

美国之所以是当前最强大的国家，是因为它一直有着强大的反思和修正能力。经历过发展后，美国航天的新策略也愈发明晰：将近地轨道交给商业航天，将自身的研发力量集中到星际载人飞行上。如SLS之于猎鹰，猎户座之于龙飞船。

此外多说一句，鲶鱼型人才如何在组织中安身立命是一个重大问题，鲶鱼必将会得罪很多人，在此情况下如何保证自身安全。得罪波音、洛马也就算了，SpaceX为要空军订单，还起诉空军不公平竞争。最后事儿可能是办成了，估计梁子也结下了。

现在SpaceX如日中天，尚不会怎么样，但后续发展放缓后，它的归宿是哪儿？是一直特立独行下去？是眼见他起高楼，眼见他宴宾客，眼见他楼塌了？还是最后彻底融入，成为新的波音和洛马？我们拭目以待。

21.6.5　商业航天的逐利性，终会走向to C目标

前面说了商业航天的历史及现状，再展望一下未来。

SpaceX自己应该是想一直特立独行下去吧？要想实现这个目标，就必须持续增长，这也意味着必须将产业持续做大。出路在哪里？

有限责任公司、现代金融体系等的建立，使得个人可以撬动巨量资源，也成就了一批浪潮之巅的个人和公司，如比尔·盖茨、拉里佩奇、扎克伯格、乔布斯等，但他们的产品均有

相同的特点，即批产容易、产量巨大、受众极广。这里的受众极广也就是to C，面向全人类用户而非企业。而运载火箭，则是属于截然不同的领域，产品质量控制极为困难，受众也极其狭小，仅能小批量生产，从来也没有展现过成为浪潮之巅的潜质。

全球目前航天市场总额每年3445亿美元，火箭发射行业仅仅占比1.6%，即55亿美元（图21.21）。

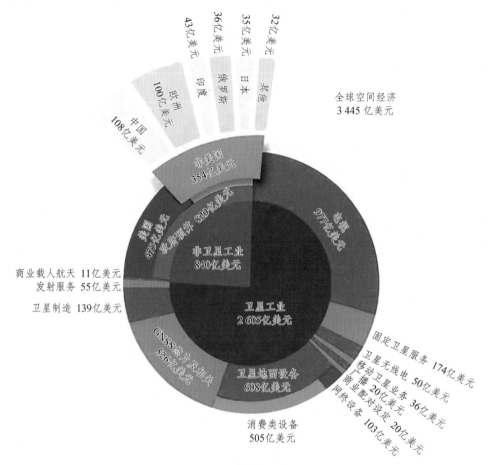

图21.21 全球航天市场

埃隆·马斯克虽以一己之力，让人觉得，航天高科技领域也可以被个人进入甚至超越，传统制造业领域也可以被个人撬动甚至登巅，让后来者有了前进和努力的方向。但他距离浪潮之巅，还相差一个to C。航天的to B在根本上需求有限，必须发展出一个到70亿用户的航天产业才有未来。

看看埃隆·马斯克的布局吧，星链计划和载人飞船。星链计划直接面向的就是to C，计划一出，Google很感动，火速投资10亿美元占坑；载人飞船难道仅仅是为了完成CCP计划，为了登陆火星？别忘了，载人龙飞船飞行后，埃隆·马斯克就说不排除未来用来进行太空旅游。

只是这一切都那么未知。以星链计划为例，大家说，那是美国基站少，在中国就不用，且不说Google自己也在搞Google气球，还不知最后落到什么技术上呢；再以载人飞船为例，美国富人虽有冒险精神，但真出一次事你再看看。就像2014年维珍银河的那次"太空船二号"事故，两名飞行员中一死一重伤，再来一次你看谁还旅游？就像协和号飞机，那么火爆，摔一次也就没了。

新时代开启的新征程
——猎鹰9回收箭体复飞成功

2003年，哥伦比亚号航天飞机燃料箱外泡沫脱落，击裂其左翼前缘的绝热材料，返回再入过程中高达1 400℃的空气冲入，导致悲剧发生。之后，航天飞机，这个人类工程领域的皇冠和典范，黯然退役，人类进入了对可复用航天器绝望的时代。

2017年3月31日，SpaceX公司的猎鹰9火箭为卢森堡SES公司发射一颗重5.3 t的通信卫星，成功回收的火箭被成功发射又被成功回收，消息瞬间在朋友圈刷屏。

猎鹰1和猎鹰9在经历了早期的降落伞回收失败后，转向火箭反推垂直着陆方式，并终获成功。技术上，与航天飞机相比，猎鹰火箭再入速度慢，且采用主动反推减速，可以更慢地落下，再也不需要复杂的绝热瓦。今天猎鹰火箭采用一种全新的方式重复使用，并取得圆满成功，大家感叹于新技术开启的新征程。

亚音速飞行的重复使用（即飞机）已经成熟，超音速是重复使用难以逾越的障碍，航天飞机和协和飞机都开展了尝试，并全部铩羽而归。但了解其详情，并非全和超音速有关。

1986年，挑战者号发射中爆炸，这是航天飞机史上的第一次失败，7名宇航员丧生。那是由于O形密封圈在低温下失去弹性所致，其实与重复使用没有关系。

40多年前，当那架绝美的白天鹅冲破音障，效率高、票价高、格调高，一度是商务人士的最爱和普通民众的梦想。直至2000年，协和飞机起飞时碾过跑道上掉落的金属片造成爆胎，轮胎破片高速击中机翼油箱引发失火，最终飞机失事，3年后白天鹅黯然凋零。冲破音障、超音速飞行时机头头锥127℃、机身后段90℃、高低温交替下材料膨胀收缩不均等技术难题都没有阻挡飞行，它最终倒在了一个金属片上。也许飞机制造商在一遍遍叹息：此天之亡我也，非战之罪。

这真是一个金属片引发的血案！无人能够承受这样的失败和死亡。协和飞机败在人心，引子可以是一个金属片，或任意一个什么东西。

今天大家说，SpaceX已经证明了两件事，以后还要证明第三件事：① 垂直起飞垂直降落方式回收火箭是可行的；② 回收火箭再次发射从技术上是可行的；③ 后续要证明的是复用火箭能够从根本上降低航天发射的费用。

然而，这些需要证明吗？垂直起飞垂直降落技术可行性不需要证明，不说美俄，中国的嫦娥三号已经证明了；回收火箭再次发射技术同样不需要证明，载人登月已经证明了；复用火箭降低成本也不需要证明，这是因为属于复用火箭的时代已经到来。

在协和飞机时代，飞机承载的是人类用民航客机突破音速的梦想，不允许有失，无关成本；在航天飞机时代，承载的是宇航员和国家任务，不允许有失，也无关成本；现在的时代不同了，那么多大大小小的卫星在排队，成败不再那么关键。发射一发国家任务回收的火箭再发射小卫星，完全是净赚的，哪来证明一说。

现在的时代是军民融合的时代。美国实施军民融合多年，其最大成果就是能力大而广，有一重器可为大国，有了二、三、多，当全民都能做重器时，底蕴深厚了，选择多了，大国就变成强国了。因为具备潜力的人多，猎鹰如仅看着眼前的大量订单而不思进取，或只希望守住生产费只顾眼前利益，不积极研究回收利用技术，必然会有蓝色起源等公司后来居上。

所以，并不是猎鹰开启了一个航天新时代，而是航天新时代开启了新的征程，猎鹰有幸站在了时代的前沿。

"挑战者"失利后，里根总统发表了著名的演讲"真正的英雄"，他说，未来的道路并不平坦，整个人类前进的历史是与一切艰难险阻斗争的历史。未来的道路并不平坦，但正如技术上阻挡返回的不是常人无法跨越的重力，而是空空荡荡的空气；最终阻挡前进道路的终不会是看起来复杂的技术，而是难以捉摸的人心。

 # 二向箔与降维攻击——猎鹰重型成功的技术逻辑链及对我们后续工作的启示

今天大家都在讲跨越式提升。跨越式提升事后看来，其起点都很简单，是从一点开枝散叶，最终形成一个庞大的体系。譬如基于光速不变演绎出狭义相对论；基于时空弯曲演绎出广义相对论；基于布尔代数演绎出今天的计算机。

今天大家说猎鹰重型是跨越式提升，是因为天赋异禀，技术上全百花齐放到他家，还是从本源的一点一点长大的呢？如果是，本源的一点是什么呢？

经过梳理，的确技术上有本源的一点，那就是发动机变推力和多次启动。并形成了一条清晰的链条：

发动机具备多次启动能力+变推力→可在任务后进行扩展回收试验→试验成功具备回收能力→回收箭体复飞成功→价格降低并有库存箭体→具备利用库存箭体攒一发重型开展试验。很幸运，当然也是超强实力，猎鹰重型没有像猎鹰1号和一级返回一样多次失败，而是一次就取得了成功。

且看SpaceX发展中的几个重要关口是怎么跨过去的。

第一关，2008年，猎鹰1第三次失败。马斯克觉得人生灰暗极了。他是多么渴望成功，这一时刻的成功代表了生存。幸运的是，NASA拉了他一把。

第二关，入轨火箭地面反推回收是无人探过的关口，属于无人走过的道路。在这条道路中，其实SpaceX走得很累，甚至一度被蓝色起源逼得乱了阵脚。但依靠不影响主任务的扩展试验这个法宝，以及私人公司领导人超强的决心和快速的迭代周期，最终他成功了。其中三个重要的因素，一是扩展试验，二是干的决心，三是快速迭代。第一个是根本，后两个则属于很多初创公司的属性。这时候的马斯克急切地希望成功，为了明天。

第三关，从猎鹰9到猎鹰重型，利用的是两枚回收箭体，新的一级（发动机是新的旧的未知）、二级，成本不算很高。除了怕在发射台爆炸，其他的都不怕。成功了全世界瞩目，不成功也不损失什么，此时马斯克成竹在胸。这一刻，他仍期待着成功，为了荣誉，以及为了从ULA口里夺取更多资源。

除了第一次，是对马斯克实实在在的考验，其他的两次，也许再也不会那么刻骨铭心，猎鹰1第4次飞行终获成功的狂喜感受再也找不回了。人就是这样的动物，成功之后却难掩不满足感。

马斯克也许会想念那种感觉，但他肯定不想再经历，好在有法宝在手。

变推力真是个好东西，它可以帮助火箭返回；在猎鹰重型首飞时也可以通过节流，降低过载，降低大风区载荷，现有箭体不用怎么改，也不会在飞行中解体；同样，还可节流芯级，让芯级多飞一会儿来提升运载能力。

多次启动也是个好东西，它可以通过滑行提高运载能力，也可以一遍遍启动来实现助推返回的功能。

这两天的思考，我换了个角度来重新审视上面的逻辑链，发现存在一个有趣的，当然，也许是牵强的另类解释。

发动机为火箭提供动力和控制力。如果从控制的观点，这两个维度都可以控制。

第一个维度为控制力的控制。控制力即通过喷管摆动让箭体姿态稳定，同时让轨道发生需要的偏转，再发射到需要的轨道。这一维的技术已经十分成熟。

第二个维度为动力的控制，恒定的推力即无控。发动机什么时候关机，即推力从1变为0，是一种控制。发动机变推力也是一种控制，是从1到（0，1）中间变量的一种控制。

焦点就在第二个维度，动力的控制维度。

在这两个维度中，探空火箭什么都不占，因此为零维，最为简单。

所有运载火箭全部具备控制力的控制能力，所有运载火箭弹道设计的核心都有一个变量，就是程序角，也就是火箭要怎么转弯才能最省能量地到目标轨道，因此运载火箭全部至少为一维。

焦点就在第二个维度。这些年来，不少火箭也已经在第二个维度上有所进展，但也只有SpaceX，做到了纯二维。

第二维早已有萌芽，如发射GTO轨道的滑行段。但这离纯二维仍有很大距离，因为滑行段即推力为0，推力只有两挡，且两挡的接力关系需要地面配置好。

再看看美国的宇宙神3和宇宙神5火箭，发动机具备连续变推力能力。看其过载曲线的间断点特别多，大风区变变推力，芯级再节节流多飞会儿，关机前降降减少过载。用法很多，但基本上还是地面先设计好，姑且称之为一点五维吧。

宇宙神3A火箭从发射台起飞时只用RD-180发动机最大推力的74%；起飞后的3 min飞行时间，RD-180发动机的推力从额定推力的74%上升到87%，然后又降到65%，之后再回升到87%，当飞行达到最大加速度4 g时，发动机将推力连续下调到47%以保持期望的5.5 g加速度水平。

到了猎鹰重型，在助推返回时，天知道在偏差下还剩多少推进剂？箭体有多重？发动机在什么时候开多大推力？开多久？才能在落地一瞬间速度到0，角度到0。一切都交给更高一层次、更为聪明的算法吧。完美地达到了纯二维。

二维的种子，在苏联的N-1火箭时其实就有了，发动机变推力进行姿态控制，这不就是妥妥的纯二维吗？一台发动机坏了其他发动机调节推力再飞。这些才是真正的原始创新呀。

在设计上，从单纯程序角的一维设计，提升到程序角+变推力的二维设计，技术上看起来很简单。但如果结合历史看，它最终演绎出了SpaceX十年成功路。

今天我们承认，与SpaceX有差距，包括ULA，与SpaceX都有了差距。是技术，是管理，从更高观点看，原来我们是经受了降维打击。在一维情况下，做得再好，当受到二维攻击时，犹如农业文明遇到工业文明，失败在所难免。再依靠农业文明想取胜？只会被越甩越远。出路在哪？在于用工业文明重新武装自己。

SpaceX成功靠什么？回收只能排第六

提起SpaceX，我们都会想起回收，SpaceX成功就是因为火箭回收，这是笔者常听到的论断。

这个论断，听起来很像回事，但仔细分析起来未必如此。就像我们说"五道口男子体校"名气大，是因为"无体育，不清华"？显然不对。体育是清华成功的必要条件和强烈加分项，但不是充分条件；回收是SpaceX成功的强烈加分项，但不是必要条件，而且远非充分条件。

笔者笔下，SpaceX成功因素中，回收排第六。回收是成功的第六块馅饼，只有先把前五个吃下去，第六个才能吃得饱，才能吃得撑。没有前面五块馅饼，第六块就如空中楼阁、水中浮萍，没有任何依托，最终就是镜花水月。

前五块馅饼分别是：可维系的市场、靠谱的绝对权威、极高的成功率、不缺的现金流、强悍的运载效率。

24.1 可维系的市场

市场是需求。在所有问题分析中，笔者永远把需求、把市场放在第一位。

没有需求，可以做出一款火箭，甚至技术较好的火箭，但这只是"重"器。有了市场，才可能做"大"器，在做"大"的竞争中，才可能达到又"大"又"重"，成为"强"。

国之重器，指质量指标很高，而大器，是数量很多。在特定条件下两者可以相互转换，通过军民融合完成这个转换过程。最终期望是又大又重，是为强。"重"可以靠举国体制，"大"只能靠市场，又"大"又"重"，即"强"，需要双管齐下。

统计猎鹰9和猎鹰重型发射次数见表24.1和图24.1。

表24.1　猎鹰9和猎鹰重型发射次数统计

	NASA	官方（其他）	商业用户	SpaceX	年度发射
2010	2	0	0	0	2
2011	0	0	0	0	0
2012	2	0	0	0	2
2013	1	0	2	0	3
2014	2	0	4	0	6
2015	4	0	3	0	7
2016	2	1	6	0	9
2017	4	2	12	0	18
2018	4	2	14	1	21
2019	4	1	6	2	13
2020	5	4	3	14	26
2021	8	1	3	19	31
20220408	1	1	3	8	13
总计	39	12	56	44	151

数据来源：https://space.skyrocket.de/doc_lau/falcon-9.htm，数据截至20220408。

注：表格中官方（其他）包含USAF、NRO、NOAA，笔者对卫星不是特别熟悉，没有一一
溯源，有些统计为商业用户的可能也来自军方。

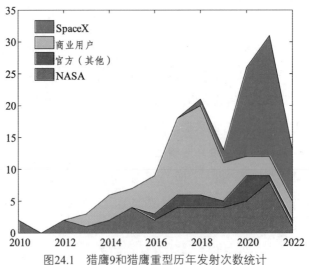

图24.1　猎鹰9和猎鹰重型历年发射次数统计

从统计图中笔者得出如下结论：

（1）NASA既引导了猎鹰9的启动，在很长一段时间内也提供了稳定的市场预期，是猎鹰9坚硬的基石和稳定的锚。SpaceX的第一杯羹来自NASA的COTS计划，猎鹰的前5发均来自NASA，不要小看只5发，一款起飞质量333 t、运载能力7 t、从未验证过的中型火箭（v1.0构型），除了官方，在商业市场上几无可能找到载荷，譬如猎鹰重型首飞只能把马斯克的座驾打上天。如从未开始，又何谈壮大。

（2）商业用户经过2017年和2018年的饱和后，预期已经回落。除了7次铱星、中国台湾的福卫五号、西班牙的Paz、阿根廷的SAOCOM、Skybox公司的卫星外，26次商业合同中15次均为GTO任务。2019/2020/2021的6/3/3次发射中分别有3/2/3次GTO任务。当GTO任务饱和后，SpaceX的商业发射任务也基本饱和。毕竟，高达20 t的运载能力对应的低轨卫星少，想拼单也不容易。

（3）Starlink开启了SpaceX的内循环，呈井喷式增长趋势。从2019年5月24日Starlink-1首飞以来，至2022年4月8日，短短2年间，已发射到了Starlink-42，在时间上与商业用户回落日期完美衔接，且Starlink的toC属性，更给人以无限预期和遐想。

古人说，一命二运三风水，四积功德五读书。笔者类比一下，命是出身、运是时代背景、风水是行业特点、功德是人脉、读书决定战略。前三者让人登堂入室，后两者让人登峰造极。只有先登堂入室才有可能登峰造极，但登堂入室了，如果人脉、战略有失，也只能仅仅在大堂转转，而无法登峰造极。

SpaceX的成功，靠NASA的COTS计划登堂入室，通过Starlink登峰造极。如果溯源，成功的起点可以追到1958年10月1日，NASA这个既管顶层、又管基础的国家机构成立之日。在NASA眼中，SpaceX、波音、洛马都是承包商，没有本质区别；在NASA手中，有钱、有技术、有发射场（如SpaceX最早租借的LC-39A），NASA做的只是选择和培育，SpaceX的成功就是NASA的成功。

今天，我们如果要学SpaceX，也许第一个要回答的问题就是：何以登堂入室，可维系的市场在哪？

24.2 靠谱的绝对权威

大家都在说SpaceX的扁平化管理，好像这是揭开其成功的管理密码。笔者不懂什么管理，但看SpaceX、苹果、华为，都有一个共同的特点：靠谱的绝对权威！

这里有三个关键字：绝对、权威和靠谱。

首先是绝对，一山不容二虎，一个国家、一个企业最大的危机是内斗。竞争带来的是进步，内斗只能带来混乱。偏偏人是非理性或非全局理性的，小集团内部的利益之争大多时候总大于总体的考量。因此明亡于党争，疫情下美国两党相互拆台。一个企业，如果存在管理层分歧，或管理层与股东分歧，必将人心涣散、无所适从，分歧时间越长，企业越拉垮。

其次是权威，权威分为形式权威和实质权威。职位是形式权威，通过掌握的信息、具备的能力让大家认同是实质权威。公司创始人是形式权威，但如果不是实质权威，在"上级干预"和"下级自主"之间的把控，将变得尤为重要。工作总要由下级来做，尤其是航天这种专业化很强的工作，如果下级想办某件事情，只要上级不明确反对一般都能办或变通着办；如果下级真的不想办，有的是办法踢皮球、盲报、拖着、制造困难，或频繁请示，等等。因此，绝对权威的取得需要联通形式权威和实质权威，要么如君主立宪制般彻底放权，要么是集两者于一身，如SpaceX和华为，否则，公司无法做到锐意进取，效率大损，最坏的情况是老气沉沉。

最后是靠谱，形式权威强势，可以通过清洗实质权威的办法，来达到绝对权威。在这种情况下，靠谱就尤为重要了。是不是只要创始人懂技术就能达到相对靠谱的绝对权威了呢？不一定，一是懂和善于决策之间有跨度，需从单纯的懂，要提升到及时决策、能提前预判并能忍受决策带来的负面后果；二是运行公司除了技术还有运营，懂技术的人要学会运营，或找到了解并尊重航天技术特点的运营人才，否则，如果技术和运营对立，则又是另外一种内斗了。

马斯克在公司未来发展上思路极其清晰，直接停止了已飞行成功的猎鹰1的运营，停掉了猎鹰5的研发。正常来说，一个公司只要一个型号和项目还能产生现金流，在既得利益和未来发展的取舍间就难以抉择。但资源永远有限，怎么兼顾现状、发展和总收益，是一个大问题。如JPL非常喜欢Red Dragon项目，将之写到了火星采样返回方案中，估计以后钱也不会少，但马斯克觉得浪费时间，直接跳到星舰，否则按原计划，现在Red Dragon还没有发射，星舰也还未启动，今天又怎么维持投资人和市场信心？

此外，SpaceX告诉我们什么是高度垂直整合的供应链、什么是快速迭代，但在SpaceX成功的因素中，笔者并没有列出此项，因为没有天生快速迭代的公司，只有快速迭代的靠谱的绝对权威。

同样，笔者也没有列出扁平化管理等。没有完美的管理范式，只有一方想做事情，另一方既有意愿也有能力做好，上下同欲、激励相容就是完美的管理。

所有这些，都有赖一位靠谱的绝对权威。

24.3　极高的成功率

火箭公司要成功，还需要一个本行业独特的需求：成功率。

从2010年至2022年4月13日，猎鹰9已发射151发，成功率高达98.7%，而且除去早期两次失败，已122发连续不败。

只有成功，才有信心。大家才愿意花钱买发射服务，才愿意投资，保险公司也才愿意按4%的低费率卖保险。

只有成功，才有发射量。猎鹰9最短发射间隔仅15小时17分钟。2021单年发射31发，平均12天一发；2022年至今更是不到10天一发。只要一次失利，这一切皆无可能，如2015年6月28日之前，猎鹰9最短发射间隔约20天，但那次失利后，时隔6个月猎鹰9才恢复发射；2016年9月1日的失利，恢复发射也用了3个半月。

成功率对于火箭和火箭公司的重要性，不用多说。怎么才能取得高成功率？这个话题不是本书能写明白。为了解决这个问题，航天界已经花费了80年，并还将继续去研究。

但这里，笔者有一个相对结论：自然从来不飞跃！在很长一段时间内，新进航天公司的成功率，无法超过有多年经验的国家队。

也就是说，猎鹰9的122发连续不败，是建立在ULA的宇宙神5的92发连续不败，德尔塔4的连续42发不败基础上的。

正是美国大航天时代刺激，土星5、航天飞机研制上的人才、资源外溢，才造就了ULA、SpaceX今天的连续成功。

市场是天时，权威是人和，成功率则得益于地利，天时地利人和，缺一不可。

24.4 不缺的现金流

电视剧中，不管是"大明王朝1566"，还是"走向共和"，第一集都是在算账。

招人要钱、干活要钱、租厂房要钱、买设备要钱、投产品要钱、做试验要钱，哪儿都需要钱。

钱也不是大水冲来的，可能除了贝佐斯，没有谁一开始就特别有钱，钱都是一步步挣出来的，靠市场、靠效率、靠成功，从小钱一点点滚成大钱。

统计SpaceX收到的美国国家合同和融资情况见表24.2、表24.3和图24.2、图24.3，前者大于127亿美元，后者大于74亿美元，即除去商业发射，合同和融资金额已经大于200亿美元。

表24.2　SpaceX美国国家合同情况（不含商业用户）

客户	时间	合同内容	金额/亿美元
NASA	2006年	开发货运版龙飞船	3.96
	2008年	商业补给服务（CRS-1）12发	16
	2015年	商业补给服务（CRS-1）延长 3发	5
	2015年末	商业补给服务（CRS-1）延长 5发	7
	2016年	商业补给服务（CRS-2）	9
	2011年	开发发射逃逸系统、测试载人飞船原型机并深化火箭和飞船的载人运输设计	0.75
	2012年	商业载人整合能力	4.4
	2017年	设计并测试龙飞船2号	26
	2017年	授予额外四次空间站载人往返任务	
	2019年	X射线成像偏振探测器	0.503
	2020年	星际测绘和加速（IMAP）卫星	1.094
	2021年	小型天体物理学卫星	0.988
	2021年	月球门户-重型猎鹰	3.3
	2021年	载人登月着陆器	28.9

客户	时间	合同内容	金额/亿美元
官方（其他）	2005年	美国空军的不确定交付时间/数量合同	1
	2008年	不确定交付时间/数量合同	10
	2012年	美国空军太空导弹系统中心探空气象观测卫星和太空测试项目2	?
	2016年	国家安全太空GPSBlockⅢ卫星发射合同	0.82
	2016年	美国国家侦查局发射合同	?
	2017年	第三颗GPSBlockⅢ卫星发射合同	0.97
	2018年	三颗GPSBlockⅢ卫星发射合同	2.9
	2019年	美国空军国家安全三次发射合同	2.97
	2020年	太空发展局国防太空架构4颗卫星	1.49
总计			>127.045

表24.3　SpaceX融资情况

轮次	日期	融资额/亿美元	估值/亿美元
Series A	2002年12月	0.121	0.188
Series B	2005年3月	0.22	0.705
Series C	2007年3月	0.315	3.165
Series D	2008年8月	0.204	5.445
Series E	2009年6月	0.473	7.964
Series F	2010年10月	0.506	10
Series G	2015年1月	10	101
Series H	2017年11月	4.523	213
Series I	2018年4月	2.14	247

续表

轮次	日期	融资额/亿美元	估值/亿美元
Series J	2019年1月	2.732	280
Series K	2019年5月	5	323
Series L	2019年6月	3.14	341
Grant	2019年10月	0.03	
Series M	2020年3月	2.212	361
PE	2020年8月	19	460
Unattributed	2021年2月	8.5	740
Grant	2021年3月	0.0015	
Unattributed	2021年4月	12	
Unattributed	2021年12月	3.374	>1 000
总计		74.4915	

注：数据来源https://craft.co/spacex/funding-rounds

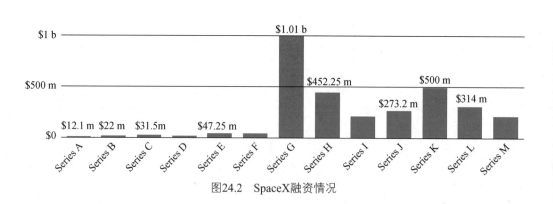

图24.2 SpaceX融资情况

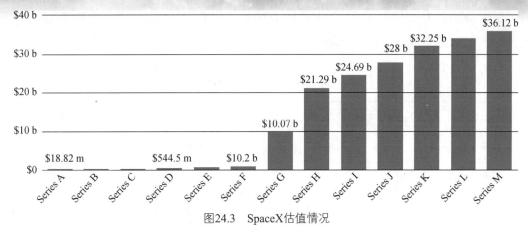

图24.3　SpaceX估值情况

200亿美元，好多啊！但一算账，就发现金玉其外，SpaceX的内部财务一点都不轻松。

2022年猎鹰9首次轨道发射的网络直播中，工程师Jessie Anderson表示星链目前在全球25个国家和地区拥有超过14.5万名用户。假设所有地方月费都是99美元，全年1 188美元，则全年收入1.7亿美元。这里还没有计算终端每卖一台亏损1 000美元的现状。

而即使Starlink卫星每颗50万美元，发射费用50万美元，1.7亿美元只能换来170颗卫星，只能支撑不到3次Starlink发射任务，既无法支撑星座组网，更无法支撑尚没见到成果的星舰研制。

计算起来一点都不乐观，但好在《人类简史》中说，人类的崛起是因为会讲故事。SpaceX的成功激励了全人类，马斯克也将自己的故事提升到了全人类的高度，鼓动人心，市场估值节节攀升。

SpaceX在2020和2021年频繁融资，到手45亿美元，大幅缓解了资金压力，同时估值提升极快，股权稀释少，可谓顺风顺水。

好故事促成公司的崛起，还有一句话：第一个说女人像花的是天才，第二个是庸才，第三个是蠢才。

留给后面人的故事和机会不多啦。

24.5　强悍的运载效率

有了以上，万事俱备，只欠回收了？还差一项：高运载效率，即同样的起飞质量能发射更重的载荷质量。

猎鹰9运载能力见表24.4，v1.2版起飞质量567 t，LEO能力达到22.8 t，运载效率达到0.04，为世界之最。也就是说，同样的运载能力，猎鹰9起飞规模更小，更便宜。

表24.4　猎鹰9运载能力

型号	起飞质量/t	LEO/kg	GTO/kg
猎鹰9 v1.0	333.5	9 900	
猎鹰9 v1.1	513	10 450	4 850
猎鹰9 v1.2	567	22 800	5 300
猎鹰9 v1.2+	595.5		6 700

高运载效率需要更好的构型、更强的动力，以及更轻的结构，猎鹰9在更轻的结构上做到了极致。

结构包括发动机和结构自身质量。2017年6月肖特维尔接受采访时透露，Merlin1D+发动机还在地面试车中进一步挖潜增推，试车中达到了空前的109 t地面推力，这意味着发动机推重比达到了约232，超过第二名NK-33近2倍，是其他发动机的近4倍。

除了发动机外，其他箭体结构也超轻。综合起来，从网上数据，猎鹰9 v1.2+一子级结构系数（子级推进剂质量/起飞总质量）为0.9525，二子级更是高达惊人的0.9711。

统计世界火箭结构如图24.4所示，猎鹰9超出了世界顶级火箭水平，更是比平均水平高出一大截。类比一下，为了装载100 t推进剂，很多火箭需要10 t结构死重，猎鹰只需要3 t，多出来的7 t就是实打实的能力。

纵观世界火箭，几款类似规模的顶级火箭，采用二级构型的（更利于回收），仅仅天顶2火箭，起飞质量460 t，LEO能力13.9 t，运载系数0.03，能稍微与之媲美。

就猎鹰9自身来说，v1.1版，起飞质量513 t，运载能力10.45 t，运载系数0.02，是当今世界火箭的主流水平，此时如果进行回收，考虑回收损失，火箭可用性大幅下降。

要是像印度的GLSVMK1/2火箭，三级半火箭，起飞质量400 t，LEO能力5 t，运载系数0.0125。这么小的运载系数，这么低的运载能力，还怎么谈回收？

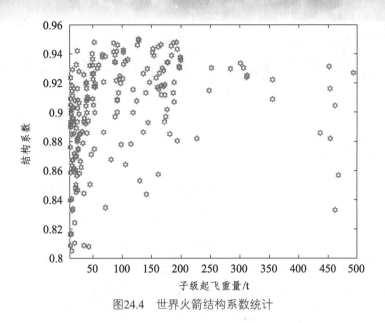

图24.4　世界火箭结构系数统计

　　不幸的是，国内商业航天，最好的也就是GLSV的水平，拿什么来奢谈回收？除非炫技，要让回收真正实用，首先要解决的不是变推、算法等问题，而是最最基础的结构效率。

　　可维系的市场、靠谱的绝对权威、极高的成功率、不缺的现金流、强悍的运载效率，SpaceX的五福已经集齐，再加上回收，以及运气，这是笔者眼中SpaceX的成功之道。

坚志而勇为，谓之刚——猎鹰重型首飞有感

25.1　会当凌绝顶，一览众山小

在猎鹰1接连失败时，面对公众的质疑始终坚持，是谓"人不知而不愠"；猎鹰9回收成功，有质疑的声音，但赞赏的声音已经越来越多，是谓"有朋自远方来"；北京时间2018年2月7日凌晨，重型猎鹰首飞成功，是谓"学而时习之"，马斯克此刻应是不亦乐乎吧。

一个人，成为一个国家的代表，可能是其作为国民的最高荣誉。

今天，所有人急切地关注着、评价着马斯克的成就，运载能力、运载效率、助推返回、发动机推重比、火箭价格等指标令人咋舌。

出色的技术指标是技术人员的关注点，但想收获全民的关注，靠的就不能仅仅是技术指标了。它一方面满足了人类对力量的天然敬畏，世人对更高、更快、更强的追求。另一方面马斯克为人类编织了一个新的"故事"，一种人定胜天的信念。有限责任公司、现代金融体系等的建立，使得个人可以撬动巨量资源，也成就了一批浪潮之巅的个人和公司，如比尔·盖茨、拉里佩奇、扎克伯格、乔布斯等，但他们的产品均有相同的特点，即批产容易、产量巨大、受众极广。而运载火箭，则是属于截然不同的领域，产品质量控制极为困难，受众也极其狭小，仅能小批量生产，从来也没有展现过成为浪潮之巅的潜质。在今天，马斯克为人类编织了新的"故事"：航天高科技领域也可以被个人进入甚至超越，传统制造业领域也可以被个人撬动甚至登巅，让后来者有了前进和努力的方向。在今天，最为开心的恐怕是商业航天的融资部门，因为成功的故事就在眼前，马斯克已经为我们编好。当塞勒斯·韦斯特·菲尔德历经十年时间，失败4次，千辛万苦最终铺就人类历史上第一次越洋电缆后，第二条电缆的铺设就显得那么轻而易举了。

25.2　坚志而勇为，谓之刚

马斯克为什么成功？他成功在什么地方？有人说是偏执狂。我认为偏执狂仅代表了个人这个封闭体系的行为，增加与外界的互动后，不如重新用三个字诠释："独裁者"。乔布斯是、马斯克也是，而且是有品位、有追求、有故事的"独裁者"，三者缺一不可。

有品位。人说乔布斯每年让大家报上很多方向，他挑选其中的3~5个，其他的全部裁掉，所有资源投入这3~5个开发出来。挑选3~5个并挑对，就是品位，因为选项太少，如果不成，会让公司死掉。但如果不加挑选，有什么干什么，一通乱干，其实更会让公司死掉，慢慢地死掉、无人关注地死掉。

有追求。马斯克靠着猎鹰9已经可以活很久很久了，并活得很好很好了。但如果仅仅这样，他永远成为不了硅谷钢铁侠，以至达到"学而时习之"的境地。坚志而勇为，谓之刚。

有故事。独裁有两种，一种是语言独裁，一种是精神独裁。语言独裁就是我说话你听着，大家看起来都在听着，但干起来时阳奉阴违。还有一种是精神独裁，就是大家都相信，你说的是对的，愿意围着你干。这是靠"故事"支撑的，成功的故事。乔布斯一直是"独裁者"，但也曾被扫地出门，只有他以成功赢得所有人的信任时，他才能成为精神领袖。而马斯克在epay等的一系列成功，也许是支撑大家和他走下去的最大原因。

要做有品位、有追求、有故事的"独裁者"，好难好难。

25.3　莫听穿林打叶声，何妨吟啸且徐行

我们离马斯克有多远？两者只能是一条平行线，可与之平行，而绝无可能与之重合。天时地利条件均相差较远，更应走好自己的有中国特色的航天发展道路。

我们与马斯克的距离其实不是技术，而是干，我们的"一招鲜"是什么，我们真的是什么都想要最后什么都得不到吗？我们又该如何规划并取得共识。君子有三患：未之闻，患弗得闻也；既闻之，患弗得学也；既学之，患弗能行也。国家体系有最好的人力和物力资源，人的秉性是希望上进的，充分发挥这种追求，闻了，学了，行了，行的时候掣肘再少点，有什么不能成？就怕只闻不学、只学不行，那就只能既得之而又失之了。

对于商业航天人士来说，我们与马斯克距离的不仅仅是技术，还有资源、领袖、运气。

也许我们才刚刚上路，要思考一下我们的"一招鲜"是什么。猎鹰1号的三次失败，都是小原因，火箭的质量控制其实多么难。我国没有美国积累下来的强大的航天配套体系，要说风险控制也没NASA经验丰富。靠商业航天有限的资源，完成复杂甚至枯燥的质量控制想来极不容易。必须引入新工艺、新技术，甚至新设计。

也许，美国的商业航天路，我们仍旧要重新走过一次。

但那又如何！"懦夫从不启程，弱者死于路中，只剩我们前行，一步都不能停。"

中国商业航天路

在SpaceX一级垂直回收时，很多人说国内为什么不做？是不是技术不行？展开之前先讲一个故事。

塞勒斯·韦斯特·菲尔德（Cyrus West Field）决定铺设一条横跨整个大西洋的电缆。经过几年的准备后，1857年终于开始了第一次铺设，但中途电缆突然从放缆机绞盘滑落，小小的技术差错毁掉了几年的工作。1858年，菲尔德带着新的勇气再次启航，但遭遇风暴，舱内电缆打结受损严重，再次失败。菲尔德以他坚韧不拔的决心和理想主义的献身精神，5个星期后第3次启航，终于铺设完成了所有电缆，但在几百万人的欢呼声背后，有一个最重要的声音沉寂下来——海底传来的电报信号越来越不清晰。原本欢呼的浪潮突然反冲回来，一齐气势汹汹地扑向了菲尔德。这个昨天还被当作民族英雄、富兰克林的兄弟和哥伦布的后继者的人，成了怒火喷发下的牺牲品。之后整整6年，这条电缆就静静地躺在大西洋底。突然，有个人出现了，还是原来的那个他，仍是那个充满信念、充满信心的塞勒斯·韦斯特·菲尔德，从默默无闻的放逐和幸灾乐祸的蔑视中站了起来。1865年，一艘装载着新电缆的巨型海轮离开泰晤士河，但试验仍以失败告终。1866年，巨轮再次出航，这次终获成功。历经十几年，5次尝试，跨越大西洋，联络欧、美大陆的第一条电缆终于成功了。

SpaceX的航天历程是否有点像这个？包括在回收上的尝试（碰巧的是，猎鹰9海上成功回收也是在第5次）。

大西洋海底电缆成功敷设3年后，菲尔德和他的投资人就收回了全部投资。由于菲尔德的成功，跨洋电报的应用越来越广泛。1869年，法国成立了一家新的公司铺设了一条从法国到美洲的跨洋电缆。到1900年，跨洋电缆的数目已经上升到了15条。除了大西洋外，从苏伊士运河到孟买，从新加坡到澳大利亚都被海底电缆联通。在铺设这些电缆时，再也没有那么多的波折。因为什么？因为技术变好了吗？不是，因为信心！因为菲尔德的成功给了大家信心！

自古希腊以来，人们一直试图实现4分钟跑完1英里的目标，为达这个目标，曾让狮子追赶奔跑者都没有实现。于是，许许多多的医生、教练、运动员、学者断言，人不可能在4分钟内跑完1英里，而且从骨骼、肺活量、风阻等方方面面进行了论证。直至1954年，有个人忽然之间完成了这个极限挑战（罗杰·班尼斯特，3分59.4秒）。不可思议的是，当年就有37名运动员跑进了4分钟大关，第二年后，人数已经超过了300。

垂直回收，最大的障碍是技术吗？最大的障碍其实在人的脑子里。感谢SpaceX，给了所有人以信心！正如莎士比亚所说：疑惑是种背叛，使我们遇事畏缩，输掉本可赢得的好与善。

SpaceX的成功，给了火箭垂直返回以信心。在SpaceX走通这条道路之后，后面人的复制，已经不再是一个多难的技术问题，而且最重要的是，不会在最关键的信心上有多少贡献。当然，相关人士在开展这项工作时，肯定会有自己独特体会，贡献了自己的智慧，相信系统内肯定也会给予承认和奖励。只要突破自我，都值得肯定。

也许有人想：既然不难，为什么中国没有第一时间干呢？是之前技术积累不够吗？这次的试验突破了相关技术，这下该干了吧？

很多问题看似技术问题，其实不然。开展回收了，现有的人力资源和生产设施如何安排？

也许可以简单并无限正确地说：交给市场，自生自灭，不要阻挡历史前进的脚步！

可惜社会没那么简单。1069年，北宋熙宁二年，王安石开启变法，以发展生产、富国强兵、挽救宋朝政治危机。即使现在来看，变法的内容都是那么正确，那么现代，但仍以失败告终，并最终导致北宋王朝灭亡（南宋对变法的定性），中国历史走向了另一个十字路口。1344年，元至正四年，黄河泛滥成灾，宰相脱脱极力主张修黄河，本想挽救国家于危难，然而却适得其反，中国大地战火重燃，敲响了元帝国覆灭的丧钟。

直接淘汰落后设备、产能和人员，靠阵痛来促成进步？然而，这种痛并非全是阵痛，有可能是长痛、惨痛。俄罗斯开展"休克疗法"，希望休克后能回归正常，可惜现在仍在休克，或者死亡中。回收可以节省人力、节省成本是一定的，但多年积累和稳定下来的生产和工艺队伍，会否就此休克，可就不那么一定了。

人类社会运行中的惯性，不可能非黑即白。很多轰轰烈烈的运动，最后的结果未必会好。好的布局，一定是循序渐进，赢得人心的微妙平衡，或者创造新的利益平衡，最终才能开展。正如汉初削藩激起"七国之乱"，虽经平定但问题并没有得到本质解决，直至汉武帝推行"推恩令"，方收到了很好的效果。这个与领域、与行业无关，是人类社会发展的本性。这也是很多改革措施都具有复杂性和艰巨性的原因。

也许还有人说：咱们承认，国家队考虑得多，历史包袱重，开展工作不可能不管不顾地蛮干，有没有其他办法加快垂直回收进程？靠商业航天行不行？靠商业航天（在本文中特指民营火箭）来拓展新技术，倒逼国家队发展。国家队选择缓慢前行时，如有外来激励，应能达到众志成城吧？

目前而言并不容易，一看目的，二看现状，三看人才，三者分别代表过去、现在和未来。

先看目的。现在谈军民融合，商业航天被寄予厚望。"军民融合"这个词首先出现在1994年美国国会技术评估局在《军民一体化的潜力评估》研究报告中，并提出其好处在于节省费用、促进技术交流和扩大军品供应渠道。以史为鉴，当前中国国力蒸蒸日上，会否遭遇"修昔底德陷阱"？作为大国，怎么可能将命运交给运气，因此不管官媒怎么说，加强战备是必然选择。军民融合，就是升华的三线建设。三线建设是将一点复制为多点，而军民融合是将点变成面，从而极大地增强战略稳定性。此外，武器装备的花费超出想象，美国一个航母战斗群，养一天的钱就有2 000万人民币。别看现在大火箭、大航母、大飞机井喷发展，将来真要大规模装备，花的钱将是天文数字。唯有军民融合才能消化这个大蛋糕。因此，军民融合的本初目的从来不是看中商业航天开拓技术，如果有，也只是意外之喜。

再看现状。当今中国尽管热钱很多，但流入航天的太少。从公开途径看，目前第一梯队几家公司融资额均在5亿元上下，与一个教育App的轻松几亿融资没法比，与摩拜、ofo的10亿美元融资没法比，与贝佐斯每年为蓝色起源投10亿美元没法比，与SpaceX这些年获得NASA的70亿美元更没法比。商业航天目前市场份额3 000亿美元左右，而火箭发射只能占到2%的份额，而且还需前期大量长时间投入，怎么挣大钱？

再看人才。航天是一项系统工程，数以万计的零件，要求一件不许出错。一发火箭也就用十几吨、最多几十吨铝合金，为何报价数亿到几十亿。因为要的钱不仅仅是材料的钱，而是对材料的认证费。飞行中可能涉及的工况，事无巨细，一一都要试验到，才能确保飞行不出问题。否则就像猎鹰1号，一会儿螺母腐蚀失败，一会儿晃动失稳，一会儿撞上二级喷管失败。失败的原因千千万万，成功的道理只有一个：一个都不能错。而覆盖这些试验，就要耗费巨资，别说商业航天耗不起，就算耗起了，成本优势也消耗殆尽，怎么和系统内拼？

怎么破局？在生活中，我们用的方式是留余量。1个人骑的摩托车，甚至50个人站上去都没问题，这时根本不需要操心载荷和试验。但航天不行，航天是要火箭自己将自己送上太空，余量太大飞不上去。1个人骑的车，绝对不能坐2人，甚至这个人多穿件衣服都不行。这是航天的本质特征之一：必须干得精细！

又想精细，又要少花钱，怎么办？靠人才，靠核心人才。靠正直当打之年，具备系统思维能力，具备跨专业能力，在工作中经受了非同寻常历练，且具备学习和反思能力的人才。只有他们可以横跨几个专业，清晰地认识到什么是关键的部件，什么要求和试验是可以放松的，什么是原则性的；只有他们可以系统思维、闻一知十，从类似事件或他人经验中获取经验教训，而不是让所有教训从头全部再来一次。

目前，航天人才均出自系统内，而且流通渠道极为有限。与美国相比，我们搞商业航天，在人才、产能、产业链上仍有重大差距。

成功虽然终会到来，但未必会那么容易！

航天是人类的未来，人类终将走出摇篮。作为航天的一大范式，商业航天必将在飞往太空中发挥自己的作用。但商业航天路漫漫，既要冷静地分析，更需要有人狂热地对待，否则将永远不会前进。商业航天这颗种子，美国用了50年时间才发芽，直至埃隆·马斯克才大放异彩。而这颗种子，我们刚刚才种上，尽管艰难，但我们敬畏新生命，尊敬那些砥砺前行的人，他们终将改变历史。

菲尔德故事的讲述者，《疯狂的投资》一书的作者，美国经济历史学家戈登认为，"菲尔德的宏伟事业吸引了世界的目光，顶级的科学、工程、商业及其他相关领域的人才都参与了这一工程，但成就还是要归于菲尔德，因为他在大西洋电缆工程中的地位就像戏剧制作过程中的制片人一样，演出、导演和布景都不是制片人的工作，但如果没有他，其他人也就没有了用武之地。"由于他的坚韧、乐观和创造性工作给这个世界带来的财富，远比他获得的要多得多。1892年，菲尔德去世。他的墓碑上写着："由于他的勇气、精神和毅力，世界上才有了大西洋电报。"

埃隆·马斯克，就是当今时代的菲尔德。由于他的勇气、精神和毅力，世界上才有了垂直回收。由于他的坚韧、乐观和创造性工作给这个世界带来的财富，远比他获得的要多得多。

我们也期待见到中国版的埃隆·马斯克，见到中国版的SpaceX。但我们不希望看到总是十分冷静地把SpaceX挂在嘴边的人。而希望他们是冷静又狂热的人，面对现实冷静，面对技术狂热，真正设计出改变世界的技术和产品，给大家带来热情和信心，成为中国乃至世界的精神图腾。

国内商业火箭公司概况

2015年左右，借着政策的春风和SpaceX的西风，国内商业航天公司如雨后春笋，到了今天据信有上百家之多（图26.1），这里简单列几个：

图26.1 国内商业航天公司

中国长征火箭有限公司：2016年揭牌，开启"新长征"，打造捷龙一号火箭。

航天科工火箭（Expace）：2016年创立，借力中国航天科工集团，打造快舟系列火箭。

蓝箭航天（LandSpace）：2015年创立，主打朱雀一号、朱雀二号。

星际荣耀（i-space）：2016创立，主推双曲线一号、双曲线二号火箭。

零壹空间（OneSpace）：2015年创立，主推X系列火箭、M系列火箭。

翎客航天（LinkSpace）：2014年创立，主推探空火箭、可复用火箭新航线一号。

九州云箭（JiuZhou YunJian Space）：2017年创立，研发凌云液体火箭。

星途探索（Spacetrek）：2017年创立，逐步递推亚轨道火箭、小型固体火箭、小型液体火箭、中型液体火箭、复用型火箭。

深蓝航天（Deep Blue Aerospace）：2017年创立，主攻液体燃料+垂直回收火箭。

26.2 国内商业火箭公司融资情况

表26.1为从"天眼查"扒拉出来的融资情况，从融资情况看，截至2019年3月，第一梯队融资额为8亿左右。

表26.1 国内商业火箭公司融资情况

公司	序号	时间	轮次	金额	投资方
星际荣耀	1	2018.9.20	A+轮	未披露	鼎晖投资领投，经纬中国、电科星河跟投
	2	2018.7.1	A轮	未披露	经纬中国领投，顺为资本、汉富资本跟投
	3	2018.3.15	Pre-A轮	未披露	天风天睿、久泰蓝山、中信聚信
	4	2017.11.14	天使轮	未披露	久泰蓝山、中信聚信、南钢股份
蓝箭空间	1	2018.11.20	B+轮	3亿人民币	华创资本领投，中冀投资、聚卓资本、36氪基金、金风投控、创想天使、中天世纪跟投
	2	2018.5.4	战略融资	未披露	领中资产
	3	2017.12.31	战略融资	2亿人民币	湖州市军民融合专项支持
	4	2017.12.1	B轮	2亿人民币	金风科技领投，世纪天华、国开装备基金、创想天使、永柏资本、普罗资本跟投
	5	2017.4.1	A+轮	数千万人民币	西高投
	6	2016.10.1	A轮	近1亿人民币	永柏资本、陕西高端装备制造基金、上海盈科新投资、中天世纪集团
	7	2015.8.1	天使轮	千万级人民币	创想天使

公司	序号	时间	轮次	金额	投资方
零壹空间	1	2018.8.12	B轮	3亿人民币	金佳泰基金领投，沣途资本、招商局创投、前海万得基金、前海梧桐并购基金跟投
	2	2018.1.15	A+轮	未披露	前海梧桐并购基金领投，乾立基金、鸿泰基金、招商局创投、前海万得基金、正轩投资、通江资本跟投
	3	2016.10.28	A轮	超1亿人民币	哈工大机器人集团、正轩投资领投，春晓资本、StarVC跟投
	4	2016.4.5	Pre-A轮	未披露	清研陆石投资
	5	2015.12.24	天使轮	1000万人民币	春晓资本领投，联想之星、哈工大机器人集团跟投
翎客航天	1	2017.3.3	A轮	未披露	长润金控、御风资本、普华资本
	2	2015.8.21	天使轮	未披露	天使汇
深蓝航天	1	2018.12.31	种子轮	数千万人民币	顺为资本领投，险峰长青、知卓资本、燕清传播跟投
	2	2018.5.28	战略融资	未披露	平视资本
星河动力	1	2018.3.1	天使轮	2000万人民币	元航资本、丰厚资本、北航投资
星途探索	1	2017.11.15	天使轮	千万级人民币	翊翎资本领投，七熹投资跟投
灵动飞天	1	2017.11.3	天使轮	未披露	东方富海
九州云箭	1	2019.1.30	A轮	数千万人民币	峰瑞资本
	2	2018.1.25	天使轮	未披露	峰瑞资本、润浙资本

26.3　中国商业火箭公司大事记

2015年，军民融合上升为中国国家战略。

2015—2016年，主要商业火箭公司陆续成立。

2018年2月，猎鹰重型首飞对商业火箭公司的强烈刺激。

2018年4月，星际荣耀双曲线-1Z亚轨道火箭发射。

2018年10月，国内首个民营轨道飞行、蓝箭航天朱雀-1飞行失利。

2019年，星际荣耀、零壹空间多个轨道级发射。

26.4　中国商业航天（火箭）发展分析

26.4.1　军民融合是大势所趋，商业航天是排头兵

正如前所述，商业航天以价格为驱动，摒弃了很多浪费环节；商业航天倾向于采用新型技术，丰富了技术范式。

火箭的特点为静若处子、动若脱兔。当火箭安静地躺在厂房时，那么温柔，轻动脚步就可以抚摸它的全身；当它竖立到塔架时，已略显不逊之势，必须仰视方可一窥全貌；与推进剂结合后，就再也按捺不住狂野气息，也曾一时爆炸让涅杰林元帅等100多人陪葬；而点火之后，其狂躁之气顷刻释放，什么都无法阻挡。这也是为什么卫星易研制、火箭难研制的最主要原因。

这也导致火箭研制中最重要的词：测试覆盖性。地面怎么覆盖天上？怎么由静反映出动的状态？怎么在未点火时验证点火下的状态？这是火箭人难以绕过的困境，是终身与之拼搏的拦路虎。为此发展出了很多方法，如发动机抽检试车、校验试车、振动试验、噪声试验、热环境试验、电磁兼容试验等等，当然还有它们各种各样的组合，总之是花样百出，层出不穷，没有条件创造条件也要试验，耗资巨大，效果大大的、但谈不上杠杠的。SpaceX比起波音、洛马，经费并不充足，所以只能采用革命性的方式：点火中验证。

另外，商业航天是新时代的"三线建设"，是将国防实力由点扩展到面。

"三线建设"指的是自1964年起我国政府在中西部地区的13个省、自治区进行的一场以

战备为指导思想的大规模国防、科技、工业和交通基础设施建设，是中国经济史上一次极大规模的工业迁移过程。它是将原沿海或靠近苏联的工业直接在内地复制，这种复制提供了一种战备冗余，但缺点是资源浪费严重。当资源足够时，可以取得1+1=2的效果；当资源不足时，则产生1+1<2的效果。

我国在加入世界贸易组织多年后，现在在如何更好地促增长上有了更多的好办法。譬如针对某项技术，之前采用行政命令强制要求大家使用，效果并不好，现在会用财政补贴手段，哪个单位用可以有补贴，结果大家全都用了。这些新办法虽然在执行时会出现各种问题，但从源头上调动了大家的积极性，出现问题多半是制定条律时缺少经验和水平不足所致。

商业航天就是一个类似的办法，它通过经济导向，一下子将原强制复制的过程，变成了主动创制的过程。一是创制的能力不再是单一的，而是多元的，可增加国防能力的多样性，二是创制过程中，需要重新整合配套资源，形成新的供应链，尤其是依托广大民用产业的供应链，可将国防实力由点扩展到面，从而大幅增加国防装备的质量和数量。

从这两个角度而言，军民融合是大势所趋，商业航天是排头兵。不管以后会不会存在倒退，这个趋势不会改变。商业航天终究会搞得好，需要研究的仅仅是最初的潜伏期有多长，中间的混乱期有多长，有什么方法度过潜伏期，怎么才能缩短混乱期，怎么才能搞得好的问题。

26.4.2 商业航天概念业已深入人心

一项顶层战略，真正被所有人接受，并达成共识并不容易，很多都是在各种机缘巧合，甚至经过大混乱后才能取得的。就如英国脱欧，大家浑浑噩噩多年，直至公投之后，所有人才会意识到这是个什么事情，对我们有什么影响。

在埃隆·马斯克的强烈刺激下，国人初识商业航天概念，但对于在中国是否行得通也有所疑惑。

2015年，军民融合战略的提出，中国商业航天一举度过潜伏期，相关企业纷纷成立，但同质化严重，混乱重重。由于火箭工业与导弹的技术的共通性，基于监管、武器扩散、落区等因素，各方机构对商业航天曾一度持观望态度。

2018年，航天人才事件引起全国大讨论，商业航天概念已全国普及，同时也引起了国家队与商业关系的大讨论。再之后，以朱雀1发射为代表，虽未成功，但显示了民营火箭入轨发射的可能性、打通了国家监管与靶场对接的链条。

目前，政府机构和国家队态度业已明确，支持商业航天，发展商业航天。讨论层面已经不再是搞不搞商业航天本身，而是执行主体。

26.4.3　当前融资支撑一款火箭研发困难重重

一线火箭企业融资均在8亿左右，看着不少，但距离开发一款真正的火箭尚有一定差距。很多火箭企业已成立多年，但尚未盈利或者看到盈利希望。商业航天投资时间长，对资本的耐心是一个极大考验。

航天要花钱，目前国内商业航天已经分化出了两种模式，一种是重资产运营模式，研发进度较快，但存在一定的系统风险；另外一种是轻资产模式，但研发进度相对缓慢。

资产是航天研制中无法绕过的壁垒。这方面我们与美国有着本质区别，美在冷战期间有着巨大积累，以美国卡拉维纳尔角为例，有40多个发射工位，正在使用的也超过10个，NASA自然可以租，反正空着也是空着，甚至炸了也死不了（SpaceX也确实在发射台炸过），谁让家里底子厚。中国目前才几个发射台，国家任务都排不够，排最后都排不上，再说考虑安全性，根本就不敢给你排，因为出事了明天国家任务都完不成了。试车台也是，研制发动机没有试车台说不过去吧？发动机要上天，还不得先在地面试个几万秒，国家队即使租给你，估计也不带租这么长时间的吧？

因此，目前阶段，无论轻重资产都有自己的顽疾，重资产钱不够，轻资产活不够。对于重资产来说，能否走到首飞那天都是个未知数，更不用谈能否像SpaceX那样承受3次失败；对于轻资产，希望将宝押在国家队开放上，但鉴于国家队也没有余粮的现状，以及参考SpaceX，必须在证明自己能力之后，才能给你更多的东西。

这是民营航天目前一个解不了的结。

是拼命干、干得好，争取能独占基金？还是组成一个产业联盟管理基础设施？这是一个问题，最终只有等到混乱期结束后，才能知道答案。

26.4.4　商业航天盈利模式尚不清晰

商业的目的就是盈利，但对于商业航天，目前盈利模式并不清晰。

即使佼佼者如SpaceX，财报看起来也十分不理想，图26.2深色为其运营利润。2015年SpaceX的收入预计为18亿美元，运营利润5500万美元，但一出爆炸事故，就损失2.6亿美元，前几年赚的还不够这次赔的。这也是为什么，埃隆·马斯克一力主推卫星互联网。

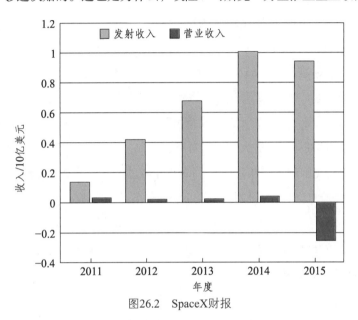

图26.2　SpaceX财报

对于中国商业航天：

（1）卫星载荷发射本来就少，在长征火箭开放搭载后，营利路线更不清晰。

（2）军贸被视为商业航天的营利道路，但在当前的条件下，进行得不太理想。

（3）To C的互联网星座，面对三个运营商的竞争，可行性尚不明朗。

（4）To C的太空旅游，面临可靠性、安全性的突出问题，目前国内接受程度尚有待市场调查，而且在尚未得到全面验证的情况下，尚不具备启动的条件。

26.4.5　中国商业航天仍处在初级阶段

不要看中国商业火箭公司雨后春笋般成立，探空火箭一发发地发射，我们和美国相比，在人才、基础、群众基础上均有较大差距。

一是美国的分包商机制，人才流通机制无碍。而在中国，火箭领域顶级人才很少，只有极少数几个在新一代运载火箭研制过程中冲杀过来的第一线员工（而且大多数集中在总体设计部，这里不是说分系统没有人才，而是分系统相对而言很难有大把机会见识、经受、解决和体验火箭各项事物间的广泛联系，人才更需要历练）。对此广大商业航天公司应有清晰认识，但毋庸置疑地说，笔者有幸认识的、所尊敬的、公认为优秀的几个人，几乎均未被挖走过。

二是美国二战和冷战时期形成的过剩产能，需寻求释放渠道。美国军工评论家甘斯勒1995年在《国防转轨》一书中称：在第二次世界大战期间，美军工企业开足马力，为盟国生产了296 000架飞机、1 201艘舰船、65 546艘登陆艇和86 333辆坦克。后又经美苏军备竞赛驱动，在长达40年的冷战时代，美国军工基础实际上始终处于战时状态。它是一个庞大复杂的体系，国防部每年都要为之耗资上千亿美元，以维持每年大约1 500万个独立合同项目，平均每天约4万多项。就像红楼梦中刘姥姥一进大观园时对凤姐说的：您老拔根寒毛比我们的腰还粗呢？

三是群众基础。美国经过多年工业化，以及经历过阿波罗计划那个激动人心的时代，航天已经根植国人的内心。研制的研制、投资的投资、消费的消费，形成了一个完整的产业链条。而在中国，根本没有工业化和航天的工业基础，这个链条尚未形成。

（1）研制方，创业的很多是业内人，或出于自我实现的需要，或出于离开体制的需求，或基于赚一把就走的想法。商业航天后面的路还很漫长，若没有热爱，就不能在痛苦中奋斗、在绝境中坚持，直至成功。

（2）投资方，鲜有基于情怀来投资航天的，没有真正的情怀，就不能长期投资、不能逆形势投资，容易上就一窝蜂、撤就一撒腿。

（3）消费方，没有航天情怀，不愿意在航天上消费，如航天旅游，产业做不大，那国家队和商业航天，到最后就只能是零和博弈。

不过，前途是光明的。中国航天刚刚经历繁华，也逐渐走入国人内心，那一次次载人飞行，那一次次探测器绕月登月，那一次次新一代首飞，相信有很多小朋友是在父母的陪伴下看完了直播，也在他们心中深深地种下了航天的种子，并等待着最终的开花结果。笔者前段时间去贵州的天眼FAST（图26.3），也感触颇深。看天眼需从山脚爬到山顶，年轻人爬起来都累，但沿途很多父母，抱着或背着小孩来看，一路上还在讲天空和天眼。中国航天的未来绝对可期，因为，现在的这代人，在他们很小的时候，他们的父母已经在心中深深地植下了航天的种子，不是通过"好好学习""学好数理化"的说教，而是亲身的感受。

图26.3　天眼FAST下山楼梯阶梯

26.4.6　中国商业航天五问

1.　商业航天市场是否真的存在

在突破To C前，商业航天较低的市场份额与较高的投入和风险，是发展商业火箭的最大拦路虎。

但也大可不必悲观，因为市场是否存在不重要，重要的是商业航天是否必要。出于军民融合、分散系统风险的需要，商业航天必将在很长一段时间内存在。可以举个不恰当的假设，哪天哪家公司自主知识产权的火箭飞行成功了，没准国家有办法让它每年必须打几个载荷。当前最重要的是做好自身！

2.　会否出台倾向性政策？

军民融合战略走向已明确，商业航天政策必将陆续出台。但在商业航天取得实质性进步前，除非出现极其特殊情况，判断应难有倾向性政策。国家制定政策是不可能不考虑多方利益和诉求，在这种情况下，可能会有一个公平性政策，而不是倾向性政策。当然，如果相关法案能采用"学习期"概念，在学习期内有些倾向性政策，在学习期后适用公平性政策，那将是对商业航天重大的利好。当前最重要的还是要做好自身！因为即使有学习期，你不努力都不一定能用上，白费。

3.　大潮退去是否在裸泳？

商业航天一阵风潮，最终是否可能像共享单车一样一地鸡毛？

商业是推动产业前进的车辙，但也记录下了人性的沉浮。目前，商业航天仅为体制内技术的借鉴、学习甚至抄袭，且不排除以IPO和上市为目标的可能性，不足以孕育出新的精神和情怀。

航天系统有个特色，那就是0/1，0.8不行、0.9不行，对于火箭总体企业，如不能取得1的突破，所有的付出终将衰减为0。

如果不能出现真正有情怀的企业，不顾后路地在近2年内真正突破1，当大潮退去，大家都在裸泳的可能性不小！

另外，还有分系统和材料级别的商业航天企业，由于航天技术的高指标要求和专用性，如果仅仅依附火箭而活，则生态太过脆弱，成了订单也不多，败了则没有订单。打开民用市场，是必须突破的道路。要不然，最后也可能变成裸泳。

4. 商业火箭成本是否会低？

一定会！毋庸置疑！

中国航天运行多年，人力资源、基础建设、分摊的社会责任，这些昂贵负担、管理成本，最终都会打入成本。商业航天没有这些负担，且正在谋求使用国家队试验设施，成功一个，成本就降低一点。商业航天最大的问题不在于火箭是否便宜，而是当做出来后，有效载荷方面是否也真正创造了需求。

5. 中国商业航天离SpaceX有多远？

技术上，中国商业航天与SpaceX至少相差一个轨道科学公司。时间上，中国商业航天与SpaceX相差为10 ~ 40年，10年前为SpaceX刚成立，40年前为轨道科学公司成立。但由于SpaceX对商业航天信心的提振，若政策明朗，确实存在一两家肯干的公司，可大大缩短时间差距。

26.4.7 对航天从业者的建议

在商业化大潮来临之际，中国航天如何去？国家队干什么、做什么？商业航天企业做什么？航天从业者何去何从？提些不成熟的看法。

在历史的大潮中做好自己比什么都重要，首先是干！然后是干！最后还是干！

干时，也要摒弃就事论事的思维方法，将思维上升更高一层。高手从不解决问题，只是转移问题。要在一个更大的框架下，自然引导事物往好的方向发展，而不是头痛医头、脚痛医脚。

国有企业：

一是推进重型运载火箭立项和研制。在发展中解决问题，只有发展才是硬道理，发展是解决一切矛盾的最好办法。在发展中改革，在发展中化解当前的矛盾，在发展中发展新的技术。

二是加速有毒燃料发动机淘汰。所谓一代人干一代人的事情。看俄罗斯的火箭最近事故频发，图纸还是那个图纸，工厂还是那个工厂，但人已经不是那些人了。美国EELV计划曾明确表示，要在2020年退役德尔塔4和宇宙神5，现在他们在执行着（笔者认为，美国强大在其系统工程能力）。人对于不是自己搞的东西，一是不会太熟悉，会造成人才断层，影响后续的发展，二是对于习惯的事物，会陷入僵化，没有改进的驱动力和欲望。一片升平中，往往已经隐藏了衰败的基因。

三是设计新装备时，应考虑军民兼用。军用装备带有民用用途，民用技术可用于军用装备。从而做到节约国家成本，增加战时潜力。

四是改革永远在路上，钱穆在《中国历代政治得失》中说，任何制度，即使初始合理，但在运行过程中，肯定会走样，最后变得不合理。很多中国航天成立之初的制度运行多年，肯定也会逐渐难以适应形势发展，出现各种问题。改革永远在路上。

商业航天：

开展细分市场产品研制。《军民一体化的潜力评估》报告认为，军民一体化应区别对象，分别对待。不是所有的技术项目、所有的产业部门或各级厂商都一样适合于一体化。复杂的武器系统，因需要高度的系统合成，一般不适合一体化，承担武器系统总装任务的第一层主承包商，不太适合把商业惯例和军事做法熔于一炉；而底层厂商的活动，如武器系统部件和零件的生产，对一体化相对适应，大都有可能搞军民融合，它们的产品和工艺，比主承包商的更便于军民两用。

这里不是说商业航天就不能当主承包商，但一窝蜂都当主承包商，肯定是不符合规律的。正如网上的段子，有个地方，一堆人一窝蜂开加油站，然后黄了，而另一个地方，有人开加油站，有人开餐厅，不久后就形成了一个城市。目前，中国的商业航天还是个幼苗，且先天营养（资源和人才）不足。整合极为有限的资源，抱团取暖，开展细分市场研制，形成自己的拳头产品，以发展保生存，再以生存保发展，必将是历史选择。

从业者：

对于个人，以出世的心，干入世的事。

认识到社会运行的大规律，懂得任何新生组织，成长、成功都会是困难的；也懂得没有不死的企业，任何成功的组织在它成功的那天就已经埋藏好了死亡的种子。尤其懂得在当前快速发展的社会，很多事物同时发生，必然充满了混乱，但个人技术只有精进、没有混乱，个人认知只会提高、不会混乱。以平常心，对一切事情泰然处之，努力学习、尽力工作，没有徘徊，也没有愤慨，没有失望。

没有愤慨，没有失望，不代表没有进取。达则兼济天下，穷则独善其身。对组织有情怀，凡事力争；对个人有要求，严慎细实；对技术有品位，会欣赏能操作。

这就是笔者心目中的商业航天，来自诗和远方的遥望，诗表明很美，远方表示要去走。

伟大事业都始于梦想、基于创新、成于实干。

27 新国企的底蕴和未来
——参观某航天老厂有感

最近参观了一个航天老厂，被触动了。

在参观环节，厂里王总一路走一路介绍他们的产品和生产线，对于每件产品、每台设备、每道工序均一一说出个一二三，说着说着，头上冒出微汗，越说越兴奋。

王总说，之前每件产品配套周期长达一二年，也都是人工操作，对人员素质要求高，还存在出错可能性。现在他们从头自主建立自动化生产线，取得了极好的效果。

一是生产效率和产品质量提升了。譬如插针的收口工艺。现在将之分为四道工序，其中第一道转盘工序是设计一个缝隙，利用重心的不同，统一所有插针的朝向便于后续收口（升级版设备则直接用图像识别）。再加上其他3道工序，整个工艺设备的工作效率相当于4个熟练工人，而且原来这4个人都要培训3年，现在机器操作人员直接就能上手了。由于采用自动化生产线降低了成本，民品已经具备军品的质量，差别主要体现在测试上不同。民品可以少测甚至不测，军品和宇航级产品增加测试工序，这些工序也是通过自动化设备实现的。以前我们认为，每根插针履历、受力等，100%检测更多是口号，但采用自动化设备后，每道工序都会自动拍照、自动识别尺寸比对和存档，每根针都能测试到，100%测试确实是可以做到的。

二是军转民和民参军均取得了很好的效果。由于生产效率提升，大幅拓展了民用市场。有种间距1.27 mm的麻花针头，非常短的一根缠绕细丝线，成本价几乎为0，却可以卖1块钱一根。他们自研了一套麻花针生产线，实现了绕线、拉直、缠绕、切断、激光点焊、压接等工序的自动化，年产量可以稳定地达到200万根，一年就可以营利。现在他们正在研究乱丝插针自动化生产设备，成本价仍几乎为0，但能卖几十元一根；军品配套周期也大幅缩短。以前接插件状态复杂，而军品订单受限，不敢提前投产太多，只能在收到明确任务后，才敢投产。现在军品、民品状态基本统一，产量大了，再加上开展的组件级统型工作，现在敢于一次按千枚投产组件，当收到订单后，选取组件进行装配即可，从而可以将配套周期缩短到3个月。

经过了解，为了干成这件事情，他们付出了很多努力。

一是资源保证。航天科技集团通过工艺振兴三期项目，投入了600万，支持自动化生产线上线；通过其他项目申请了1 500万元；此外，从省里的智能制造等途径申请了一笔补贴。之前某总部机关也参观多次，很受鼓舞，准备支持一些经费，但后面由于其他原因没有落实。厂里说，不能为难领导，这些钱不少了，再自筹一些，最后花了4 000万慢慢干起来。

二是核心队伍。作为航天老厂，曾有过辉煌的过往，但随着现在效益没有显著提高，竞争单位越来越多，各个环节都在被人突破，大家难掩失落感。王总2016年上任后，有感于传统手工作坊式生产方式难以为继，下决心做自动化生产线。作为一把手工程亲自抓，成立了一支自动工艺生产线设计研发队伍，对于多道工序亲自过问亲自抓。同时，针对人员流动频繁的现状，他上任后将核心骨干的收入翻了一番，虽然仍不是很高，但人心也慢慢稳定下来了。现在看中层领导都非常年轻，思想很开放，干劲也都很高。后续航天单位实施股份制改造，将真正能做到既要用事业留人，也用待遇激励人。

三是顶层设计。为了转为大规模批产，厂里和系统、总体设计单位进行了大量沟通，把型谱缩聚为原来的1/3，并且从组件级进行了统型，为大规模自动化生产创造了可能；其中还有少数状态特别独特的，他们宁愿把图纸转给其他厂家生产。这种产品尽管单价高，在以前手工生产时代是香饽饽，但现在已经难以与他们的生产方式相融合。

四是工艺实现。譬如某个接插件，其他单位生产的在发射场出了问题，现在转到厂里。经过分析，将一个部件材料由锡青铜改为铍青铜，增加弹性，不会失效。譬如导线去漆，以前常用刀片刮，容易断或产生暗伤，他们试了很多种方法组合，最后研制了激光工装取得了良好的去漆效果。王总陆陆续续介绍了三四十个这样的生产线工艺或工序，他们在每道工艺上的思考、分解，和生产线实现过程。

笔者曾经参观过汽车厂，当几百台ABB自动机器人一字摆开时，震撼之余，也觉得迷茫，中国航天生产会走向何方？能否走向批量化生产和产业？

曾经，中国两大航天集团整合全国资源，建立了航天行业。在新时代，国企面临公平与效率、发展与历史包袱、小批量与生产线投入成本等诸多矛盾。

民企也有各种不足，面临包括资金技术不足、知识产权保护不够、生产组织不稳定、人员流动频繁、甚至只以赚一把就跑为目的等困境，难以成为令人放心的分包商，更遑论成长为内核小而精、产品广而富的国民级单位。

曾经，我们寄希望于军民融合，但从2015年提出以来，到今天已经过去了7年，并没有特别高级别的军民融合单位达到了国家需要的理想境地。

现在回过头，重新看美国1994年的《评估民-军一体化潜力》报告描述：

技术进展增强了国防基础与民用基础融为一体的趋势。许多产品既可以满足国防需求，又可满足民用需求；

制造工艺的进步越来越适合军民两用。民品制造能力日益增强。灵活的制造方法，对订单数量较少而又不稳定的军品来说，尤其适用；

不是所有的技术项目、所有的产业部门或各级厂商都一样适合于一体化。复杂的武器系统，因需要高度的系统集成，一般不适合于一体化。而底层厂商的活动，如武器系统部件和零件的生产，对一体化则相对适应。调查表明，较低层次的厂商，不管规模大小，大都有可能搞军民结合；它们的产品和工艺，比主承包商的更便于军民两用；

搞清哪些技术、哪些部门或哪些厂商更适合于民-军一体化，有助于制定适当的政策，选好实行一体化的对象，从而有可能成功地实现一体化的目标。

对照这个厂及国内现状，越来越佩服此报告的正确性和前瞻性。因为，在一定技术水平和资源约束下，所谓弯道超车，是不存在的。中国航天哪需要那么多宏大叙事，更需要这么多一点一滴的工艺实现。而这些，必将最先产生于部件和零件级厂商。而随着后面这些部件和零件级厂商越来越多，底蕴丰富了，中国才有可能真正出现更大的、更出名的，甚至可以与SpaceX相媲美的公司。

笔者接触生产实际较少，并可以肯定，此次参观笔者看到的也只是管中一斑，厂里在发展过程中绝对有许多的不尽如人意之处。但在这个厂身上，我看到了新国企的底蕴和未来；从这个厂身上，我隐隐约约看到了中国航天乃至中国的未来。

唯情怀和信仰不灭
祝祖国明日更强

2018 年 2 月 8 日，我被深深地震撼了，心里五味杂陈。不自量力地联想一下，在土星 5 登月后，苏联人也许就是这种心情吧。

几周前，在与学弟座谈时，学弟问航天有什么用？我说我的认识有四点：第一点是精神力量，也就是全社会围绕一个内核共同使劲的力量，是一种精神凝聚力。看《五朵金花》电影时，被真切地打动了，五朵金花每个人脸上都挂着那么幸福的笑容，在这种强大精神力量面前，有什么苦是不能吃的？有什么累是不能受的？有什么强国是不能建设的？航天等高科技不可能仅仅是一小群人的事，它也是全社会关注的焦点，是民族自豪感维系的一部分。看《费曼回忆录》，曼哈顿工程后，物理学家到哪儿都特别吃香，因为大家说，原子弹都能干的人，还有什么不能干的？另一篇故事说道，美国在首枚卫星发射相争中败北后，有个搞火箭的请人去家里修东西，那人来了后说，其实我不怎么想来的，你们挺丢人的。航天的作用首先是提供了一种全民的精神力量。第二点是安全需要，人的基本需求，生存和安全是首位的。强大的国防是全民安全的基础，火箭和导弹本为同源，航天强则国防强，当我们岁月静好时，背后有一群人在保驾护航。第三点是经济需求。说什么航天投入 1 块钱回报 14 块钱什么的太虚。看看自己的切身利益，下雨天提前关窗户地板不会被泡，手机导航没有错过高速路口被收两次钱。靠什么？靠航天！第四是为全人类福祉。地球是我们的摇篮，但我们不会永远待在摇篮里。与深邃的太空相比，现在的火箭太小，人类的路很长，但人类要始终前进。

还记得上一次被美国震撼，应该是乔布斯，他用一个小巧的玩意儿，俘获了全世界人民的心。但在小米、华为的持续努力下，我们重装上阵。

这一次，火箭行业，受众这么小，门槛那么高，谁会是我们的小米，我们的华为，帮我们重拾信心呢？冷静思考，事情没有那么悲观。更重要的是认清形势。

航天仍是资源高度集中，集中精力办大事的行业。过去是，现在是，将来一段时间也会是；我国是，苏联是，美国是，SpaceX 也是，从来没有跳出这个框。

SpaceX 也不是不依赖于特定的社会阶级和他人的援助的，它是有靠山的，而且巨硬。波音洛马的优秀员工说挖就挖，NASA 的试验设施租了就用，NASA 更是该出手时就出手，毫不含糊。这么好的条件，会降临到你身上？马斯克就是美国在乔布斯后，打造的新偶像。

我们自己的形势呢？在当今以及相当长一段时间内，国家队仍是运营的主力，这是由供需关系，配套体系，能力构成决定的。俗话说，创业容易守成难，中国航天运行一甲子，积累的成就和基础是巨大的，累积的矛盾也是空前的。感谢马斯克，在这种强力刺激下，也许能化解部分矛盾，再次让组织重获新生。

当火箭起飞的那一刻，感觉到马赫盘振动着皮肤，没有一个人不被震撼，不被感动。我们也多么希望中国有一款新的火箭，有一项新的技术可以出现在世人的眼里，成为时代的楷模。

干吧。"懦夫从不启程，弱者死于路中，只剩我们前行，一步都不能停。"

情怀和信仰不灭，祝祖国明日更强。

汤 波

2023 年 3 月

参考文献

[1] RAHMAN, SHAMIM & HEBERT, BARTT. Large Liquid Rocket Development Testing —— Strategies and Challenges[M]. Joint Propulsion Conference & Exhibit, 2005. AIAA-2005-3564.

[2] Rockwell International. Advanced NSTS propulsion system verification study[M]. 1989. NASA-CR-184306.

[3] LAWRIE, ALAN & GODWIN, ROBERT. SATURN V: The Complete Manufacturing And Test Records Plus Supplemental Material[M]. Apogee Books. 2010.

[4] L S SWENSON，J M GRIMWOOD，C C ALEXANDER. This New Ocean: A History of Project Mercury[C]. NASA SP-4201. 1966.

[5] D T HARRJE，F H REARDON. Liquid Propellant Rocket Combustion Instability[C]. NASA SP-194，1972.

[6] 张福全，李广裕. 火箭与导弹的牵制释放发射技术[J]. 国外导弹与航天运载器，1990，000（2）：30-36.

[7] 薛杰. 某运载火箭牵制释放动力学计算分析[D]. 哈尔滨：哈尔滨工业大学，2011.

[8] NAKAM M, 程水旺. 宇宙神火箭的牵制发射稳定器[J]. 国外导弹与航天运载器，1992（12）：15-20.

[9] 安军，杨虎军，赵美英. 牵制缓释放过程中火箭动力响应特性分析[J]. 航空工程进展，2014，5（1）：70-74.

[10] 《世界航天运载器大全》编委会. 世界航天运载器大全[M]. 北京：中国宇航出版社，2007.

[11] 安东范普鲁，刘勇. 最新天文观测手册[M]. 哈尔滨：黑龙江科学技术出版社，2008.

[12] 尤阿里亚波夫. 天体力学浅谈[M]. 北京：科学普及出版社，1984.

[13] 莫里斯克莱因. 古今数学思想（第二册）[M]. 上海：上海科学技术出版社，2002.

[14] E T 贝尔. 数学大师：从芝诺到庞加莱[M]. 上海：上海科技教育出版社，2004.

[15] 李政道，吴顺唐. 物理学中的数学方法[M]. 南京：江苏科学技术出版社，1980.

[16] 汪宏波，赵长印，张伟，等. 利用低轨卫星激光资料检验地球引力场模型的精度[J]. 天文学报，2015，56（5）：463-473.

[17] 郑伟，许厚泽，钟敏，等. 地球重力场模型研究进展和现状[J]. 大地测量与地球动力学，2010，30（4）：83-91.

[18] BOAIN R J. A-B-Cs of sun-synchronous orbit mission design[J]. Advances in the Astronautical Science，2004，119（1）：85-104.

[19] 勃拉日哥 С Н. 球面天文学教程[M]. 北京：高等教育出版社，1954.

[20] 易照华. 天体力学引论[M]. 北京：科学出版社，1978.

[21] 刘林. 人造地球卫星轨道力学[M]. 北京：高等教育出版社，1992.

[22] John D Clark. Ignition!: An Informal History of Liquid Rocket Propellants[M]. Rutgers University Press，1971.

[23] 孙宏明. 液氧/甲烷发动机评述[J]. 火箭推进，2006，32（2）：23-31.

[24] 禹天福，李亚裕. 液氧/甲烷发动机的应用前景[J]. 航天制造技术，2007（2）.

[25] 罗伯特祖布林，等. 赶往火星：红色星球定居计划[M]. 北京：科学出版社，2012.

[26] HIMENO T，NEGISHI H，NONAKA S，et al. Numerical analysis of free-surface flows under various conditions in acceleration（improvement of CIP-LSM: CIP-based level set & MARS）[J]. Nihon Kikai Gakkai Ronbunshu, B Hen/Transactions of the Japan Society of Mechanical Engineers, Part B, 2010, 76（765）:778-788.

[27] 魏延明. 卫星用表面张力贮箱的设计、应用及其发展[J]. 空间控制技术与应用，2003（2）：6-17.

[28] Kruif J S D，Kutter B F. Centaur Upperstage Applicability for Several-Day Mission Durations with Minor Insulation Modifications[J]. 43rd AIAA/ASME/SAE/ASEE Joint Propulsion Conference & Exhibit，No. AIAA-2007-5845，2007.

[29] FISHER B D，郭昌明. 雷电对航天飞行器作业的影响[J]. 气象科技，1991（6）：55-62.

[30] 高智. 火箭发射防雷问题[J]. 航天控制，1995（4）：49-53.

[31] 高燚，陈汇林，劳小青，等. 海南文昌火箭发射场雷电环境分析[J]. 自然灾害学报，2012，21（4）：182-189.

[32] 刘欣生，郭昌明. 人工引发雷电试验及其特征的初步分析[J]. 高原气象，1990（1）：64-73.

[33] 罗福山. 雷击飞行器事件与美国航天活动的发射规范[J]. 中国航天，1993（1）：27-29.

[34] 克里斯汀布克纽. 雷电科学史话：你真的知道它有多危险吗[M]. 北京：清华大学出版社.

[35] 冈野大祐. 雷电之书：解密自然与生命的原始能量[M]. 北京：人民邮电出版社.

[36] 申积良，岳千钧. 大气电与雷电形成和变化[M]. 北京：中国电力出版社.

[37] SHELDONAXLER, 阿克斯勒，杜现昆，等. 线性代数应该这样学[M]. 北京：人民邮电出版社，2009.

[38] 倪振华. 振动力学[M]. 西安：西安交通大学出版社，1989.

[39] 吴素春，贾文成，邱吉宝. 载人运载火箭全箭模态试验[J]. 宇航学报，2005，26（5）：531-534.

[40] 汤波，范瑞祥，潘忠文，等. 悬挂工装对运载火箭模态试验影响分析[J]. 宇航学报，2017，38（12）：1354-1360.

[41] C M 贝洛齐尔科夫斯基，等. 栅格翼[M]. 王丹阳，杜早力，刘志珩，李鹤清，译. 北京：中国运载火箭技术研究院第一设计部，1994.

[42] DESPEYROUX A，HICKEY J P, DESAULNIER R，et al. Numerical Analysis of Static and Dynamic Performances of Grid Fin Controlled Missiles[J]. Journal of Spacecraft and Rockets, 2015, 52（4）：1236-1252.

[43] DEBIASI M，YAN Z，LOON C T. Swept-back grid fins for transonic drag reduction[M]// Swept-Back Grid Fins for Transonic Drag Reduction. 2010.

[44] GUYOT D，SCHÜLEIN, ERICH. Novel Locally Swept Lattice Wings for Missile Control at High Speeds[C]// Aiaa Aerospace Sciences Meeting & Exhibit. DLR, 2013.

[45] 邓帆，陈少松. 栅格翼外形特征对减阻影响的研究[J]. 实验流体力学，2011（3）：12-17.

[46] 熊焕. 低温贮箱及铝锂合金的应用[J]. 导弹与航天运载技术，2001（6）：33-40，46.

[47] 刘春飞. 新一代运载火箭箱体材料的选择[J]. 航空制造技术，2003（2）：6.

[48] 湛利华，关成龙，黄诚，等. 航天低温复合材料贮箱国内外研究现状分析[J]. 航空制造技术，2019，62（16）：79-87.

[49] 王心清. 导弹与航天丛书：结构设计[M]. 宇航出版社，1994.

[50] 李晓明，王冰，张泽，等. 奥氏体不锈钢低温性能及选用[J]. 石油化工设备，2013，42（z1）：61-63.

[51] 陈挺，王步美，徐涛，等. 奥氏体不锈钢压力容器应变强化技术的发展及国外标准比较[J]. 期刊论文，2012，36（3）.

[52] 王恺，陈二锋，张翼，等. 复合材料气瓶充放气过程仿真与验证[J]. 压力容器，2016（12）.

[53] 于翘. 导弹与航天丛书：材料工艺（上）[M]. 宇航出版社，1989.

[54] 吴国庭. 哥伦比亚号防热系统概貌[J]. 国际太空，2003（6）：3.

[55] 姚君山，周万盛. 航天贮箱结构材料及其焊接技术的发展[J]. 航天制造技术，2002（5）：21-26.

[56] 郜俊懋. 304不锈钢高温力学性能及热物理性能研究[D]. 内蒙古科技大学，2014.

图书在版编目（CIP）数据

飞天：运载火箭与航天未来 / 汤波著. —成都：
西南交通大学出版社，2023.6（2024.4 重印）
　ISBN 978-7-5643-9149-2

　Ⅰ. ①飞… Ⅱ. ①汤… Ⅲ. ①航天 – 普及读物 Ⅳ.
①V4-49

中国版本图书馆 CIP 数据核字（2022）第 255217 号

Feitian——Yunzai Huojian yu Hangtian Weilai

飞天——运载火箭与航天未来

汤　波　**著**

出 版 人　　王建琼
责任编辑　　何明飞
封面设计　　原创动力

出版发行　　西南交通大学出版社
　　　　　　（四川省成都市金牛区二环路北一段 111 号
　　　　　　　西南交通大学创新大厦 21 楼）
邮政编码　　610031
发行部电话　028-87600564　　028-87600533
网址　　　　http://www.xnjdcbs.com
印刷　　　　四川煤田地质制图印务有限责任公司

成品尺寸　　185 mm×240 mm
印张　　　　24.75
字数　　　　457 千
版次　　　　2023 年 6 月第 1 版
印次　　　　2024 年 4 月第 2 次
书号　　　　ISBN 978-7-5643-9149-2
定价　　　　69.00 元